웨스트포인트에서 꿈꾸다

오준혁 지음

정혁구 그림

박영사

서 문

도전자를 변함없이 굽어보는 별

하늘. 나는 하늘을 바라보았다.

수능 전날 밤 논두렁을 걷다가 마주친 별똥별을 보면서도.

다음 해 고시원 옥상에서 발굽혀펴기가 끝난 후 누워서도.

또 다음 해 논두렁을 내닫고 나서 숨을 고르면서도.

그 또 다음 해 땀이 튀도록 소리를 내지르며 육사에서 숨 쉬면서도.

그리고 그 또 다음 해 미 육사 잔디밭에서 땀범벅이 되어서도.

하늘은 늘 말이 없었다. 별들은 늘 묵묵히 굽어보고 있었다.

나는 그때마다 땅에 기대어 하늘을 우러러봤다.

그저 내가 숨쉴 수 있는 이 순간 자체에 감사했다.

미국에 가기 전 육사에서 많은 분들을 만났다. 타지라서 고생할 것이라고 했다. 자유분방한 나라에 가니 부럽다고도 했다. 한국인임을 잊지 말라고도 했고, 미국인이 되라고도 했다. 나는 다만 다양한 말씀을 듣는 것에 감사할 따름이었다. 사관생도이기 때문에 받는 대우에 원래부터 분에 넘쳐 했었다. 그런데 이제 여기에 미 육사 파견생도로서 받는 또 다른 후광에 분에 넘치게 감사할 따름이었다.

귀국 직전과 귀국 후에도 많은 분들을 만났다. 어떤 분들은 궁금한 점을 구체적으로 물으셨다. 혹은 내가 한국실정에 실망했을 거라며 위로하셨다. 내게 핀잔을 주는 분도 계셨다. 걷는 자세며 옷차림을 지적받기도 했다. 너가 미군이냐며 물으시는 경우도 있었다.

"뭐든지 할 수 있다는 것을 배웠습니다."
라고 나는 대답해왔다. 무엇을 배웠냐는 질문에 나는 늘 고민했다. 넘쳐나는 기억과 감흥은 그 넘침만큼 내 말까지 삼켜버렸다. 고작한다는 말은 식상해지기 일쑤였다. 그래도 나는 그 답을 고수했다.

미 해사로 한 학기 교환학습을 갔었던 경험이 있었다. 마침 내가 귀국하자마자 우리 군은 합동성을 위한 프로그램을 모색하고 있었다. 나는 이런 상황에서 간접적으로나마 사관학교 교류프로그램의 입안에 있어 경험담을 공유하면서 프로그램 정착에 기여를 한 셈이 되었다. 사실 내가 다녀온 프로그램은 3학년 때 1,200명 중 지원한 12명을 선발해서 보내는 프로그램이었다. 그런데 한국에서는 학년 전체를 보내는 것이었다. 시기도 다르고 기간도 달랐다. 나는 내가 생각했던 프로그램이 정착될 수도 있을 거라고 생각했지만 그렇지는 않았다.

나는 그래서 결심했다. 내 경험을, 조금만 필요한 부분만 전하지 말자. 나는 여러 번 내 이야기를 신기해하거나 내 시각을 신선하게 받아들여 하는 광경을 보아왔다. 수업시간에 생도들이 그러하였고, 공석과 사석에서 선후배들이 그러하였다. 그래서 나는 남이 물을 때 부분부분만 대답해서는 안 되겠다는 생각이 들었다. 그냥 통째로 전하자. 물론 듣고 싶은 사람의 편의에 의해서 내 이야기는 또 각색이 되어 전해질지도 모른다. 하지만 최소한 전반적인 내용은 한 번 다룰 필요가 있다고 느꼈다. 신기하게 아직 다뤄지지도 않았으니 이제 하늘은 나에게 책을 쓰라고 기회를 준 것 같다고도 생각되었다.

내 4년간의 미 육사 생활은 도전의 연속이었고, 모험의 연속이었다. 나는 개척자 정신으로 안주하려 하지 않고 늘 새로운 것을 추구하였으며 지속적으로 실험하였다. 그래서 마치 여행과 같았다. 사실 먹는 것, 다니는 것, 배우는 것 모든 순간이 너무 이질적이고 흥미로워서 늘 나는 여행을 떠나온 것 같았다. 하지만 하나는 잊지 않았다. 나는 미 육사 생도였지만 한국군인이었다. 나는 미국이 무엇을 어떻게 하는지 늘 분석하려고 했다. 내 자아를 늘 객관적 공간에 두면서 나는 그렇게 4년의 생도생활을 했다. 실수도 많고 재미도 있고 보람도 있던 4년은 무엇보다도 빠르게 그렇게 흘러갔다. 오늘도 올려보는 밤하늘을 보아하니 하늘은 말이 또 없다. 아버지께서 말을 줄이라고 해서 줄였지만 또 나만 말이 많은 것 같다.

말이 없는 하늘은, 그리고 그 하늘에 떠 있는 별들은 그렇게 오늘도 묵묵히 나를 굽어보고 있다.

2021년 8월 화랑대에서

일러두기:

1. 내 이름을 제외하고 인물의 이름은 가명을 썼다.
2. 가독성을 위하여 원문을 각주로 달았다.
3. 본 서의 내용은 군의 입장을 대표하지 않으며, 개인의 견해로서 작성되었다.
4. 초상권 및 저작권의 문제가 복잡할 것 같아 사진은 전부 삽화로 대체하였다. 삽화를 그려
    준 제자 정혁구 소위에게 깊이 감사하다.
5. '기초군사훈련'은 줄여서 '기훈'이라고도 부른다.

차 례

등뼈 그리고 중추 3학년   209
Second Class Cadet

맞이로서 솔선수범하는 4학년   267
First Class Cadet

프롤로그

미 육사 웨스트포인트 캠퍼스 전경(출처: flickr)

연천 논두렁과 뉴욕공항 사이의 몽타주

#1

"육사 떨어지면 해병대 지원할게요."

기세 등등하게 소리쳤던 나는 배수진을 쳤음에도 수능에서 낙방하고 분에 넘치게 서울에서 재수, 그리고 집앞 공부방에서 독학으로 삼수까지 하게 될 줄은 몰랐다. 재수와 삼수를 하면서 친구들도 연락을 끊고 사회생활도 접었다. 나는 속죄의 기분으로 공부에만 전념했었다.

가세가 기울어 군사도시 연천의 슬레이트지붕 집으로 이사 와서 살았지만, 부모님께서는 시종일관 아낌없으셨다. 어머니께서는 매일 아침 머리에 좋다며 고등어를 구워주셨고, 밥상 앞에서 졸고 있는 내 모습에도 웃음을 잃지 않으셨다. GPS가 없었던 그 시절, 아버지께서는 정확한 뜀걸음 측정을 위하여 차를 몰고 논두렁을 돌아 1.5km거리를 재고는 출발점과 결승점을 찍어주셨다. 아버지는 매일 밤 9시면 팔굽혀펴기와 윗몸일으키기 100개를 끝낸 나와 논두렁으로 나와 빼먹지 않고 초시계로 뜀걸음 시간을 재주셨다.

그런 헌신적인 것에 더해서, 어려운 환경에도 불구하고 부모님께선 나에게 거금을 들여 서울 재수학원에 유학까지 시켜주셨던 것인데 나는 그마저도 보은하지 못한 것이었다. 부모님께서 아무리 이뻐해 주셔도 나는 스스로 자중하고 더 자중하지 않을 수 없었다.

#2

재수학원 생활을 하면서 느꼈던 깨달음과 내 편협함에 대한 반성은 나에게는 값진 경험이었다. 대입은, 그리고 수능은 내가 얼마나 열심히 공부했느냐로 평가되지 않았다. 내가 얼마나 문제를 잘 푸느냐로 평가되는 것인지 새삼 몰랐었음을 인정했다. 하지만 그마저도 육사 입학의 결실로 이어가지 못했다니 실망감이 컸다.

하지만 그 실망은 절망보다는 희망으로 이어졌다. 할 수 있다는 생각이 들었다. 그리고 무엇보다 시간만 주어지면 될 것 같다는 신념이 생겼다. 힘들었던 집안사정으로 삼수는 자습으로 진행했다. 마치 사관학교 생활을 자체적으로 연습한다는 마음으로 하루하루를 보냈다.

그러던 중 모의고사를 보고 귀가하는 지하철에서 우연히 만난 친구가 나에게 물었다. 왜 그렇게 육사를 가려고 하느냐. 나는 부끄러워하면서도,

"잘은 모르겠는데, 내 천직인 것 같아. 소명인 것도 같고."

라고 대답하는 것이었다.

#3

수능도 끝나고 육사 합격자 발표날. 나는 마음이 복잡해서 안 그래도 쌓여있던 집 주위 눈을 쓸려고 나갔다. 합격이 안 되면 다른 학교 가는 거라고 생각하면서 나는 대빗자루를 힘차게 저으며 눈을 쓸었다. 시간이 얼마나 지났을까, 아버지의 고함이 들렸다.

"와아!"

늘 물같이 잔잔하고 태산같은 아버지께서 이런 고함을 지르시다니. 놀라움과 함께 나는 보은했다는 다행감이 합격의 기쁨보다 더 컸다. 아… 이제… 이제 들어가는구나 싶었다. 그러나 눈물이 없는 나는 눈물을 흘리지 않았다.

#4

미국, 독일, 프랑스, 스페인, 일본, 터키 육군사관학교 파견생도를 모집한다는 공고를 본 나는 이제 올 것이 왔다고 생각했고, 평소와 같이 주위사람들에게 의견을 여쭀다. 4학년 분대장생도님의 말을 잊을 수가 없다.

"외국에 살다가 온 친구들이 주로 합격하더라. 미국 말고 프랑스 같은데 지원하는게 더 나을지도 모르겠는걸."

다분히 현실적인 이 조언을 두고 나는 잠깐 고민했다. 나에게는 미국만 보였다. 만약 떨어진다고 해도 그게 나의 운명이라고 받아들일 각오를 했다. 영어공부하기 아주 좋은 구실도 될 것이라는 나름의 합리화도 있었다.

#5

내 앞에는 누군지 알 수 없는, 생도부대장님을 비롯한 5~6명의 장교분들이 앉아계셨고, 나를 비롯한 몇 명의 지원자들은 그들과 마주하여 단체면접에 들어갔다. 점점 차례를 돌며 '지원동기'에 대해서 말하라는 시간이 왔다. 나는 동기들의 인터뷰내용을 잘 기억하지 못한다. 하지만 주로 외교에 보탬이 되고자 하며, 무관이 되겠다는 이야기를 많이 했던 것 같다. 나는 말했다.

"제가 존경하는 인물 중에 안창호 선생님이 있습니다. 그 분의 말씀 중 제가 좋아하는 명언은 정확히 기억은 안 나지만, '나라를 사랑하는 자여, 왜 인물이 없음을 한탄하기만 하는가? 왜 그대가 스스로 인물이 되려 힘쓰지 않는가?'입니다. 저는 제가 인물이 스스로 되어보고 싶습니다. 미국에 나가서 더 배우고 실력을 키워서 나라에 보탬이 되고자 합니다."

뭐 이런 내용이었던 것 같다. 그리고 나는 그 순간 생도부대장님의 표정을 봤고, 면접장의 분위기를 감지했다. 하지만 나는 내색하지 않았다. 그건 그냥 내 느낌일 뿐이니까.

#6

나는 삼수생이라서 그랬는지, 아니면 늘상 군인을 너무 좋아했던 탓인지 생도생활이 잘 맞았다. 그래서 불만도 없었고 쩔쩔매지도 않았다. 나는 주로 여유가 있었고 절치부심하지 않았다. 그런 나를 두고 말이 많았던 모양이다.

‘1학년 생도답지 못하다.’

그래서 내 별명은 ‘오선비’였다. 어쩌면 내가 ‘군자지망생’이라는 별칭으로 인성교육에 임하였던 일화가 퍼졌을지도 모를 일이었다.

어느 날 나는 분대장생도님께 ‘자아정신분석’이라는 보고서를 올렸다. 내 성격과 내 사고방식을 분석한 글이었다. 고등학교 때 고통스러워하며 읽은 프로이트의 정신분석학입문의 문투와 서술 방식을 차용하여 꿈의 해석이나 본능 따위의 이야기를 했던 것 같다. 나는 요즘으로 따지면 좀 인조인간 같은 무미건조함도 가졌던 것 같다.

#7

미 육사와 나의 인연은 독특했다. 나는 내가 육사 면접시험을 위해 숙소의 침대 위에 앉아있다가 머리맡에 놓여있던 육사신보를 펼쳐봤던 기억을 절대로 잊을 수 없다. 그 신문 한켠에 미 육사에 대한 글이 있었다. 그때 미 육사에 재학중인 선배님이 쓰신 간략한 미 육사 소개의 글이었다. 그 신선한 충격을 나는 잊지 못한다. 미국 육군사관학교로 유학을 갈 수 있다는 그 가능성은 나를 정신없이 휘감았다.

그 날 이후로, 나의 목표는 육사입학이었지만, 입학 후의 목표는 미 육사로의 파견이 되었다. 그리고 나는 그 육사신보에 새겨진 선배님의 이름과 얼굴, 그리고 그 제복을 잊지 않고 반복해서 머리에 되뇌었다. 시골 청년의 머리와 마음속에는 미 육사가 깊이 새겨 졌지만, 감히 그 목표를 말하고 다닐 수는 없었다.

같은 면접조에 우연히도 한 명문 사립고등학교의 학생이 굉장히 당당하게 말했다.

"나는 미 육사에 가려고 여기 지원했어."

그 순간, 나는 굳이 미 육사 이야기를 하고 살 필요가 없다는 생각을 했다. 이미 사관학교에 합격을 한 상황도 아니고, 별로 그다지 본받을 만하다고 생각하지 않았기 때문이었다. 물론, 육사에 지원하여 해외사관학교로 선발되어 파견되는 영광된 임무를 수행하는 것은 좋지만, 그 목적으로만 학교에 입학을 한다는 것은 바람직해 보이지 않았다. 나중에 들은 소식으로, 그 친구는 경찰대학교에 입학했다고 했다.

육사에 합격하고도 나는 미 육사생각을 굳이 알리고 다니지 않았다. 그러다가, 중대 공고판에 붙은 공고문을 보고, 분대장생도님과의 짧은 상담 후, 중대를 담당하는 훈육관님께 지원서를 제출했다.

내가 통과해야 할 관문은 2단계로 구성되었다. 일단 육사에서 지원한 동기들과의 경합에서 뽑혀야 했다. 그 다음에는 미 육사에서 선발되어야 했다. 육사 동기들과의 경합은 1학기 학과성적, 체력측정, 면접을 종합적으로 산정하여 결정되었고, 결과의 발표는 여름군사훈련기간 중에 이뤄졌다. 이어서 미 육사에서 선발되기 위하여 입학서류를 준비하여 주한미대사관의 무관부를 통하여 서류를 제출하여야 했다. 필요한 사항으로는 체력측정, SAT, TOEFL, 그리고 입학서류상의 수기로 작성하는 에세이와 추천서들이 있었다.

고맙게도 육사에서는 내가 미 육사로 선발되어 파견될 것이 정해진 이후, 출국인 이듬해 7월까지 내가 출국을 위하여 필요한 영어학습과 시험준비를 하고 필요한 과목을 선택하여 들을 수 있도록 배

려해주었다. 따라서, 나는 필수과목 일부를 제외하고는 영어수업을
많이 편성하였고, 필요에 따라 학교의 원어민 교사들과 회화와 글짓
기를 하면서 영어실력을 집중하여 배양할 수 있었다. 추가적으로,
육사에서는 시험준비를 위하여 외부 유학원에도 등록하여 평일에도
수강할 수 있게 배려해주어, 난생처음 SAT와 TOEFL학원에 등록하
여 생활할 수 있었다.

#8

미국으로의 출국 전에 나는 미 대사관 무관보 중령님 한 분과
매칭이 되었다. 그는 미 해병대 소속이었는데 내 선입견과는 달리,
머리가 길었다. 그는 걸음걸이부터 여유가 있는 분이었다. 대충대충
하는 것 같다가도 꼼꼼이 따질 때는 확실히 따졌다. 반복해서
　"It's okay."
를 말씀하셨던 점, 그리고 말 실수를 했을 때
　"I mean…"
이라고 정정하셨던 점이 기억난다. 나는 그 표현을 그를 통해 배웠다.
사실 출국준비부터 출국, 그리고 그 이후의 미국생활 모두는 나
에게 늘 첫경험이었다. 나는 미국 대사관을 처음 들어가봤다. 나는
미군부대를 처음 들어가봤다. 나는 미군부대의 장교숙소에도 처음
들어가봤으며, 그 숙소에서 해주는 음식도 처음 먹어봤다. 미군부대
의 아스팔트 2마일을 처음 뛰어봤고, 미군부대 놀이터에서 농구공
을 처음 던져봤다. 미군부대 놀이터의 철봉에서 턱걸이를 15개 정도
처음 해봤다. 미군부대에서 팔굽혀펴기도 처음 해봤다. 미군부대에

서 윗몸일으키기도 처음 해봤다. 한반도를 이탈하는 것도 처음이었으며, 공항이라는 곳을 가는 것도 처음이었다. 비행기도 처음 타봤고….

그런 나에게 미국은 여행이었다. 여행이 미지의 세계를 찾아 떠나는 탐험이라면, 미 육사의 4년생활은 완전한 절대적 여행이었다. 다만 내 미국여행은 다른 여느 여행과는 다른 점이 있었다. 내 여행에는 나 자신이 우선하지 않았다. 나는 나라에서 부여한 특별 임무를 우선하였다. 그 임무는 바로

"미 육사, 미 육군, 그리고 미국의 모든 것을 최대한 배워와라."

였다. 방법은 정해져 있지 않았고, 내가 찾아야 할 것이었다.

#9

처음 타는 비행기. 나는 인터넷도 그다지 활성화되어 있지 않은 그 시절, 그리고 블로그가 흔하지 않았던 2007년에 그냥 부모님 이야기만 들으면서 탑승 전에 장을 비우려 노력했다. 하지만 배변이 마음대로 될 리가 없었다.

출국 당일날, 나는 좀 이르게 일어나 성공적으로 장을 비웠고, 부리나케 공항으로 향했다. 공항에는 감사하게도 최근 미 육사를 졸업하고 중위로 임관해 있는 선배님이 근무복을 입고 나와계셨다. 내미 육사 꿈의 시초였는데 내가 출국할 때 함께 해주시다니! 든든했고 의기양양했다. 나는 그렇게 미국으로 향했다.

그리고 뉴욕 JFK공항에 닿았고, 이제 내 첫 미국여행이자 해외파견임무이자 미군경험이 시작되었다. 그렇게 나의 꿈을 꾸는지 현

실을 사는지 모를 진정한 의미의 여행이 시작되고 있었다.

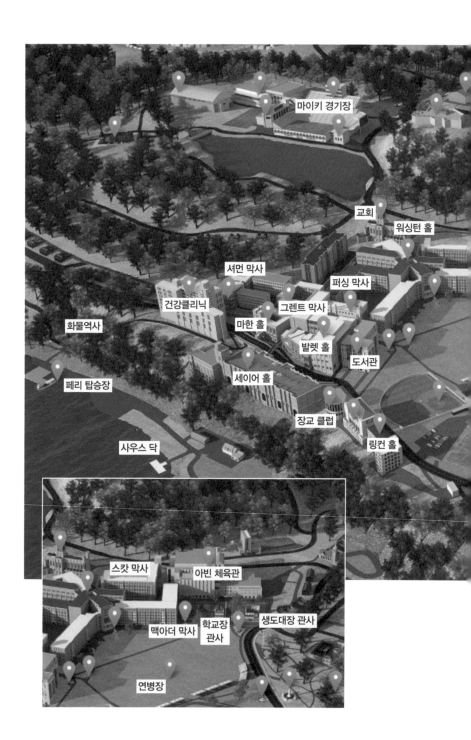

마이키 경기장

교회

워싱턴 홀

셔먼 막사

퍼싱 막사

건강클리닉

그렌트 막사

화물역사

마한 홀

발렛 홀

세이어 홀

도서관

페리 탑승장

장교 클럽

사우스 닥

링컨 홀

스캇 막사

아빈 체육관

맥아더 막사

학교장 관사

생도대장 관사

연병장

교직원 단지

공동묘지

아이젠하워 홀

퍼스티 클럽

카우 클럽

트로피 포인트

데일리 필드

노스 닥

미 육사 캠퍼스 전경**1**

1 West Point 홈페이지, http://westpointadmissions.com/map.php 자료를 흔쾌히 사용하게 해
준 미 육사에 감사하다.

아직은
정식 생도가 아닌
신입생도 0학년

New Cadet

워싱턴 홀과 연병장 사이의 워싱턴상(출처: 크리에이티브커먼즈)

정식 입교를 하지 않았지만 선발은 되어 있는 상태.

생도이기는 하나 '신입'생도였던 우리에게,

계급은 없었다.

United States Military Academy at West Point

간단한 미 육사 소개

    미국은 연방제 국가이며, 미 연방의 공식 육군사관학교는 미합중국 웨스트포인트 사관학교, 줄여서 '유스마^{USMA}'라고 불린다. 하지만, 보다 유명한 이름은 웨스트포인트^{West Point}라는 지역의 이름이다. 아마도 지역적 특색이 드러나기 때문인 것 같다. 단, 본서에서 나는 독자의 편의를 위하여 '미 육사'라는 말로 웨스트포인트를 지칭하려 한다.

    미 육사는, 미국 동부 뉴욕주의 중앙쯤에서 허드슨강에 연해있는 돌출된 지형에 위치한다. 서쪽을 나타내는 그 이름의 특성상 미국 서부에 위치할 것 같지만, '서쪽의 포인트' 지점은 허드슨강 서쪽의 돌출부를 의미한다고 보면 된다. 해당지역은 미 독립전쟁 간 영국과 미국 공통으로 허드슨강을 통제하기 위하여 반드시 차지해야 할 전략적 요충지로 여겨졌으며, 1779년 조지 워싱턴이 본부를 설치한 이후 계속 군이 주둔해 있던 주둔지였다.

    미 육사는 우여곡절 끝에 1802년에 설립되었으며, 1812년까지는 공병장교의 훈련소로 운영되었다가, 그 이후부터 4년제 대학으로 확정되었다. 그러나 '사관학교의 아버지'로 통칭되는 실바누스 세이어Sylvanus Thayer 교장이 부임했던 1817년 전까지는 엄격한 교수법과 교과과정, 도서관과 건물들이 잘 갖춰지지 않았다. 하지만 그 후 세이어 재임기간을 시작으로 200년이 넘게 사관학교는 진화해 왔으며, 현재의 모습까지 발전해올 수 있었다.

오늘날의 미 육사는 학년 당 1,200명에 달하는 생도수를 가지며, 생도대는 따라서 4,000여 명의 생도가 구성한다. 생도대는 A부터 I까지 있는 9개 중대company로 구성된 연대 넷으로 조직된다. 즉, 생도들은 A-1, B-1, C-1부터 해서 G-4, H-4, I-4까지 총 36개의 중대 중 하나에 소속되어 있다. 각 중대는 1, 2, 3, 4학년이 고루 섞여서 하나의 부족과 같은 정체성을 갖고 중대만의 체제로 재구성되어 있다. 각 중대는 중대만의 독특한 마스코트와 표어를 갖고 있으며, 이와 같은 생도집단은 1명의 신임 소령급 장교가 신임 상사급 부사관과 함께 지도한다.

생도들의 생활공간은 크게 막사, 식당, 교수시설, 부대시설로 구성되어 있었다. 막사는 메인 캠퍼스에 전체적으로 흩어져 있어서 생도들은 모두 중대끼리 곳곳에 분산되어 거주하였다. 식당은 워싱턴 홀에 위치하여 모든 막사들의 중심점에 위치했다. 한편, 교수시설은 세부적으로 다양한 학습관(세이어 홀, 발렛 홀, 워싱턴 홀, 링컨 홀, 마한 홀)으로 나뉘어 각 학문별로 위치를 달리했으며, 추가로 도서관과 강당(로빈슨 오디토리움, 아이젠하워 홀)으로 이루어져 있었다. 부대시설은 막사들과 가까운 순서대로 그랜트 홀과 같은 생도 친화적인 외식장소가 있는가 하면, 보다 장교 친화적인 근교 식당으로서 장교클럽officer's club이 있었다. 클럽이야기가 나와서 언급하자면, 음주는 지정장소가 있어서 3학년은 목요일만 여는 카우클럽, 4학년은 매일 여는 퍼스티클럽을 이용했다. 생도대와는 조금 떨어졌지만, 부대 근무자들의 가족들도 함께 사용하는 커미써리commissary에서는 대형마트와 같은 식재료를 구매하기에 좋았고, 공산품을 사기 좋은 PX도 있었다.

생도들은 졸업을 위하여 달성하여야 할 요건들이 있다. 크게 요건은 세 가지로 보는데, 학과, 군사, 체력이 그것이다. 학과 측면에서, 생도는 기본과목 약 20개, 공학과정, 선택과목 약 10개를 수강하여야 한다. 또한, 여름에는 각종 군사교육이나 민·관의 인턴십을 수행했다. 군사부문에서는 입교 전 수행하는 기초훈련, 야전훈련, 리더근무, 그리고 야전리더십훈련을 수행하여야 했다. 그리고 체력은 각종 격투 및 전투체력을 기르는 체육수업을 통과하고, 실내 장애물 테스트를 통과하여야 했다. 물론, 여기에 생도 규정상 퇴교 등의 일정수준의 징계사유가 있으면 졸업할 수 없었다. 졸업하지 못하는 경우, 유급을 하거나 퇴학했다.

생도들은 모두 자원한 인원들이었고, 3학년이 되어 복무를 확정 선언하는 의식을 거행하는 날이 되어서야 의무복무 등의 의무가 생겼다. 그래서 그 전에 퇴교나 편입하는 생도들은 아무런 부담을 갖고 있지 않았다. 여생도는 대략 20퍼센트 정도였다. 인종은 다양하였으며, 백인이 가장 많고, 그 다음이 흑인, 한국인이 세번째로 많았던 것 같다. 인종차별은 매우 엄정하게 다뤄졌고, 퇴교 사유였으며, 그래서인지, 나는 인종차별을 경험한 적이 없었다.

생도들은 각 주의 국회의원들이나 국방부의 추천을 받아서 각지에서 모여든 인원들이었다. 그래서 미 육사는 미국의 축소판이었고, 평등하였으며, 공정하였다. 미 육사는 그렇게 미국이 지향하는 이상적인 환경을 구현하는 것 같았다.

이상으로 홍보자료에서 쉽게 찾을 수 있는 일반사항을 줄인다. 이제 그 회색 요새의 담장 너머에서 벌어지는, 우리들만이 아는 미 육사의 이야기를 전하고자 한다.

시골 출신의 순박한, 육사만을 바라보며 삼수를 했던 한 우직한 한국인 청년의 눈으로 본 미 육사의 이야기를 말이다.

R(Reception)-Day

입교 전 훈련

"신입생도, 내 선으로 오고, 선 위로 오지 말고,
선 넘어오지 말고 선 뒤에 있지도 마시오!."

나는 숫자를 잘 기억하지 못한다. 하지만 2007년 7월 2일 월요일은 아직도 정확히 기억이 난다. 유달리 더웠던 그 날 아침 나는 지정 후원자였던 호슬리 소령님의 배웅을 받으며 1,200명의 동기생들과 미 육사에 들어갔다.

한국에서 '새끼사자 길들이기(한국육사 기초군사훈련의 별칭)'를 통과한 나는 겁이 하나도 안났다. 그런데 문제는 언어였다. 나름 영어를 준비했지만, 별칭으로 짐승막사beast barracks라고 불리는 CBT^{Cadet Basic Training}의 군사영어는 최악의 난이도였다. 쌀로 비유하자면, 토플 영어가 정말 정제된 흰 쌀밥이라고 한다면 CNN의 영어는 덜 친절하긴 하지만 표준영어로 말끔한 현미밥. 미국 군인들과 나눴던 일상영어가 보리쌀밥이라고 한다면 CBT 영어는 쌀알이었다.

처음 시작부터 흥미로웠다. 군번줄에 어떤 바코드가 있는 플라스틱 카드를 걸어 목에 군번줄처럼 걸었다. 그리고 동시에 우리 모두는 예외없이 여성을 제외하고 삭발했다. 이어서 우리는 정말 웃긴

행색으로 종일 의류대duffle bag를 짊어지고 보급품을 받으러 돌아다녔다.

그냥 지급품목을 세팅해 놓았을 수도 있었지만, 미 육사는 굳이 그렇게 하지 않았다. 나는 그 날 다양한 사람들을 봤다. 민간인, 군인을 구분하지 않고 수많은 사람들이 내 전투화를, 내 단화를, 그 밖에 수많은 보급품을 전해주려고 학교에 나와 있었다. 보급품은 수기 서명 없이 결제하듯 바코드 카드로 스캔하였고 그 자리에서 즉각 전산처리되었다. 동시에 물품은 내 의류대로 내가 직접 넣었다.

"물 마셔라!"

"물 섭취해라, 신입생도들!"[2]

근무생도(직책을 가진 상급생도)들은 우리 신입생도들에게 시간만 나면 말하고는 했다. 그래서 우리는 거의 멈출 때마다 물을 마셨다. 우리는 소변의 색깔이 엷어질 때 까지 식수를 섭취할 것을 권장받았으며, 그래서 우리가 물을 마실 때는 이렇게 대답해야 했다.

"소변이 맑아집니다, 병장님![3] 소변이 맑아집니다!"

따라서 우리는 늘 등에 케멀백이라는 물주머니를 맸는데, 의류대를 들은 경우에는 2쿼트(1,900mL)들이 수통을 휴대했다. 난 룸메이트가 알려줄 때까지 분대장생도가 '투 쿼트'를 착용하라고 했을 때 무엇인지 알지 못했다.

정신없이 물품들을 받고 나서 우리는 광장지역으로 이동했다. 찜통공기, 아스팔트 열기, 근무생도들의 고함, 알 수 없는 용어와 명령들로 뒤엉킨 지옥의 중앙에 우리는 섰다.

"신입생도, 내 선으로 오고, 선 위로 오지 말고, 선 넘어오지말

---

2   Hydrate New Cadets!!

3   Pee clean, sergeant!

내 선으로 오고, 내 선 위로 오지 말고, 선 넘어오지 말고, 선 뒤에 있지 말고!

고 선 뒤에 있지도 마시오!"[4]

'아, 큰일났다…. 하나도 못알아듣겠다.'

나는 생각보다 너무 빨리 그리고 너무 미친듯이 질러대는 소리에 더이상 귀가 아닌 눈으로 명령을 듣고 움직이기 시작했다. 즉, 옆 동기들을 따라다니기 시작했다.

우리는 4학년 생도에게 개인별로 전입신고를 해야했다. 보고 양식이 적혀 있었고, 우리는 그 양식대로 보고해야 했다. 그러나 피로도, 산만함, 새 환경의 삼박자 안에서 대다수의 신입생도들은 실수했다. 근무생도들은 이를 집요히 파고들었다. 실수는 또 다른 실수를 부르고, 점점 더 늪으로 빠져들었다. 멘탈은 산산히 조각났다. 나조차도 이 부분을 어떻게 통과했는지 잘 기억이 안난다. 내가 들었던 말은 'my..my..my'밖에 없었다. 무슨 말이 그렇게 빠른지. 'My'를 어쩌라는 건지 모르고 양식만 준수하여 보고한 나는 몇 번 퇴짜를 맞았던 것 같다.

땀으로 범벅이 되고 노곤해질 무렵 우리는 막사 내부로 들어왔다. 방 안은 작았고 단출했다. 침대는 당연히 세팅되어 있지 않았고, 우리는 분대장생도로부터 침대를 꾸미는 법을 배웠다. 우리는 '하스피털 코너Hospital Corner'에 대해서 배웠다.

호텔 종업원도 아니고, 한국에서도 고무줄 들어간 시트를 썼었는데 이거 좀 너무 구식인 느낌이 들었다. 분대장생도의 숙련된 침대시트 접기의 모습을 정신적으로 되감기하고 있는데, 돌연 분대장생도가 좌중에 물었다.

"혹시 현역병출신 있나?"[5]

4　Step up TO my line, not ON my line, not OVER my line, not BEHIND my line!

5　Is there any prior service?

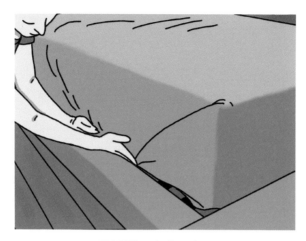

하스피털 코너 접는 모습

이게 무슨 말인가 했는데, 한 명이 손을 든다. 이어서 분대장 생도가 어디에서 복무했었냐고 묻는다. 기다렸다는 듯이 찰스는

"101 공정사단입니다, 분대장님."

이라고 능숙하게 받아친다. 갑자기 분위기가 압도되는 모습을 보고, '오, 101 공정사단이구나' 깨달았다. 이어서 분대장생도가 권유하여 그 생도는 우리가 침대 접는 법을 연마할 수 있게 유도했고, 그 신입생도는 그때부터 전문가적인 존재로 인식되었다.

현역병출신이란 미 육사에 입교하기 전에 군 복무를 하던 사람을 일컫는다. 그 친구 또한 군생활을 하다가 온 인원으로서, 부대에서 추천을 받아 미 육사로 입교한 경우였던 것이다.

침대접기에 이어 우리는 속옷정리를 배웠다. 한국에서 10cm 너비로 런닝과 팬티를 말아서 정리하던 내공이 있었고, 7cm로 양말을 접는 것이 단련되어 있던 나는 자신있었다. 나는 미 육사의 속옷접기가 궁금했다. 그런데 분대장생도는 너무 간단히 양말을 똘똘말더니 이러는 것이다.

"웃는얼굴."

양말을 말린 부분을 보았을 때 양말이 웃고 있으면 된다는 것이었다. 아…, 너무 간단하구나. 거기에서 나는 미국의 실용적인 태도를 보았던 것 같다. 정리만 하면 되는거구나. 그런데 신입생도들은 이것도 힘들어했다. 당연히 속옷을 접는 법은 따로 없었다. 자를 사용하지도 않았다. 보기좋게 접어서 가지런히 넣어두면 그만이었다. 어쩌면 그냥 내 분대장생도만 융통성을 부렸을까 돌아본다. 하지만 4년을 통틀어서 속옷을 잘 안접었다고 하급생을 혼낸 생도를 나는 본 적이 없었다.

신입생도들은 또한 날리지북[6]이라는 책자를 받았다. 그 책자는 손바닥 크기의 책자로, 비스트 훈련 기간동안 외워야 할 내용을 수록하고 있었다. 각 주차마다 번호를 매겨서 (c)와 (v)로 표시[7]하여 설명 가능한, 외워서 암송으로 나누어 각 항목이 설명되어 있었다. 첫 주 맨 먼저 우리가 외워야 할 것은 바로 미 육사의 임무였다.

"미 육사의 임무는 생도대를 교육, 훈련, 그리고 영감을 불어넣어 각 졸업생이 임관하여 의무, 조국, 명예의 가치에 헌신하는 인격적 리더가 되게 하고; 그들이 미합중국 육군의 장교로서 전문성 있는 뛰어남과 국가에 대한 봉사에 대하여 준비되게 하는 것이다."[8]

우리는 늘 이 날리지북을 들고다녔다. 케멜백에 넣어다니거나 투쿼트 수통피에 넣거나. 일단 어디에서든 멈추면 무조건 물을 한 모금 마시고 나서 날리지북을 펴는 것이었다. 그러면 준비가 된 신

---

6   Knowledge Book

7   Conversational과 Verbatim

8   출처: USCC Cir 351-2 Cadet Required Knowledge

입생도들은 주먹을 쥔 채로 손을 앞으로 90도로 뻗는다. 발언권을 달라는 행동이었다.

우리가 할 수 있는 말은 딱 네 가지였다.

"네, 아닙니다, 이유 없습니다, 이해가 되지 않습니다."[9]

그 외의 말은, 발언권을 얻을 때에만 가능한 것이었다. 바로 그 때문에 손을 뻗는 것이었다. 우리는 발언권을 부여한 사람이 3학년 부사관생도의 경우 열중쉬어parade rest, 4학년 장교생도의 경우 차렷 stand at attention자세를 갖춰서 발언을 시작했다.

"날리지 검사받을 수 있습니까, 분대장님?"[10]

이어서 어떤 암기사항을 검사받으려는지 말하고 검사를 받는다. 제대로 하지 못하면 다시 해야 한다. 암기에 약한 나는 시간이 많이 걸렸고, 이 암기사항이 훈련보다 훨씬 더 정신적 스트레스였다.

그러나 사실 이렇게 외우는 과정에서 미 육군과 미 육사와 관련한 지식 및 가치를 굉장히 빠른 속도로 수용할 수 있었다. 어색한 용어와 개념을 단지 공부하고 이해하는 것과는 달랐다. 아직 익숙하지 않고 어색해도 말로 표현하면서 몸으로 먼저 익혔다. 몸에 익어가는 언어와 개념은 곧 마음으로 자연스럽게 받아들여졌다. 지식은 날리지북이라는 책에만 있지 않았으며, 군사훈련은 순간의 시간에서 고통과 인내로 증발 되지만은 않았다. 우리는 지식을 행동으로, 그리고 행동은 지식에 근거해서 급속도로 이미 생도가 되어가고 있었다.

---

9 Yes, sir. No, sir. No excuse, sir. Sir, I do not understand.

10 Can I pass off knowledge, sergeant?

Mess Hall Duties and Manners

생도 식사 예절

"본 식탁의 신입생도들은 각각 임무를 완수했으며
식사준비가 완료되었습니다."

인간도 동물이다. 식욕은 욕심이기 전에 생존의 조건이다. 먹는 것은 본능인 것이다. 훈련은 먹는 방법에 대해서도 이루어진다. 미 육사의 식사도 예외가 아니다. 미 육사의 식사 예절은 식당 의무mess hall duties라는 개념에 의하여 규정된다. 앞서 미 육사의 임무 상의 교훈 의무Duty, 명예Honor, 조국Country에서도 맨 앞에 의무가 위치해 있듯, 생도들에게 의무는 의문의 여지가 없는 중요과업이다. 밥을 먹을 때도 이 중요 과업은 반드시 행해져야 하는 일인 것이다.

생도생활은 바쁘고, 생도의 숫자는 많다. 생도들의 식당은 450개가 넘는 테이블로 꽉꽉 들어차있는 거대한 단일공간이다. 점심식사 기준으로, 25분만에 전교생 4,000여 명을 모두 먹이고 일사불란하게 퇴식까지 하는 식당의 효율성은 자랑할 만하다. 고효율의 현장을 견학하기 위해 실제로 민간 호텔 관리자의 빈번한 방문도 종종 봤다. 그러나 그 효율성 안에는 명확히 규정된 생도의 식당 의무가 단단히 역할을 수행한다.

의무사항에 대한 설명에 앞서 미 육사의 식사는 패밀리 스타일로 이뤄진다는 점을 설명하고자 한다. 즉, 10명이 한 테이블에 앉아서 서빙되는 음식을 좌중에 돌아가며 자신의 그릇에 담는 방식으로 식사가 진행된다. 예를 들어, 칠면조 샌드위치가 주 메뉴인 경우를 보자. 테이블 중앙에는 서버가 가져다 준 음료 일체, 샌드위치 빵, 칠면조, 샌드위치용 채소류, 그리고 으깬 감자나 완두콩과 같은 주변 메뉴, 그리고 디저트가 위치하게 되고 좌우로 음식을 건네주며 덜어먹는 방식인 것이다.

점심을 맞아 우리는 식당에 들어갔다. 식당은 마치 해리포터 영화에서 본 호그와트 식당을 방불케 한다. 사방으로 스테인드 글라스와 벽화가 그려져 있고, 높은 천정과 깃발, 그리고 장식들로 화려하다. 내부 구조는 '＊' 모양으로 생겼고 그 중심에 품댁poop deck(선미 갑판이라는 함선 구조를 지칭)이라는 탑이 있다. 사방으로 뻗어나가는 건물의 각 지역은 주로 연대별로 앉는다.

우리는 부동자세로 대기해야 했다. 열중쉬어로 대기하고 있었고, 우리 식탁은 전원 자리에서 서 있었다. 좌장table commandant이 도착하자 우리는 모두 긴장했다. 어떤 고난이 기다릴까. 아니나 다를까 좌장은 묻는다.

"신입생도 제임스, 저녁식사가 뭐지?"[11]

"…분대장님, 저녁으로 저희는…."

"저녁식사가 무엇인지 모른다는건가? 똑바로 하도록!"[12]

헉. 나도 몰랐는데, 아차하고 나는 깨닫는다. 우리는 향후 세 끼의 식사 메뉴에 대하여 숙지하고 있어야 했다. 상급생도가 메뉴에

11　New Cadet James, what's for dinner?

12　Fix yourself!

대해서 물으면 우리는 알고 정확한 형식으로 대답할 의무가 있었다.

"신입생도 오, 점심은 뭘 먹지?"

"분대장님, 점심으로 저희는 치킨크리스피토, 옥수수, 으깬감자, 그리고 게토레이를 먹습니다!"

나는 다행히도 대답을 했다. 괜히 나 때문에 좌장이 기분이 나빠지면 식탁 전체가 힘들어지고, 나는 그런 불편을 끼치고 싶지 않았기 때문이다. 이어서 품댁에서 통제를 했다.

"여단… 부대 차렷! 자리에 앉아!"[13]

전 생도는 착석 명령에 맞게 자리에 앉았고, 서버는 자신이 담당하는 8개의 식탁에 숙련된 솜씨를 뽐내며 음식을 대령한다. 이제 20분 혹은 더 짧을 수도 있는 식사 레이스가 시작된 것이다. 서버에게 고마움을 표현하는 것은 기본이다. 하지만 그것도 잠시, 각 직책에 따른 식탁 의무가 곧바로 행해진다.

식탁 의무는 3가지 직책과 직책에 맞는 역할, 그리고 공통예절로 구분된다. 찬 음료 상병, 더운 음료 상병hot beverage corporal, 그리고 사수gunner라는 세 가지 직책으로 구성된 식당 의무는 명확하다. 찬 음료 상병은 직사각형의 테이블 한 쪽 끝에 앉는다. 이 위치는 좌장의 맞은편이다. 찬 음료 상병은 식사 시작 전에 좌중에 묻는다.

"이번 식사의 음료는 게토레이입니다. 혹시 게토레이 한 잔 드시지 않을 분 계십니까?"[14]

좌중은 의사표시를 하며, 찬 음료 상병은 숫자를 세고 그 숫자만큼 음료를 따르고 해당 위치로 배치되도록 각각 좌우에 앉아 있는 더운 음료 상병과 사수에게 잔을 건네야 한다. 주로 나오는 음료는

13　Brigade..... Atten-tion! TAKE SEATS!

14　Would anyone not care for a glass of Gatorade, sir?

게토레이나 파워에이드, 그리고 얼음물인데, 좌중은 자신이 원하는 음료를 구체적으로 요구하기도 한다. 찬 음료 상병은 좌중의 몇 명이 마시는지 뿐만 아니라, 누가 무엇을 원하는지 정확히 파악하여야 한다. 골탕을 먹이고자 하는 상급생도는 얼음을 뺀 물을 달라거나 음료를 섞어달라거나 잔을 다 채우지 말고 조금만 달라는 등의 주문도 한다.

경우에 따라서는 더운 음료 상병에게 주어진 더운 음료나 스프가 있기도, 그렇지 않을 때는 커피같이 떠와야 하는 경우도 있다. 이런 기호가 있는지의 여부를 알기 위해 더운 음료 상병은 좌중 각각의 취향을 파악하고 있어야 한다. 특히 아침에 커피를 원하는 사람을 위해 더운 음료 상병은 테이블에 앉기 전에 커피를 떠와야 한다. 어떤 경우이든지 더운 음료 상병은 묻는다.

"이번 식사간 더운 음료는 커피입니다. 혹시 커피 한 잔 마실 분 계십니까?"

이름만으로는 어떤 일을 하는지 알 수 없는 사수는 그 주임무가 디저트 담당이다. 파이류를 원하는 수만큼 맞춰서 균등하게 자르는 임무를 수행한다. 자르기 전 조각 수를 파악하기 위해서 말한다.

"이번 식사의 후식은 당근케익입니다. 혹시 당근케익을 원하지 않으시는 분 계십니까?"

숫자를 파악하고 나서 자르고, 자른 후에는 다음과 같이 말한다.

"후식이 준비되었습니다. 승인해 주시면 상병생도 조에게 검열을 받겠습니다."[15]

사전에 지정된 검열관생도는 잘라진 개수대로 디저트가 준비되

---

15 Sir, the dessert has been cut. Dessert to Cadet Corporal Jo for inspection, please, sir.

없는지부터 균등하게 잘렸는지, 지저분하게 잘린 것은 아닌지 등을 검수하고 좌장에게 보고한다.

위에 설명된 모든 사항이 무리 없이 수행되면 최고다. 배고픔을 빨리 해결할 수 있으니까. 하지만 주로 그렇게 잘 안되었다. 특히 초반에는 많이 틀렸다. 지적받는다. 아, 먹는 것 앞에서 장사 없다. 고통스럽지만 말을 듣는다. 우여곡절 끝에 모든 준비가 완료되면 찬음료 상병은 말한다.

"본 식탁의 신입생도들은 각각 임무를 완수했으며 식사준비가 완료되었습니다."[16]

하지만 아직 끝나지 않았다. 좌장이 먹으라고 할 때 먹을 수 있다. 개중에는 짓궂게 암기사항을 읊어보라고 시키는 경우도 있었다. 그러다가 틀리면 또 시키고 배는 고프고 고달픈 적도 많았다. 그것도 다 끝나면 먹으라고 짧게 지시한다.

"식사실시!"[17]

하지만 음식 삼매경에 빠질 수는 없다. 지켜야 할 식사 예절도 있다. 앉은 자세에서 몸은 테이블과 의자 등받이 각각으로부터 주먹하나씩 이격한다. 팔꿈치는 테이블 위에 있을 수 없고, 사용하지 않는 손은 양 무릎에 위치한다. 학교 문양이 새겨진 접시는 문양이 12시 방향에 있게 하고 테이블 끝으로 부터 엄지손가락만큼 안쪽에 위치한다. 시선은 접시상의 학교 문양에 고정하며 식기는 접시 위에 위치한다. 음식은 세 번 씹고 삼킬 만큼 작게 썰어 먹는다. 추가로 공급되는 음료나 디저트 등이 있을 시에는 각 담당생도가 좌장에게 변동사항을 알린다.

---

16 Sir, new cadets at this table have performed their duties and are now prepared to eat.

17 "EAT!"

"추가 핫소스가 식탁에 지급되었습니다."[18]

예절은 불합리한 불편함을 주고자 만든 규칙은 아니다. 앉은 자세와 팔꿈치를 규제하는 이유는 자세를 바로하기 위함이다. 문양을 12시 방향에 두는 것과 접시끝을 테이블 끝으로부터 엄지 만큼 거리를 두는 이유는 접시 정렬을 위함이다. 시선집중은 불필요한 정신 분산을 막기 위함이다. 음식을 잘게 썰어먹음은 좌장의 물음에 즉각 대답할 준비를 하기 위함이다. 추가 공급되는 음식에 대한 공지는 임무에 대한 긴장 유지이다. 밥 먹는 시간에도 미 육사는 의무의 인식과 수행을 훈련한다.

마음도 몸도 고생하는 식사시간이지만, 그 시간에 우리는 주린 배를 풀 수 있었다. 훈련을 잘 받으면 음식을 입 가득 넣어 먹을 수 있는 권한인 빅 바이츠big bites는 그런 의미에서 독특한 인센티브였다.

---

18 Sir, the additional hot sauce is on the table.

Cadence Call

"하나…둘…셋…넷… 나는야 증기롤러라네!"

　　무리를 지어 걸어갈 때 우리는 일정한 대형을 형성하고 발을 맞춰 걸어야 했다. 그리고 발맞춤은 일정 수준의 리듬감을 필요로 했음을 나는 한국 육사 생활을 통해 알았다. 그 리듬감은 개인차가 있어서 대형의 인솔과 지휘를 맡은 지휘자는 구령을 내려 그 박자감을 형성할 의무가 있었다. 그 방법은 번호를 붙이는 방법, 왼발 혹은 오른발이라는 구령을 넣는 방법, 그리고 노래를 부르는 방법이 있었다.

　　민간에서는 전혀 하지 않는 이런 종류의 지휘행위는 한국에서 흔하지 않거나 없다. 그래서 한국 육사에서는 그 방법에 대하여 정식 교육을 통해서 알려주었다. 나는 한국 육사에서 훈련받을 때 '군가 교육시간'이라는 시간에 군에서 부르는 노래를 배웠다. 그리고 그 노래를 지시에 따라 대형 안에서 부르곤 했다.

　　미국의 사정은 달랐다. 아무런 교육이나 준비 없이, 갑자기 불렀다. 나는 당혹스러웠다. 듣지도 보지도 못한 군가를 갑자기 부르다니. 사실 교육을 시키고 말고 할 것도 없기는 했다. 왜냐면 결국 지휘자가

훈련부사관의 케이던스를 따라 행진하는 훈련병들

부르는 것과 똑같이 따라만 부르면 되니까. 바로 이것이 리드하는 것이었다. 듣고 따라하기. 그리고 군가는 노래가 아닌, 읊조림이고 주고받는 리듬이었다. 그래서 케이던스cadence라고 불렀다.

지휘자가 한 소절 뽑고 행군대형이 한 소절 똑같이 따라 뽑는 모습은 복종이 아닌, 대등한 위치와도 같은 느낌이 들었고 또 다른 면으로는 다분히 실용적이었다. 지휘자는 온전히 100프로의 목소리를 대형 전체에 들려주었다. 함께 동시에 부르지 않기 때문에 지휘자의 목소리는 대중의 목소리에 가려지지 않았다. 따라서, 지휘자의 목소리가 좋지 않으면 바로 티가 났다.

한편, 현실적인 측면에서 지휘자는 행군대형이 소절을 받을 동안 숨을 고르면서 정신을 차리고 주위를 인식하거나 부대원의 상태를 파악할 수 있었다. 물론 다음소절을 알고 있을 때의 이야기이다. 다음 소절을 모를 때면 빠르게 머리를 써서 소절을 생각해야 했다.

왜냐하면 지휘자와 행군대형은 모두 같은 입장에서 전체 곡을 다 불러야 하는 것이었으니까 말이다.

단조롭고 폐쇄되고 억압된 주둔지활동 사이사이에 부르는 케이던스는 세련된 스타일의 일탈이고, 사기를 진작시키는 도구였다. 지휘자가 한 소절 뽑으면 행군대형이 한 소절 번갈아 주거니 받거니 하는 노래방식은 노동요 방식과 다를 바 없었다. 예를 들자면 다음과 같다(받는 부분 이탤릭).

"하나..둘..셋..넷.. 나는야 증기롤러라네!"

("나는야 증기롤러라네!")

"나는 땅을 문지르며 가지"

("나는 땅을 문지르며 가지")

"나는야 증기롤러라네!"

("나는야 증기롤러라네!")

"나는 땅을 문지르며 가지"

("나는 땅을 문지르며 가지")

"그러니 당장 비키는게 좋을 거야!"

("그러니 당장 비키는게 좋을 거야!")

"내가 너까지 문질러버리기 전에 말야!"

("내가 너까지 문질러버리기 전에 말야!")[19]

---

19 One.. Two.. Three.. Four.. I'm a steamroller, baby!
And I'm rolling down the line!
I'm a steamroller, baby!
And I'm rolling down the line!
So you'd better get out of my way, now!
Before I roll all over you!

처음 곡조를 들어도 익숙한 사람들은 따라불렀다. 나중에 안 사실이지만 군가들은 음이 거기서 거기였다. 리듬과 곡조가 정해진 바가 없이 부르는 사람 마음대로 각색되기도 했다. 끼를 발휘한 지휘자는 걸쭉한 목소리와 추임새를 뽑아내고 엇박도 넣었다. 속된 말로 '쏘울'을 넣으면 각각의 새로운 맛이 났다. 그런 군가는 듣기도 재밌고 함께 부르기도 좋았다.

흥 넘치는 케이던스를 부르며 행진할 때 우리는 웃었고 힘이 났다. 평소 소리지르고 윽박지르던 무자비한 선배 생도는 갑자기 케이던스를 부를 때는 여유가 넘쳤다. 그 속에서 '아, 이 사람도 유머가 있고 여유가 있구나' 하고 인간미를 느끼기도 했다. 개중에는 외설적인 내용도 섞어 부르기도 했고, 그런 와중에 웃으며 함께 군가를 부르는 시간은 군인다운 여가였다.

다시 말하자면, 군가교육은 따로 없었다. 눈치 봐서 따라불러야 하거나 동기에게 물어서 익혔다. 동기생들은 고교시절 J-ROTC(고교버전 ROTC)를 하거나 이글스카우트(보이스카우트와 유사한 청년 단체) 시절이나 군복무를 했던 인원들이 주로 케이던스를 많이 알았고 분위기를 주도했었기 때문에 전체적으로 군가부르는 분위기는 어색하지 않았다. 간혹 아예 모르는 군가가 있는 경우에는 전부 눈치를 봐서 어색하지 않게 부르기도 했다. 사실 모든 케이던스라는 것이 주고받는 것이니까 지휘자만 제대로 알면 모두가 따라 부르는데 문제가 없었다.

뛸 때double-time도 군가는 주고받기였다. 뜀걸음 군가는 템포도, 공격성도 더 높았다. 내가 개인적으로 좋아했던 군가는 When I get to heaven이었다. 죽어서 찾은 성 베드로가 나에게 살아생전에 뭐했냐며 묻고 내가 답한다는 내용인데, 그 특유의 공격적 가사는 전의를 들끓이기에 충분했다.

> 내가 천국에 가면
> 성 베드로가 말하겠지
> 무슨 일 했었냐, 꼬마야.
> 돈은 어떻게 벌었지?
> 그러면 나는 화를 살짝 내면서 이렇게 대답할 거야.
> 공수 유격대 했었습니다!
> 공수 유격대!
> 배짱있고 위험한 거요![20]

나중에 내가 뜀걸음을 지휘할 때도 나는 늘 이 군가를 부르면서 엄청난 추임새를 넣고는 했다. 그 추임새만큼 부대원들이 신나서 따라오면, 그걸로 지휘할 맛이 더욱 났다.

우리로 보면 군가로 볼 수 있는 미군의 케이던스는 그 시초를 독립전쟁으로 한다고 한다. 일사불란하게 총을 통제하여 사격준비를 하기 위해서 필요했다고 한다.

한편, 오늘날의 케이던스는 실질적으로 1944년 뉴욕의 슬로컴 기지Fort Slocum에서 윌리 덕워스Willie Duckworth 일병이 지친 병사들

---

20 When I get to heaven,
    Saint Peter's gonna say.
    How'd you earn your living, boy?
    How'd you earn your pay?
    Then I'll reply with a little bit of anger.
    Livin' my life as an Airborne Ranger!
    Airborne Ranger!
    Gutsy Danger!

과 함께 막사로 복귀하다가 사용되었다고 기록되어있다. 우리나라로 치면 '번호붙여 가sound-off' 구령을 넣은 셈이다.

당시 덕워스 일병이 케이던스를 하면서 걸으니 일행의 행군에 흥이 났다. 이 모습을 본 부대장 버나드 렌츠Bernard Lentz 대령은 훈련소 교관들을 동원하여 덕워스 일병이 케이던스를 더 만들도록 지원하였다고 한다. 78년이 지난 후 덕워스는 사실 이런 읊조림들은 돼지몰이에서 유래했다고 증언했다고 한다. 목장에서 시작되었다 하니, 내가 받은 노동요 느낌은 일부 맞은 셈이다.

Prior Service

현역병 생도, 선망의 대상

"그들은 뭔가 더 있어보였고, 실제로도 더 있었다."

앞서 찰스 생도 이야기를 했을 때 알 수 있었듯, 미 육사에는 단순히 정시전형을 통해서 입학하는 생도만 있는 것이 아니었다. 선수생도들, 그리고 현역 입학자들도 있었다. 이들은 겉으로는 얼핏 다른점이 없어 보였지만, 그들끼리 모이면 으레 주고받는 구호같은 것이 있었다.

"유스맵스!USMAPS(United States Military Academy Prep School)!"

처음에 무슨 소리인가 해서, 물어서 알게 된 표현이었다. 굳이 구호를 외치기 전에는 편하게 프렙스쿨이라고 지칭하는 곳이었다. 이 프렙스쿨은 결국 미 육사 입학을 준비하기 위해 다니는 준비학교인 셈이었다. 물론 일반 고교생도 마찬가지이지만, 주로 선수생도와 현역 입학자들은 특정부분에서 다소 보강할 소요가 있다고 판단되는 경우 1년이라는 시간을 두고 소정의 자격을 갖추어 미 육사에 입학하는 것이었다. 미 육사 전용 공식 재수 기숙학교인 셈이다.

어느 날이다. 우리 분대의 현역병 출신 찰스가 연필로 노트에 그림을 그리고 있었다.

"뭐하고 있어?"

"오! 왔어? 그냥 그림 그려. "

"좀 봐도 될까?"

"어, 물론이지."

노트를 넘기니 다양한 전투 묘사도가 그려져 있었다. 개중에는 칼과 말이 나오는 중세시대의 전투도 있었고, 나중에는 전차와 현대 무기가 나오는 그림도 있었던 것 같다. 시대를 넘나들면서 상상속의 전투장면을 그리는 그를 보니 대단하다는 생각이 들었다. 내가 대단하다고 말하자 기분이 좋아진 그 생도는 그림을 설명했다. 그는 친절하게 화살표와 부대 표시들을 그리면서 나에게 설명을 해줬다.

"어, 그러니까 독일애들이 전격전으로 엄청났었지. 걔네들이 했던게 적을 정말 빠르게 측면으로 돌아서 포위한 거야. 적은 완전하게 둘러싸여서 부서졌어. 마치 번개같지. 그래서 'Blitz'라고 이름이 붙은 거야. 말 그대로 번개 같았거든."

부끄러웠지만, 블릿츠라는 스피커 회사만 한국에서 몇 번 들어봤을 뿐이었던 나였다. 그가 말하는 '전격전'에 대해서 나는 아예 아는 바가 없었다. 하지만 찰스의 설명은 너무 간결하고 강렬했다. 14년이 지난 지금까지 기억을 하니 말이다. 그는 그렇게 기초군사훈련 때 영어로 전격전의 기초개념을 가르쳐줬다. 그는 나와 같은 신입생도였다.

현역병 출신. 그들은 뭔가 더 있어보였고, 실제로도 더 있었다. 위에서 설명한 찰스 생도는 그 섬세함과 해박함으로 나에게 기억되었다. 그리고 그 생도는 전투복 왼쪽 팔에 부착한 미 육사 부대

패치는 물론이고, 오른쪽 팔에는 소리지르는 독수리 모양의 101st Airborne Division[101 공정사단] 패치를 추가하여 달았다. 또한, 약장과 공수윙(낙하산 훈련 수료의 징표)도 가슴에 달고 있었다. 현역병이 아닌 신입생도 모두가 백지상태인 가슴팍과 오른팔 전투복 벨크로에 그들은 뭔가 더 달고 다녔다. 부러웠다. 그리고 그런만큼 그들은 눈에 더 띄었다.

그들은 말하는 데에도 여유가 있었다. 그리고 같은 단어를 말하더라도 뭔가 더 익숙한 느낌과 자연스런 느낌을 주었다. 분대장생도를 호칭할 때 썼던 'sergeant'라는 단어도, 찰스 생도는 굳이 한 번씩 'sarge'라고 하는 것이었다. 사실 이 용어는 헷갈리지 않고 바로 알아들을 수 있긴 했다. 내가 중학교 때 마주쳤던 아미맨[Army Man] 게임에서 장난감 병사가 분대장을 부를 때 'Hey, sarge'라고 불렀던 대목이 있었음을 나는 희한하게 기억하고 있었다.

찰스 생도는 총기를 손질할 때도 남달랐다. 그는 기본적으로 보급된 총기손질도구 이외에도 그 만의 공구세트를 갖고 다녔다. 갈고리가 양쪽으로 달린 신기한 도구를 사용하여 약실과 총의 구석구석에 낀 탄매를 제거하고 있던 찰스 생도에게 물었다.

"안녕, 찰스. 뭘 쓰고 있는거야?"

"덴탈피크[dental pick]."

"그럼 이걸 치과의사한테서 받은거야?"

"음…, 뭐 어떻게 구했어."[21]

나는 그의 총기손질에 대한 성의와 노력에 감탄했다. 총기를 더 완벽하게 닦기 위하여 상상도 할 수 없는 치과의사용 갈고리를 사용

---

21   Um.. I got it somehow.

하는 그의 모습은 나에게 또 한 번의 경이였다. 한국에서 K-2를 닦을 때 이쑤시개나 면봉, 그리고 총기손질도구 꼬질대의 날카로운 부분을 사용해서 애를 써서 긁기 일쑤였다. 역시 전문성이 다르구나 하고 느꼈다.

101 공정사단은 밴드 오브 브라더스Band of Brothers라는 HBO사의 드라마로 당시 국내에도 무척 유명했던 부대였다. 물론 관심이 있는 사람들에 한해서였겠지만. 종종 밀리터리패션에 등장하기도 했다는 점에선 대표성이 있는 부대임에 틀림이 없었다. 한편 블랙호크 다운Black Hawk Down이라는 영화로 유명세를 탄 레인저 부대 또한 유명한 부대였다. 사실 보병으로서는 가장 가고싶은 꿈의 부대라고도 할 수 있었다.

어느 날 하루 나는 종교행사 간 같이 이야기하고 있던 신입생도의 전투복 오른쪽 팔에 종이 두루마기같이 생긴 마크가 있음을 알아차렸다. 저건 뭐지 싶었다. 그랬더니 좀 아는 다른 동기생이 말했다.

"저거 3대대야. 와우, 완전 끝내주네."[22]

"그게 뭔데? 3대대라니."

"75 레인저연대 출신."[23]

"와 그렇구나."

그때 이후로 길쭉한 별볼일 없는 마크를 달고 다니는 생도들이 더 눈에 잘 들어왔다. 다른 메이커부대들은 그 날 이후 별로 내 눈에 안들어왔다. 아, 저게 레인저구나. 레인저부대 출신들은 정말 체력도 월등히 뛰어났고, 무엇보다 겸손한 점이 굉장히 눈에 띄었다. 자신이 좀 뛰어나다고 뽐내지 않는 모습이 인상적이었다.

---

22 That's the third battalion. Wow, that's badass.

23 He is from 75th Ranger Regiment.

그들 중 한 명인 랄프는 늘 웃고다니는 얼굴의 친근한 동기였다. 그는 언제나 친절하고 겸손한 말씨로 나를 응대했고, 좀 능구렁이같은 태도와 여유로 인기가 많았다. 나는 특히 그가 특수한 부대에 있었기 때문에 인상 깊었고, 동시에 그가 군종병이었기 때문에 더 기억한다. 그가 가는 곳에는 늘 사람이 따랐다. 나는 그런 이들이 곳곳에 포진되어 있는 미 육사가 신기했고, 그런 모범 현역병 출신 생도들의 활약이 미 육사의 독특한 분위기를 형성함을 신선하게 느꼈다.

그들을 보면서 나는 한 편 내 재수와 삼수시절을 되돌아보게 되었다. 1차 학과시험과, 2차 면접시험은 자신있게 통과했지만 늘 떨어졌던 부분은 수능이었다. 이들을 보니 이들은 수능에서 부족했던 점을 프랩스쿨에서 만회하고 입교하는 듯 보였다. 혹시 우리나라에도 나같이 의지가 넘치는 친구들이 수능을 못봐서 못오는 경우가 더 있는 것은 아닐까 생각이 들었다. 그리고 내가 세 번째 수능도 잘 못봐서 육사에 오지 못했었다면?

참고사항 오늘날의 육사는 입시전형을 다방면으로 진행한다. 내가 입시했던 2004~2006년과는 다르게 2021년 기준 육사는 적성과 추천에 의해서 정시 모집 전에 우선 선발하는 제도가 전체 생도 선발의 약 50%를 차지한다.

Physical Corrective Training and PT

동반 얼차려와 체력단련

"In Cadence! Exercise! One−Two−Three. One−Two−Three…"

훈련을 하다 보면 잘못과 실수를 서지르기 나름이다. 제대로 하지 못하는 신입생도들에 대하여 나는 근무생도들이 소리지르거나 정신적으로 곤란하게 하는 모습을 봤다. 한국말로 육체적 피로감이나 힘듦을 경험시켜 정신을 차리게 하는 활동을 '얼차려'라고 한다. 그런 의미에서 나는 아직 미 육사에서 정신적 얼차려까지만 경험했지, 육체적 얼차려는 경험하지 않은 상태였다.

정신적 얼차려는 최초 등록일R-day 때부터 지속적이었다. 극도의 긴장감을 조성하고 소리치는 사람들 사이에서 많은 지시사항을 듣는 것이 첫번째였다. 네 가지 대답이 다음이었다. 그리고 계속해서 암기해야 할 사항들이 세 번째였다.

"신입생도, 왜 귀관만 투쿼트 수통을 좌측에 착용하고 있나?"

"분대장님, 저는⋯."

"귀관의 4개 대답은 무엇인가, 신입생도?"

"장교님⋯. 아니, 분대장⋯."

"진급까지 시켜주고, 고맙다 신입생도. 똑바로 해! 귀관은 스스로 특별하다고 여기나, 신입생도?"

"이유 없습니다, 분대장님."[24]

"미 육사의 임무가 무엇인가?"

"분대장님, 미육사의 임무는… 생도대를 교육, 훈련, 그리고 감화시켜서…."

"뭐라고? 엎드려 뻗쳐, 신입생도."[25]

이런 식이었다. 실수가 실수를 낳고 궁지에 몰리고 정말 안되겠다 싶으면 육체적 얼차려로 넘어간다. 'Drop it'이라는 은어로 팔굽혀펴기 지시를 하거나, 통상용어로 push up이라고 지시하거나, 좀 오바하는 경우에는 'front-leaning position'이라고 하기도 했다. 따로 다를 바가 없다는 생각을 하는 순간, 충격이 뒤따랐다.

"(근무생도 엎드린 후) 박자에 맞추어!"[26]

"(신입생도도 엎드린 후) 박자에 맞추어!"

"운동 시작![27] 하나-둘-셋… 하나-둘-셋…"

근무생도가 우리와 함께 얼차려를 하는 것이었다. 한국에서는 보지도, 상상하지도 못한 광경이었다. 신선하기도 하고 파격적이기도 한 묘한 느낌이었다. 잘못은 우리가 했는데 근무생도가 함께 얼차려를 한다? 동기가 한 잘못을 함께 단체로 얼차려를 받는 것은 종종 있었지만 얼차려를 지시한 사람이 함께 한다는 것은 분명한 파격이었다.

24　No excuse, sergeant.

25　WHAT? Drop it, New Cadet.

26　In Cadence!

27　Exercise!

원투쓰리, 원투쓰리. 그 번호붙임과 리듬, 그리고 곡조(?!)는 특이했다. 팔굽혀펴기를 4호각 2동작(2회)으로 하되, 처음 원투쓰리는 근무생도가 붙이고 동작이 완료되는 시점을 신입생도들이 개수를 세었다. 예를 들어,

"하나-둘-셋"

"하나!

"하나-둘-셋"

"둘!"

위의 경우에서 보면 팔굽혀펴기는 4회 실시하게 되는 것이다. 이렇게 한 번 실시하면 숫자 20~30(팔굽혀펴기 40~60동작)을 부를 때까지 얼차려를 했다. 이때, 근무생도에 따라, 그리고 경우에 따라 원투쓰리 구령은 템포와 속도를 달리해서 얼차려 강도를 더 높였다. 이를테면, 원투하고나서 쓰리를 한참 있다가 부른다든지, 원을 하고 한참 기다렸다 투쓰리는 빨리 한다든지 따위의 형태가 그것이다. 짓궂은 생도들은 이런 과정에서 고통받는 하급생도를 보며 즐기는 듯했다.

하지만 이 처사가 불공평하다고 생각하지 않은 가장 큰 이유는, 다름 아니라 이 처벌은 부여한 생도와 부여받은 생도가 동시에 겪는 공평한 처벌이었기 때문이다. 공평성 이외에도 동기가 부여되기도 했는데, 아무리 팔굽혀펴기를 많이 해도 지치지 않는 상급생도의 모습은 모범이었다. 그리고 정자세로 멋지게 실시하는 모습을 보는 하급생은 부들부들거리면서 자신의 무기력함을 반성하게 되는 경우도 있었다.

"하나-둘-셋"

"스물아홉!"[28]

"하나−둘……."

"……."

"신입생도들! 버텨라! 아직 셋 안셌다! 버텨!!"[29]

"……. 윽……."

"신입생도 존슨! 너 포기자가 될 참인거지, 그렇지? 포기자가
되지 마라!"[30]

"……."

때로는 쩔쩔매며 포기하려고 하거나 포기하기 직전의 CBT생도
들이 무리중에 있었다. 근무생도들은 그들을 보고 '포기자'라고 불렀
다. 무엇인가를 포기한다는 점을 죄악시하는 분위기를 지속적으로
조성하는 점이 인상깊었다. 한국에서는 동기애를 강조하면서 동기
는 힘들게하고 너만 편하면 안된다는 점을 강조했다면, 미국에서는
스스로의 자존심을 강조하는 점이 흥미로웠다.

"하나−둘−셋"

"스물아~~~홉!!"

가끔은 이렇게 한 두명정도 튀는 생도들이 숫자를 길게 빼서 주
위 생도들에게 화이팅을 불어넣는 경우도 있었다. 난 사실 그런 경
우 웃음을 참느라 애먹었다. 너무 웃겼다. 그러면서 몸의 고통이 경
감되었다. 나는 나도 신나서 함께 목소리를 길게 뺐다.

날이 밝으면 아침점호가 0610분에 실시되었다. 훈련 중인 8개 중
대 모두가 나와서 연대장생도에게 인원보고를 실시하고 요일에 맞게

---

28   Two-Nine!

29   New Cadets! Hold it! I haven't called Three yet!! Hold it!

30   New Cadet Johnson! You're gonna be a quitter, huh? Don't be a quitter!

운동physical training, PT을 실시하는 시간이다. 그 시간에 생도들은 수준별 뜀걸음을 실시하거나 맨몸 근지구력운동을 실시하였다. 생도들은 교내 아스팔트를 뛰면서 교통정리를 할 인원을 추가편성했다. 그들은 이동 간에 대형과 함께 뛰고, 교차로 같은 위험구간에 멈춰 서서 대형 이동 간 차량이나 인원의 개입을 방지했다. 그러고는 다시 합류하여 함께 뛰었다. 특정인원을 영구적으로 세우는 조치와는 다른, 나름 좋은 형태라고 보았다.

주 2~3회는 허드슨강 바로 옆 사우스 닥south dock의 잔디밭에서 체력단련을 하고는 했다. 그 곳에는 딥바dip bar, 철봉 등이 있었고, 우리는 팔굽혀펴기, 윗몸일으키기, 턱걸이, 딥 등의 종목을 갖고 2인1조로 순환운동을 실시했다. 평소 록키Rocky라는 복싱영화를 좋아했던 나는,

"(내 파트너는 윗몸일으키기를 하고 있다)…. 윽!!!!…"

"내 눈을 봐!!! 내 눈을!!!!"[31]

"(기운을 받아서) 으아~!!!!!"

나는 공복에 힘을 쓰자니 낙이 없기도 했고, 단조로워지는 것이 싫어서 더 화이팅하고자 힘겨워하는 땀 범벅의 파트너에게 외쳤다. 그 친구는 용기백배하여 호응했고, 힘내서 개수를 채웠다. 우리는 서로 기합을 넣으며 광기넘치게 운동했다. 목이 완전히 쉴 정도로 흥분해서. 그러면서 내가 소속된 호텔H 중대의 동료생도들은 나를 그 날부터 비스트라고 부르기 시작했다. 우리말로는 다소 야만적이나, 나는 그 별명이 퍽 좋았다.

우리는 오후에도 체력단련을 실시했다. 하루에 공식적으로 2회

---

31 LOOK INTO MY EYES!!! MY EYESSS!!

씩 운동을 실시한 것이다. 나는 한국에서는 쉬는시간에 운동을 더 해야겠다는 생각이 들어서 팔굽혀펴기와 윗몸일으키기 따위를 했었다. 하지만 미 육사의 스케줄은 순간의 강도는 높지 않았으나 지속적으로 체력을 소모시켰다. 그래서인지 힘들지는 않지만 몸의 만성피로도가 더 높았다는 느낌이 있었다.

그렇게 고된 몸상태는 늘 밥시간을 기다리게 하였고, 샤워시간을 갈구하게 만들었다. 그래서 체력단련이 끝나고 나서 30여 명의 신입생도 소대가 막사로 복귀하는 행진이 멈추고 헤쳐fall out 구령을 들었을 때, 우리는 전속력으로 막사로 질주했다. 나는 늘 데이빗과 라이벌 의식을 갖고는 상호 1위를 경쟁했다. 어디서 힘이 났는지, 집으로(?!) 가는 우리의 발걸음은 가벼웠다.

피와 땀을 흘리면서 전우애는 생긴다고 한다. 하지만 나는 땀을 씻으면서도 전우애가 생긴다고 본다. 공용 샤워장에서 땀을 씻으면서 우리는 전우애를 쌓았다 (나중에 안 사실이지만 미 해공군은 공동샤워장을 이상한 곳으로 여겼다). 급하게 뛰쳐들어온 샤워장에서 오늘은 너가 오늘은 내가 빨랐다며 서로 인정하는 훈훈함 속에 우리는 전우애를 느꼈다. BCGbirth control glasses라는 이름으로 더 유명한 미 육군 공식 보급안경을 벗은 그의 얼굴은 미남이었고, 그의 육체는 바디빌더의 모습이었다. 근육이라면 나도 자신 있었지만 그의 와플같은 몸을 보며 무슨 운동을 하면 그리되냐 물었더니,

"체육관에서 몇시간이고 보냈지. 매일 네 시간은 썼어."
라고 하는 것이었다. 네 시간… 나는 돌연 생각했다. 체력을 위한 운동과 멋을 위한 운동. 하루의 네 시간을 들여서 몸을 키우고싶지는 않다는 생각을 했다. 그 시간에 차라리 책을 더 읽지. 나중에 안 이야기지만 그 친구는 고교시절 모델까지 했었다고. 프로정신 인정한다.

My Empty Mailbox
쓸쓸한 편지함

모두가 자신의 편지함을 확인하는 시간,
눈물이 없는 나는 멋쩍게 대기장소에서
열중쉬어를 하며 홀로 서 있고는 했다.

정확히 얼마에 한 번씩 우체통으로 갔는지는 기억이 안 난다. 사실 그 시간은 내가 가장 언짢게 생각했던 시간이라는 생각도 든다. 다들 여자친구한테서 편지가 오고, 부모님으로부터 편지가 오고 하는데 나는 어차피 어디서도 편지가 오지 않을 것을 알았기 때문이다.

"신입생도 오, 우편함을 확인했나?"

"분대장님, 그럴 필요 없습니다. 아무것도 없을 테니 말입니다."

일단 부모님께서 미국 뉴욕으로 편지를 보내지 못하셨을 것임을 알았고, 따로 부담을 주고 싶지도 않았고, 그리 원하지도 않았다. 어차피 나는 잘 지내니까 말이다. 한국 육사에서 기초군사훈련을 받았을 때도 두 번 아버지로부터 편지를 받았다. 굳이 태평양 건너 항공우편을 보냈으랴 싶었다. 갑자기 집 생각이 나면서 살짝 울적해졌다.

인간의 마음이란 것이 그런 모양. 아무리 눈물이 없고 감성이 메마른 나도, 8명의 분대원이 우체통 확인을 하고 방에서 편지를 읽고 하는 모습을 보면서 느꼈다. 마음 한 구석에 조금 아쉬운 감이 있었다.

한국에서는 분대장생도님이 직접 편지를 전달해줬지만, 미국은 가입교 훈련기간 부터 자신의 개인 우편통을 받는다. 내 개인 사서함은 3354 였다. 나는 내 사서함 열쇠를 지급받았다. 이것도 개인주의의 유산이려나. 그 열쇠는 내 목에 걸린 군번줄에서 늘 짤랑짤랑거렸다.

신입생도들은 늘 뛰어다녀야 했다. 도보 이동은 상상하지 못했다. 1주차에 숙지해야했던 '신입생도 행동기준New Cadet Standards of Conduct'에 따르면,

"기초군사훈련 기간동안 모든 신입생도들은 부사관생도나 장교생도에 의하여 통제되는 대형 안에 있을 경우가 아닌 한 뜀걸음으로 이동해야 한다. 실내에서 생도들은 분당 120보로 이동해야 한다. 신입생도들은 꼭지점에서 직각이동해야 하며, 계단을 오르내릴 때 건너뜀 없이 모든 계단을 밟아야 한다. 신입생도들은 복도의 중앙으로 걷지 않는다. 대신에 신입생도들은 벽을 따라서 이동하여야 한다(120보/분)."

참고 *뜀걸음＝두 배속 이동double-time

도보 쾌속 이동quick-time

분대는 개인 사서함이 위치한 지하실 복도까지 행진하고 나서 각기 사서함으로 흩어졌다. 나는 처음에 따로 사서함을 찾지 않았다. 모두가 자신의 편지함을 확인하는 시간, 눈물이 없는 나는 멋쩍게 열중쉬어를 하며 홀로 서 있고는 했다. 가끔 혹시나 해서 열어보러 가기도 했다.

오히려 안 가보는 것이 낫겠다 싶기도 했다. 편지함은 열에 아홉은 열기 전 까지가 기분이 좋았다. 빈 편지함은 서운했고, 행여 무엇인가 있어도 문제였다. 그 내용에 따라 실망할 가능성이 있었다. 내 기억으로는, 훈련기간 중간에 한 번 스프린트 풋볼sprint football팀에 입단 제의를 받은 것 외에는 편지를 받은 적이 없었다.

이역만리 먼 타지에서 외국어와 외국의 의식주 모두에 흠뻑 빠져서 있는 나를 보면서 늘 우측 어깨에 달린 태극기를 보며 나라생각을 했던 나였다. 하지만, 쓸쓸한 편지함을 앞에 두고보며, 여기저기에서 여자친구와 부모님으로부터 받은 편지지들에 고무되는 동기생들을 보니 감정이 자극되었다. 한국군이 아닌, 인간 오준혁으로서 내 자신을 느끼는 순간이었다. 편지를 기다리는 생도의 모습이라니. 지금 생각해보면 마치 옛날 대하소설을 읽는 것 같다.

굶주렸던 우리에게 우편은 간식거리를 전해주기도 했다. 주린 배를 채우기 위해 우리는 먹다 남은 후식이나 전투식량을 고이 접어 건빵주머니에 넣어두고 방에서 먹었다. 기훈때 받은 간식우편물은 분대장생도에게 허락을 받아 일정량은 분대와 나눠 먹었다. 쵸코파이에 비할 바 안되지만, 그렇게 먹었던 미국 과자는 맛이 좋았다.

한편, 개인 사서함을 통해서 전달되는 소포는 크기가 작은 경우 간편히 편지함에서 꺼낼 수 있었다. 하지만, 편지함에 들어가지 못할 정도로 크기가 큰 경우 번호가 써 있는 색지가 대신 남겨져 있었다. 생도는 그 색지를 들고 바로 인접해 있는 우체국으로 가서 소포와 색지를 교환해야 했다. 붐빌 때는 자신의 소포를 기다리는 줄이 길었다. 물론 이 모든 것은 학기중의 일이었다. 개중에 여름학기 수업을 듣는 생도들은 CBT 생도들과 겹치는 경우도 있었다. 당연히 신입생도는 무엇이 어떻게 돌아가는지 모르기 때문에 어설프게 있고는 했다.

　어쨌든, 이러나 저러나 CBT 때의 편지함은 그다지 즐거운 기억만 있는 추억의 장소는 아니었다. 그래서 나는 이 책을 집필하면서 후배에게 한 통이나마 편지를 썼다. 그들 또한 행여나 또 나와 같이 쓸쓸하게 서 있을 것 같아서이다.

Arms and Gears: TA-50, Rifle Stuff, and the Ruck Sack
군장류 이야기

"격발 전 표적의 주위를 살펴야 한다."
"격발 직전을 제외하고는 '단발'에 화기를 놓지 말아라."

한국에서 야외에서 총기를 들고 훈련하다가 휴대하기에 불리한 상황에 소총을 한 곳에 모아두는 경우가 있었다. 그런 경우 한국에서는 '사총'했다. 총기 세 정을 모아서 총기멜빵을 이용하여 삼각대 같은 모양으로 세우는 것이다.

한국에서는 K-2소총을 사용했다. 미국에서는 M-16 A2를 지급받았다(나중에 3학년 때는 군장류도 다 바뀐 것과 마찬가지로 소총도 전원 M-4 Carbine을 교체지급받았다). 소총 구조의 차이일까, 아니면 멜빵의 차이에서 오는 것일까.

미국에서는 따로 사총이라는 말이 없었고, 총도 각과 박력이 살아있게 세워두지 않았다. 미 육사에서는 총을 말 그대로 '쌓아뒀다.' 영어로는 stack이라고 했다. 한국에서는 꼭 소총 3개를 멜빵을 걸어서 양 옆으로 기울이고 중간에 하나를 기둥처럼 꼿꼿이 세워두고 3정 1조를 줄맞춰 모아뒀던 점에 비해서, 미 육사에서의 사총은 분대별 한 뭉태기로 뭉쳐두는 셈이었다.

사총(rifle stack)

　보는 바와 같이 소총이 우르르 모여있기 때문에, 이 뭉치는 간혹 스스로 떨어져서 굉음을 냈다. 또한, 늘 바쁘게 뛰어다녔던 신입생도들은 심심찮게 소총이 발에 채여서 스택을 무너뜨리는 등의 실수를 범하고는 했다. 그 소리는 들어본 사람이라면 움찔할 만 하다.

　굳이 이 스택을 쓰러뜨리지 않더라도, 무슨 일이든 간에 소총을 떨어뜨리면 미 육사에서 우리는 팔굽혀펴기를 했다. 마치 그 행위는 소총을 떨어뜨렸다는 점에 대한 속죄행위라기보다는, 소총의 고통을 몸으로 나누는 동일시행위같이 느껴졌다. 나도 주의에 주의를 기울였지만, 한 두번 정도 손아귀에서 소총을 놓쳐서 떨어뜨린 적이 있었다.

　"엎드려, 신입생도 오!"[32]

　"하나, 분대장님. 둘, 분대장님. 셋 분대장님…."

32　Knock it out!

이때 소총은 늘 내 손등 위에 있어야 했다. 소총을 땅에 대는 것은 거의 금기시 되었다. 그리고 소총의 탄알이 발사되면서 탄피가 '탄피 추출구'의 밖으로 튀어나오게 되어 있는데, 그 추출구는 깨끗이 유지해야 했기 때문에 늘 하늘을 향해야 했다.

분대장생도는 내가 소총을 떨구었지만 나와 함께 팔굽혀펴기를 했다. 그가 나와 함께 팔굽혀펴기를 하는 것을 보면서 나는 팔과 어깨, 가슴에 스미는 피로감 외에도 분대장생도에게 미안한 마음도 함께 들었다.

"신입생도들, 화기를 안전에 놓아라!"[33]

소총을 들고 다닐 때 우리는 늘 조정간selector을 안전에 놔두라는 지침을 받았다. 간혹가다가 조정간을 단발에 두는 경우에는 질책을 받았다. 그리고 단발에 두기 위해서는 탄알집이 없이 1회 장전을 해야 했는데, 장전할 때 늘 열리는 탄피 추출구는 손으로 다시 닫아야 했다.

소총은 다소 컸다. 내가 한국에서 사용했던 K-2 소총보다 더 큰 느낌이었다. 그리고 멜빵은 K-2같이 쉽게 늘렸다 줄였다 하는 식의 멜빵이 아니었다. 그래서 우리는 늘 로우레디low ready 위치로, 긴 소총을 좌측 하방으로 내리고 들고다녔다. 간혹 소총을 들고 뛰어야 할 때는 앞에총port arms 자세를 해서 뛰어다녔는데, 이는 대형을 갖추었을 때였다. 전술적 상황에서 신속히 움직일 경우, 기본은 로우레디로 소총을 다뤘다.

총구 지향점에 대한 교육은 굉장히 강력했다. 절대로 총구를 동료에게 향하지 않도록 강조했다. 우군피해fratricide를 미 육사에서는

---

33   Weapons on safe, New Cadets!

죄악시하는 모습이 인상 깊었다. 내 성숙치 않은 사격경험으로 봤을 때 미 육사에서의 총구 군기muzzle discipline는 굉장히 엄격하였다.

"반드시 살상대상에만 총구를 겨누어야 한다."[34]

"격발 전 표적의 주위를 살펴야 한다."

"격발 직전을 제외하고는 '단발'에 화기를 놓지 말아라."[35]

조정간은 언제나 안전으로 있어야 하고, 장전을 한 후에도, 그리고 사선에 들어가 있어도 언제나 안전이어야 했다. 그리고 격발의 바로 순간에만 단발로 두고 방아쇠를 당길 수 있었다. 손가락은 늘 방아쇠울 밖에 걸쳐있어야 했고, 방아쇠를 미리 걸어두는 행위는 아마추어적인 행동으로 금기사항이었다.

총기류에 대한 이해도는 미 육사생도들이 굉장히 높았다. 물론 총기류는 구경도 못해보고 입학한 생도도 있었는데 반해, 현역병 출신들이나, 가족이 원래 사냥을 즐겼다든지 아니면 총기를 소지한다든지 하는 이유로 총기에 정통한 동료들이 늘 있었다.

휴가기간에 잡은 사슴이나 짐승의 사진을 SNS에 올리는 모습은 나로서는 생소한 광경이었다. 그리고 나중 입학한 후에 알았지만 전투화기팀Combat Weapons Club이라는 권총을 비롯한 다양한 화기를 사격하는 학교팀도 있었다. 학기중에도 생도들은 생도 연대별 훈련 계획에 따라서 생도 자치로 학교 20분 거리에서 실탄 연습사격을 실시했다. 사격과 살상은 멀리 있지 않았다.

행군할 때 나는 소총을 잡는데 다양한 방법을 사용했다. 한 번은 목에 멜빵을 걸어봤다. 한 번은 목과 어깨를 걸어서 들었다. 한 번은 멜빵을 내 우측 팔꿈치와 어깨 사이에 걸고 로우레디로 들어봤

---

34   Only point your muzzle at an object you are to kill.

35   Do not put the weapons on 'semi' unless you are about to shoot.

다. 어쨌든 소총은 늘 아래를 향해야 했다. 행군대형 안에서도 전우에게 총구가 가면 안되도록 엄포를 들은 차였다.

행군은 사실 여러 번 있었다. 그리고 행군은 주로 이른 아침에 실시하여 우리는 중간에 간식을 먹고, 행군이 끝나고 나서 식사를 했다. 나는 더 세보이고 싶었던 것일까, 아니면 태극기가 의식되어서였을까. 나는 휴식시간에도 잘 쉬지 않고 분대원을 살피거나 교통통제요원으로 자원하여 행군로 상 접근하는 차량들을 통제하기 위해 이리 저리 더 뛰어다녔다.

일체 장비를 일컫는 말인 한국군 용어로 장구류는 크게 소총을 사용하기 위한 물품과 개인 신체 준비상태를 위한 물품으로 구성되어 있었으며, 통칭하여 TA-50라고 불렸다. 나는 서스펜더가 달린 탄띠를 인상적으로 여겼었는데, 한국에서는 종종 허리에 받는 불필요한 피로감이 불만이었기 때문이었다.

또 다른 인상적인 점은 수통이 앞서 말했듯 세 개라는 점이다. 한국에서는 스텐레스 수통 하나였는데, 미 육사에서 받은 수통 canteen은 얇은 유동성 플라스틱 재질의 2쿼트 수통 한 개, 그리고 허리 양쪽에 장착하여 휴대하는 pvc 재질의 1쿼트 수통 두 개였다. 물 무게만 해도 군장의 무게가 훨씬 많이 나간다는 생각이 들었다. 숫자 암기에 약한 나는 총 무게가 얼마였는지 기억이 나지 않지만 대략 60파운드(25㎏) 내외였던 것 같다.

모든 개인이 지급받는 물품은 군장배낭 ruck sack을 제외한 군장 즉, 단독군장 load bearing equipment, LBE으로 말할 수 있는 탄띠와 소총을 운용할 수 있는 물품으로 구성되었다. 반영구 귀마개는 왼쪽 멜빵에 케이스와 함께 부착했다. 탄띠 전방에 나란히 위치한 탄입대 magazine pouch의 우측 옆에는 나침반낭에 나침반을 휴대했다. 그 외에 앞서 말했듯 2개의 수통은 엉덩이 위 좌우측에 장착한다. 그리고 엉덩이에 가방butt pack을 장착했는데, 이 가방은 그 활용도가 높아 우천예상시에는 우의를 넣거나 전투식량을 넣었다.

우리가 TA-50세팅을 할 때 물품 분실을 위해서 실시했던 작업이 있었다. 우리는 이를 결속tie-down이라고 했는데, 그 작업은 각 개인물품을 탄띠와 군장배낭에 끈으로 연결하고 외관상 거추장스럽지 않게 만드는 작업이었다. 이때 사용된 도구는 풀색 청테이프duck tape 혹은 100-mile tape와 한국에서는 산줄550-cord이라고 하는 끈이었다.

LBE는 몸에 장착하고 최적의 상태로 끈의 길이를 조정한다. 조임끈을 조이고 남는 여유끈은 돌돌 말아서 테이프로 감아서 놀지 않도록 한다. 그리고 나침반이나 수통, 야삽entrenching tool, E-tool 등은 산줄을 사용하여 혹시나 내 손에서 빠져나가거나 수통 보관낭 등에서 이탈하더라도 분실되는 것을 막는다. 이때 산줄 속에 있는 흰색 나일론줄을 제거하여 헐거워진 상태로 활용하는 것을 기본으로 한다. (이는 불필요한 강도를 줄여 효율성을 달성하고 흰색 나일론줄을 기타 용도로 추후에 사용하기 위함)

Comm's Ruck

행군하는 생도대장

그의 옷은 젖어있지 않았지만 얄밉지 않았다.
또한, 남는 끈들은 모두 완벽하게 정리되어 있었다.

CBT 기간 동안 우리는 수도 없이 걸었다. 행군으로 3, 3, 6, 8, 12, 15마일을 걸었다. 미 육사는 입교 전 행군준비사항을 세심하게 공지했다. 점차적으로 총기를 들지 않고 가벼운 차림으로 짧게 하는 것에서부터 완전히 군장을 다 착용하고 먼 거리를 이동하는 것까지 시행된다는 내용이다. 그리고 이런 훈련이 예정되어 있으니 적절한 준비를 위해서는 어떤 훈련(?!)을 해서 입교하면 도움이 될지 실질적으로 공지했다. 꽤 자세하게 3가지의 훈련변수(거리, 하중, 보속)를 언급하며 그중에서 한 가지 변수씩 늘릴 것을 조언하는 부분이 인상적이었다. 또한, 물집이 잡히는 것을 막기 위해서는 어떤 종류의 전투화를 신고, 양말도 어떤 양말을 어떤 방법으로 신어야 할지까지 언급하는 세심함이 돋보였다.

행군을 시행하는데 있어 많은 부분은 생도 자체의 안전통제와 군수보급이 이루어졌다. 가장 눈에 띄었던 부분은 자원한 신입생도들을 이용한 자체 교통통제요원road guard 편성이었다. 각 중대는 소

행군하는 생도들의 대열

대별로 행군대형의 선두와 말미에 2명씩 안전통제요원을 편성했다. 선두의 통제요원은 행군대형이 행군 간 교차로나 기타 위험구간을 지나갈 때 먼저 움직였다. 그리고 앞서 배치된 통제요원과 협조하여 행군대형과 차량이 서로 교차하거나 충돌할 여지를 없애는 역할을 했다. 이때, 선두 통제요원은 후미 통제요원들이 자신들과 교대하여 교통통제를 할 때 까지 그 자리에서 대기하며 소대 대형을 통과시킨다. 후미 요원들은 부대의 선두 요원과 교대한다.

상상이 되겠지만, 통제요원들은 이런 식으로 교대하며 임무를 수행한다. 그리고, 본 대형보다 먼저 움직이고 나중에 따라가야 하기 때문에 뛰어다니고 기다리고 할 일이 많다. 나는 행군 간 힘들다고 느껴본 적이 없었으므로, 자원해서 교통통제요원이 되겠다고 하여 이리 저리 많이 뛰어다녔다.

행군간 우리는 소총으로는 M16 A2를 사용했는데, 나는 한국에서 K2소총을 접어서 휴대하다가 접히지 않는 소총을 들고 다니려니 다소 거북한 느낌을 받았다. 멜빵도 K2소총같이 조절이 용이하게 생기지 않고, 투박한 2점식으로 소총 앞과 개머리판 두 군데만 통과하는 구성이었으므로, 머리를 멜빵에 넣어서 군장배낭 위를 통과하는 방법이 흔한 휴대방법이었다. 그러다가 목이 내리눌려서 뻐근하다 싶으면 멜빵을 아예 빼내어 양손으로 소총을 잡든지, 그것도 아니면 멜빵을 오른팔에 감아서 휴대하든지 했다.

행군의 고통은 뒷목통증이나 어깨의 피로감도 있었지만, 나 개인적으로는 배고픔이 가장 컸다. 아침식사를 안하고 출발하기가 일쑤였는데, 물론 탈진을 걱정하는 미 육군의 특성상 물을 엄청 마시게 하여 물배가 차기는 했다. 그래도 뭔가 씹을거리가 생기거나 뱃속에 음식을 넣어서 걸어야겠다는 생각은 내 머리를 늘 떠나지 않았다. 그래서 한국에서 행군을 했을 때도 내 건빵주머니에는 아껴먹던 건빵따위를 넣어서 한 두개 씩 걸어다니며 씹고는 했었다.

내 마음을 알아주는 것인지, 미 육사에서의 행군 때는 늘 간식이 있었다. 출발하고 나서 1/3지점 정도쯤 가면 1차휴식을 실시하는데, 이때쯤이면 자두나 사과, 그리고 꼭 팩으로 나와서 빨대를 꽂아 마실 수 있는 게토레이나 카프리썬같은 음료가 함께 나왔다. 사실 미 육사에서 처음 느꼈던 것이지만, 늘 손씻기를 강조하여 야지에서도 늘 손씻기용 물조리개나 물이 부족하다면 손소독제가 늘 비치되어 있었고, 나는 야전위생관리에 철저한 미 육군의 모습에 깊은 생각에 잠기고는 했다.

야전위생 관련하여는 화장실도 꼭 빼먹을 수 없는 요소이다. 화장실latrine은 특히 야외 간이 화장실porta johns의 경우 독특한 명칭이 인상깊었다. 아마도 입식 용변기를 'johns'라고 부르는 것과 이동식이라는 말의 줄임말인 porta가 합쳐진 것으로 보인다. 훈련장 근처에는 늘 다수의 간이 화장실이 있었는데, 굉장히 쾌적하여서 나도 애용했다. 그리고, 화장실로 이동할 때, 우리는 늘 2인 1조로 전우battle buddy끼리 조를 이뤄서 이동하여야 했다.

그 뿐만아니라, 생도들은 야영훈련을 실시하더라도 항상 양치질과 면도할 것이 적극 권장되었다. 며칠 밤 밖에서 잤다고 면도를 안하는 것은 상상할 수 없는 일이었고, 아침저녁 늘 양치는 강조되었다. 양치 거품이나 냄새를 은폐하기 위해 땅을 파고 거기에 거품을 뱉고 다시 땅을 덮는 등의 행위는 '상식'의 영역이었다. 심지어, 샤워를 할 수 없는 상황이 많았는데, 그럴 때를 대비하여 늘 물티슈baby wipes를 챙겨서 몸을 세척하라는 노하우는 공공연한 기정사실이었다. 사실, 이런 일련의 야전위생활동들은 위생 여부를 떠나서 휴식의 질 또한 높여 피로감을 제거하는데에도 큰 효과를 주는 활동들이라, 아직도 나는 늘상 행하고 있다.

다시 행군 이야기로 돌아와서, 그 날도 여느 때와 같이 우리는 행군을 하고 있었다. 약간 피로감이 쌓여가나 싶을 즈음 조금 앞에서 기합소리가 들리기 시작했고, 키가 크고 행색이 깔끔한 한 군인이 느지막하게 걷고 있었다. 그가 지나가는 모습을 보아하니, 원래 대형 안에 있던 사람은 아닌 듯 했다.

"타도 해사! 후아!"[36]

아니나 다를까, 그의 방탄헬멧에는 별이 하나 달려있었다. 생도대장Commandant님이었다. 물론 시작부터 끝까지 우리와 전체를 함께 행군한다든지, 아니면 그는 소총을 들었는지 안 들었는지, 군장 배낭 안에 군장물품이 다 들어갔는지 여부는 그 순간 중요하지 않았다. 중요한 것은 별을 하나 달고 있는 장군이 우리와 함께 군장을 매고 전투화를 신고 걷고 있다는 사실이었다. 그 행동 하나가 주는 효과는 말로 표현하기 힘든 복합적인 것이었다. 저런 큰 어른도 걷고 있는데 새파란 나는 더 잘 걸어야지, 저 군인도 우리와 같은 군인이구나, 등등.

그의 바로 옆을 지나면서 나는 좀 짓궂어졌다. 나는 물론 답례로 인사하고 함께 호응을 했지만, 눈으로는 그도 땀을 흘리고 있는지, 군장류의 여유분으로 남는 끈들은 마무리가 잘 되어있는지 살펴보았던 것이다. 사실상 땀이야 땀 범벅이 아닌 다음에야 잘 식별이 안되었고, 그의 옷은 젖어있지 않았지만 얄밉지 않았다. 또한, 남는 끈들은 모두 완벽하게 정리되어 있었다. 가지런히 돌돌말아서 테이

36　Beat Navy! Hooah!

프로 고정이 된 모습은 같은 군인으로서 보기 좋았고 숙련된 군인의 느낌을 주어 믿음직스러웠다. 여러모로 그의 곁을 떠나는 내 발걸음도 가벼워진 것은 사실이다.

생도대장님의 위용은 그렇게 함께 군장을 짊어지는 것에서 끝나지 않고, 우리와 함께 군 리더십에 대하여 서슴없이 생각을 나누는 시간에도 발휘되었다. 나중에 생도 3학년 때 읽었던 책인 원스언이글Once An Eagle이라는 앤톤 마이어러Anton Myrer의 책은 샘 데이먼Sam Damon이라는 군인의 군생활을 그린 책이었는데, 이 책은 생도대장 독서클럽Comm's Reading Club이라는 프로그램의 선정도서였다. 이 프로그램은 생도대장님이 주도하여 생도들과 같은 책을 읽고, 저자를 초청하고, 교내 훈육요원과 기타 간부들을 모두 모아 함께 책에 대한 이야기를 나누는 시간이었다. 생도대장님은 이렇게 말하고는 했었다.

"우린 함께 모여서 맥주 한 잔과 피자 한 조각을 손에 들 거에요. 그리고는 야전에서 우리가 이 책을 읽고 나서 어떻게 병사들을 이끌지 이야기 할 겁니다."

그는 '나때는~ 했다'라는 식의 이야기가 아닌, 책 속의 상황에 대하여 모두가 같이 바라보고 자신의 생각을 제한받지 않고 나누는 시간을 생도들과 함께 갖기 위하여 자리를 만든 것이었다. 그리고 자신의 권위나 경험으로 찍어누르는 것이 아닌, 1학년부터 4학년까지 다양한 생도들이 가진 '틀린' 생각이 아닌, 모든 '다른' 생각들을 듣고 나누자는 것이었다. 생도대장님이 직접 나서서 생도들과 생각을 서로 이해하면서 가다듬어가는 그 과정을, 나는 획기적이고 새롭게 여겼다. 마치 그의 그런 태도는 그 책의 주인공 샘과 같았고 나는 그런 그의 태도가 좋았다. 샘은 요컨대, 장군이면서도 소탈하게 소총을 들고다니고 전장에서 함께 싸우겠다는 태도를 가진 군인이었다.

웃지 못할 이야기이지만, 졸업 직후 육사 리더십센터에서 근무할 때 나는 또 다른 '다름'을 겪고 혼란에 빠진 적이 있다. 그 날 나는 영어과 조교들과 함께 미 육사 생도규정을 번역하는 작업을 하고 있었다. 나는 격려의 차원에서 간식을 샀다. 그리고는 마음속으로 미 육사의 생도대장님과 수많은 일화들을 떠올리며 이렇게 제안했다.

"다들 고생이 많네. 내가 간식 샀는데, 좀 쉬었다 같이 먹자."

한 교수님이 나를 따로 불러서 귀띔을 해주었다.

"아, 오중위, 사실 같이 쉬는 게 좋을 수도 있지. 근데 따로 간식 먹고 쉬는 시간 갖는 게 조교들도 더 편하고 좋을 것 같다는 생각이 드네."

나는 이상과 현실 사이의 간격을 예기치 못한 곳에서 겪었다.

Validation Test

"준혁아, 근의 공식 기억나니?"

한국에서 기훈을 받을 때, 참 많은 추억들이 있었다. 그중에서 인상깊은 것들은 신입생도들이 외부 정보에 대해서 무지하기 때문에 장난삼아 전하는 가짜 뉴스들이었다. 이를테면 당시 유명 드라마 스타였던 원빈과 송혜교가 결혼을 했다는 식의 이야기였다. 순진하고 근무생도들이 콩을 팥이라고 불러도 믿을, 나를 포함한 신입생도들은 그 말을 믿고 충격에 빠졌던 기억이 있다.

그리고 흔히 기훈이 끝나고 화랑관(생도들이 생활하는 기숙 생활관)에 입성하게 되면, 상급생도들이 짖궂게 확인하는 물음이 하나 있었다.

"준혁아, 혹시 근의 공식 기억나니?"

그러면 뭇 생도들은 정말 그런 것인지, 아니면 그러는 척 하는 것인지 근의 공식을 암송하지 못하는 것이었다. 나는 삼수까지 해서 그런지 잊혀지지는 않았지만, 중요한 점은 그만큼 많은 신입생도들이 훈련에 몰입하고 머릿속이 초기화된다는 사실이었다.

굳이 이런 이야기를 하는 이야기는 미 육사에서 시행되는 과목 인증validation test 제도에 대해서 소개하기 위해서다. 혹자는 CBT의 특성상 군사훈련이나 생도생활 준비에 대한 시간으로도 모자랄 텐데 무슨 시험을 보냐 싶을 수도 있을 것이다. 그러나 미 육사는 학생 개개인의 수학능력의 차이를 반영하여 학과 수강여건을 보장해 주기 위해서 기본과목들을 면제받고 더 고급 선택과목을 수강할 수 있게 하기 위하여 CBT기간동안 이런 시험을 치는 것이다.

2021년에 CBT를 실시한 한 신입생도에 따르면, 2021년도에는 영어, 수학, 역사, 물리, 화학, 컴퓨터 프로그래밍 등 AP성적을 제출할 수 있는 거의 모든 과목에 대하여 시험을 실시하였다고 한다. 예년과 다른 점은, 이번 연도에는 훈련 전에 온라인으로 시험을 실시하였다는 것이다.

실제로 미 육사는 생도들의 수월성을 장려하여 학업여건을 다양하게 보장한다. 미 육사에는 복수전공, 부전공, 그리고 장학 준비 프로그램 등이 제공된다. 그 때문에, 고급 선택과목이나 자신이 흥미가 있는 과목을 수강하기 위하여 반드시 수강하여야만 하는 기본 과목들을 빨리 떨쳐낼 이유가 있다. 실제로 미 육사는 이런 노력의 결실로서 세실로즈재단 후원 하 영국 옥스포드의 대학원에서 수학하는 프로그램인 로즈 장학생Rhodes Scholarship 선발 랭킹에서 하버드, 예일, 프린스턴, 그리고 스탠포드대학 다음으로 5위권을 유지하는 기염을 토하고 있다.

그러나 이렇게 예외와 다양성을 보장하는 미 육사는 전통적으로 공대의 성격을 1802년 설립시부터 유지해 오고 있어 구속적인 특징 또한 갖고 있다. 그래서 오늘날에도 사관생도가 졸업할 때 그들에게 주어지는 학위는 전공에 상관없이 이학학사bachelor of science이다. 그러한 이유로 졸업하기 위한 이수과목이 보다 엄격하게 짜여져 있다. 생도들은 전공을 정하는 것과는 별개로, 공학기본분야를 정해서 공학관련 필수 이수과목을 이수하여야 졸업할 수 있는 것이다. 참고로, 나는 비교정치학이라는 사회과학 전공을 택했지만, 공학기본분야는 컴퓨터과학을 선택하였기 때문에 컴퓨터과학 과목들을 수강하였다. 미 육사에 입학하기 전에 나는 공학과목, 특히 컴퓨터과학과목을 선택하여 들을 것으로 생각한 적은 단 한번도 없었다.

미 육사는 여러 아이비리그대학과 마찬가지로 학부제를 취하여 1, 2학년 때는 주로 교양과목을 수강하고, 3, 4학년 때는 전공과목 위주로 수강하는 학제를 가졌다. 졸업에 있어서 전공과목에 대한 졸업논문은 졸업 요건이 아니며, 학점만 일정기준 만족하면 졸업할 수 있다. 졸업학위에 'with Honors'라는 딱지가 붙을 수 있는 자격을 갖추기 위해서는 추가로 졸업논문을 통과받아야 하기 때문에 이 부분도 잘 하는 것을 더 잘할 수 있게 하였다.

그 외에도 생도들이 학과와 관련된 학습경험을 확장시킬 수 있는 또 다른 독특한 제도가 있다. 그것은 바로 한 학기 해외 민간위탁교육인데, 요르단, 대만, 중국, 모로코 등의 국가에 한 학기 파견하여 해당지역의 정해진 학교에서 한 학기동안 외국어로 과목을 수강하는 프로그램이다. 실제 중국어를 잘 하지 못하는 한 친구도 대만에 다녀와서 놀라운 실력으로 중국어를 구사하는 모습을 보면서 나는 내가 외국생도라서 요르단 해외 민간 위탁교육에 다녀오지 못하였다는 아쉬움을 곱씹을 수밖에 없었다.

사실 이런 다양한 과목과 학제를 통하여 생도들이 다양성을 발전시키고 자신의 인생계획에 맞는 생도생활을 설계할 수 있다는 점은 미 육사의 굉장한 장점이자 대외로 많이 홍보되는 가치이다. 학과뿐만 아니라, 군사훈련과 관련해서도 뒤에 소개하겠지만, 개인의 의지와 노력으로 쟁취될 수 있는 부분도 컸다. 따라서, 미 육사야말로 '무엇이든 할 수 있고, 노력하는 만큼 얻어간다'라는 말이 성립되는 무한한 가능성이 넘치는 교육기관이라는 생각이 들었다.

그래서 뭇 사람들이 미 육사는 어떤 곳인 것 같냐라고 물으면 나는 조심스럽게 고민하며 어렵게 대답해본다.

"무엇이든 할 수 있는 곳이라는 것을 배웠습니다."

Religious Service for Cookies

쿠키와 종교활동

세 번 씹고 삼키는 스몰바이트를 억지로 지키면서 지냈던
그 시절, 나는 양껏 먹지 못해 늘 식사시간이 아쉬웠다.

CBT를 회상할 때면 언제나 빼먹지 않고 드는 생각은 바로 종
교행사시간이다. 물론 영어로는 종교행사라고 하지 않고 종교적 섬
김religious service이라고 불러, 자신의 종교적 신념을 위하여 봉사하
고 모심을 의미했다. 이미 나에게 있어서 사관학교의 종교의식이란,
훗날 장교로서 복무하면서 부대원들이 가진 다양한 종교를 이해하
고 포용하기 위해서 이해할 수 있을 만큼 폭넓고 다양하게 경험해야
하는 활동이라고 판단해, 특정 종교에 치우치지 말아야겠다는 생각
을 했다.

사실상 한국에서는 크게 기독교, 천주교, 불교, 원불교 이렇게
네 가지 종교로 종교행사에 참석할 수 있는 기회를 제공 받았었지
만, 미국에서의 종교행사는 다소 혼란스러웠다. 그 이유는, 일단 개
신교의 종파가 여럿으로 나뉘어있어서 선택하기가 어려웠고, 유대
교가 있는데 반해서 불교는 없었기 때문이다. 지금 돌이켜 생각하면
왜 그랬었을까 싶지만, 당시 나는 노트북도 없고 영어사전도 갖고

있지 않아서 그랬었는지 다양한 명칭이 게시되었을 때 쉽게 선택할
수가 없었다.

그래서 나는 더욱 더 첫 종교행사 브리핑 시간이 기억에 남는
다. 그 날 나는 보다 자유로운 분위기 속에서 다른 중대에 있는 한
국계 미국인들을 만났다. 나는 사실 그렇게 많은 한국인이 있는지도
몰랐다. 나를 보고 반가워하고 한국말로도 대화를 했던 그 기억은
꽤 신선했다.

내 배는 늘 주렸다. 세 번 씹고 삼키는 스몰바이트를 억지로 지
키면서 지냈던 그 시절, 나는 양껏 먹지 못해 늘 식사시간이 아쉬웠
다. 몰래 안걸리게 입에 한움큼 넣고 씹다가 걸리기라도 하면 혼이
나기 일쑤였다. 그랬던 그 시절, 우리에게 무한대로 주어진 쿠키라
는 엄청난 혜택은 쉽게 잊을래야 잊혀지지 않는 시간이었음에 틀림
없다. 나는 그 날 정말 일생에 있어 가장 많은 양의 쵸코칩 쿠키를
한번에 들이켰다. 지금 생각해 보면 무모했다 싶을 정도로 손에 가
득 쿠키를 들고 씹으며 다녔다. 나중에는 너무 먹었는지 메스꺼웠
고, 다음날 어김없이 5시에 기상하여 뜀걸음을 하면서는 신물과 함
께 쿠키 덩어리가 식도를 타고 올라와서 운동하는 데 불편했다.

종교행사는 수요일 저녁에도 있었지만, 주말에도 있었다. 수요
일 저녁은 주로 종교로 모이고 서로 교류하는 시간으로 운영되었고,
무엇보다 넘쳐나는 쿠키가 참 좋았다. 몇 회 계속 가면서 내가 섭취
하는 쿠키의 양은 상대적으로 줄고 있었지만, 쿠키를 먹기 위해서
종교행사에 갔다는 생각을 멈출 수는 없었다.

하지만, 종교행사는 주말에도 예정되어 있었다. 이때의 종교행
사는 진정한 예배가 맞았다. CBT의 주말, 꿈같고 달콤한 일요일 오
전 휴식시간을 반납하면서까지 찾은 종교행사 시간은 그러나, 나에

게 독특한 의미로 다가왔다. 사실 후에 소문으로 들어서 찾았던 천주교에서 다시 나는 생전 처음 가졌던 미사에서 그 특유의 엄숙함과 무릎꿇었다 섰다하는 의식을 따라하느라 정신을 못차리긴 했지만, 예상했던 대로 엄청난 양의 쿠키를 섭취해서 즐거웠다. 그리고 유대교 예배에도 참석해서 그들만의 코셔음식을 먹기도 했어서 그 경험은 소중했었다. 하지만 내가 마음의 안정을 보다 더 찾았던 행사는 프로테스탄트 예배였다.

익숙해서 그랬던 것일까. 언어가 나도 알아들을 수 있는 영어이고, 히브리어도, 라틴어도 아니어서였을까. 그 이유는 몰랐다. 하지만, 나는 처음 제대로 들었던 생도 기도문cadet prayer를 잊을 수 없었고, 예수님의 피와 살이라며 알듯말듯하게 먹었던 쌀떡국의 떡같은 모양의 작은 빵조각과 포도주스를 먹는 엄숙함에 끌렸다.

믿기지는 않았지만, 위 기도문의 '안일한 불의의 길 보다, 험난한 정의의 길을 택하도록 하여 주십시오.'라는 문구는 사실 한국 육사의 사관생도 신조의 한 구절과 99%의 싱크로를 보이기도 했다.

문구 하나하나가 너무 마음에 들었고, 행사에서 배포했던 성경을 나는 아직도 집에 간직하고 있다. 그러나 위 기도문을 정작 외우지는 못했던 나는, 훗날 졸업 후에 파병갔던 아프리카에서 매일매일 반복한 결과 끝내 암송할 수 있었다.

사실 나는 한국에서 떡이 좋아서 법당에 다녔다. 물론, 떡보다는 법당의 분위기와 차분함이 좋았다. 그리고, 말로만 듣고 윤리시간에만 배운 불교 교리를 실제 법회에 참석하며, 설법과 독경을 통해 이해하고자 했다. 미국에 와서는 법당이 없으니 다른 영적인 채널을 찾았고, 프로테스탄트로 자리를 잡았던 것이다.

나중에 찾았던 생도 교회cadet chapel는 근사했다. 생도 교회는 고딕스타일의 건물로, 스테인드 글라스가 화려하게 장식되어있고 고딕스타일 특유의 아치형 내부구조가 인상적인 중후하면서 검소한 느낌의 건물이었다. 그 안에서 울려 퍼지는 찬송가와 설교의 말씀, 그리고 다시 들은 생도 기도문은 내 영혼을 맑게 만들었다.

내가 위에서 '나중에 찾았던'이라고 말했듯이, cadet chapel과 정기적인 일요예배를 실시한 것은 사실 나중 학년 때의 일이긴 하다. 하지만, 그때도 내 허기는 채워질 필요는 있었다. 왜냐면 예배가 끝나자마자 일요일 브런치를 맘껏 누렸으니 말이다.

◐ 훈련을 즐긴다?

미 육사는 생도들이 훈련을 억지로 하거나 일로 생각하지 않았다. 오히려 그 활동을 오락같이 여기고, 즐기려고 까지 하였다. 혹시 지금 내가 생각할 때 훈련이란, 혹은 해야 하지만 고된 일을 어떻게 여기고 있는지 생각 해볼 만하다.

◐ 보급품 – 차려주는 vs 직접 챙기는

미 육사의 생도들은 자신의 보급품을 직접 받아서 스스로 서명하고, 그렇기 때문에 분실할 시에는 개인이 책임을 지고 배상한다. 추가로, 보급품을 챙겨주는 사람이 없기 때문에 책임소재가 분명하며, 단체로 대신 챙겨줄 소요 또한 없다. 또한, 생도들이 직접 보급품을 받으면서 보급품과 관련한 실무자들과 직접 얼굴을 맞대며 상호소통하는데, 내가 쓰는 물품들에 인간적 의미가 더해지는 효과가 있다고 생각했다. '이 보급품은 누구에게서 받았었는데 그 분은 어떤 말을 했었지'라고 생각하면서 말이다.

혹시 아이들을 키우거나, 조직을 운영하면서 아랫사람의 주인의식을 키워주고 싶은 분들은 미 육사의 방식을 생각해볼 만 하다.

◐ 현역병 입학제도

미 육사의 생도들은 그 출신성분의 다양성과 완숙함을 동시에 갖추었다. 공교육을 받지 않고 홈스쿨링을 한 학생부터, 상류층 보딩스쿨을 다녔던 학생, 외국여행은 해보지도 못한 외국인과 현역병 출신 생도까지. 현역병은 미숙한 생도들에게 생각보다 적절한 무게감과 완숙함, 그리고 전문성을 북돋아주는 감초와 같은 존재였다. 현역병이 사관학교에 입학되는 제도에 대하여 어떻게 생각하는가? 장단점은 무엇일까?

◑ Knowledge는 암기강요?

날리지는 비공식적으로 쉬쉬하며 강요되었을 때는 불법한 행위임에 틀림없을 것이다. 하지만, 미 육사는 암기사항을 명문화시켰으며, 그 때문에 생도들은 입학 전 뿐만 아니라, 입학 후에도 1년동안 지속하여 시험받고 요구받는다. 공개적이고 합당한 이유를 가진 암기사항도 규제되어야 할 '불합리'인지 생각해 볼 일이다.

◑ 군사영어 공부방법

단어만 몇 자 안다고 미 육사에서 그리고 미군들과 대화할 수 있지는 않았다. 그들이 어떤 맥락에서 어떤 표현을 쓰느냐, 그리고 특정 표현의 진정한 의미는 어떤 배경에서 비롯되었느냐 등이 전반적으로 이해되어야 의사소통이 수월하다. 군사영어도 그런 의미에서, 일단 사용하고 노출되어야 한다. 그리고 배경지식을 병행하여 이해하여야 한다. 지적 유희는 또 다른 지식욕을, 지식욕은 열망을, 열망은 노력을 낳는다. 일단 좋아하는 영화나 글에 빠져보자.

◑ 군가(교육)과 얼차려 – 하냐마냐 vs 어떻게 하냐

군가는 힘을 내고 곡조에 다수의 인원이 몸과 마음을 합쳐 단결하는 수단이다. 리더가 잘 부르면 나머지는 알아서 따라 부른다. 부대원들을 '내 군가를 외우지 못한 자'로 만들 것이냐, '샤워하다가도 곡조를 읊조리게 만든 자'로 만들 것이냐는 리더에게 달렸다.

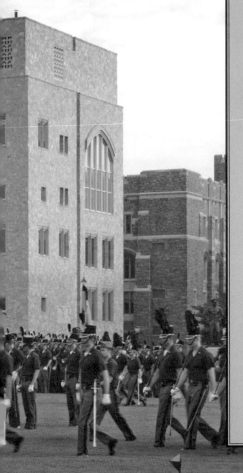

생도이긴 하나

권한은 없는 1학년

Fourth Class Cadet

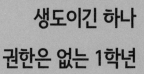

퍼레이드 연습을 위해 연병장에 집결중인 생도들
(출처: 크리에이티브커먼즈)

1학년은 Fourth Class Cadet

계급은 Private(PVT)였으며,

Plebe라는 별칭으로 주로 불렸다.

로마의 평민(Plebeian)이라는 어원이 의미하듯,

아직 우리에게 직책과 권력은 주어지지 않았다.

우리는 최하위 계층인 Fourth Class였다.

"The Empire," 2nd Battalion, 1st Regiment
1연대 2대대 제국

내 눈 앞에 보인 것은 다스베이더 의상을 입은 한 생도와
그 주위에 대열을 갖춰 선 생도들이었다.
'뭐야, 이거 좀 너무 한 거 아닌가….'

기초훈련의 시작이 R-Day 라고 한다면, 그 끝은 A-Day였다.[37]
그 날 우리는 설레는 마음으로 무장한 하계 정복을 입고 중대의 일
원이 되기 전 까지 신입생도로서 기훈중대에서 분열parade을 했다.
분열이 끝난 후 우리는 이동하여 각자의 중대에 합류하여 정식 사관
생도로 인정받았다.

하지만 역시 산 넘어 산이라고 했던가. 설레는 마음으로 우리
중대지구company area로 모이니 또 다른 세계가 우리를 기다렸다. 좀
오랜 세대는 알만 한 스타워즈 제국의 테마Imperial March가 막연히 들
려오는 중이었다. 제국이라니. 심상치 않음을 직감하고 우리는 행진
했다.

"빰빰빰 빠아암 빠밤, 빠아암 빠밤"[38]

---

37   Reception Day와 Acceptance Day의 약자이다.

38   동영상 사이트에서 "imperial march"를 검색해 보면 쉽게 들을 수 있다.

내 눈 앞에 보인 것은 다스베이더 의상을 입은 한 생도와 그 주위에 대열을 갖춰 선 생도들이었다. 그들이 서있는 곳은 그랜트 막사의 광장으로 1연대 2대대의 집합공간이었다. 4층짜리 건물로 형성된 작은 회랑 안에 E-1, F-1, G-1, H-1의 네 개 중대는 집결하였다.

　　'뭐야, 이거 좀 너무 한 거 아닌가…'

　　하지만 이건 현실이었다. 몇 개인지 기억은 안나지만 대형 앰프에서 전 생도광장에 울려퍼지는 제국의 테마곡은 무언의 경고로 받아들여졌다. 무슨 말을 들었는지는 잘 기억나지 않는다. 왜냐면 그 말이 끝남과 동시에 나를 비롯한 H-1중대 1학년생도들은 불이 꺼진 지하로 상급생도들에 의해 '몰이' 당했기 때문이다. 광란의 시간은 그렇게 시작되었다.

　　"워스의 대대 명령이 뭐지?"**39**

　　"분대장님, 워스의 대대명령입니다. '근무중인 장교는 알지…'"

　　"더 데이스! 몇 일 남았는지 말해봐!"**40**

　　"분대장님, 더 데이스입니다. 오늘은…"

　　"생도대!!! 불러봐!"**41**

　　"분대장님, 생도대입니다. 생도대, 생도대, 생도대! 생도대는 …."

　　"스코필드의 군기의 정의에 대해서 말해!!!"

　　"분대장님, 스코필드의 군기의 정의입니다. 군기란, 자유국가의 군인이 전투에서 믿음직스럽게…"

39　WHAT IS THE WORTH'S BATTALION ORDERS????

40　THE DAYS!!! Tell me how many days are left!

41　THE CORPS라는 시(詩)가 있다

하급생을 지도중인 4학년 생도

　사방 팔방에서 고함을 치고 함께 흥분해서 고함으로 대답하고 실수하고 소리치고. 혼돈의 시간은 그렇게 나에게 충격의 날로 기억된다. 나는 내가 알고 있었다고 생각했던 날리지조차 그 혼돈의 시간에는 제대로 대답하지 못하는 경우를 경험했다. 사실 날리지 자체에 대해 굉장한 자신감이 있지 않은 채로 그 광란의 지하실을 경험한 나로서는 자격지심에 휩싸일 수밖에 없었다.

　얼마나 지났을까, 우리는 미지의 지하실에서 하나둘씩 위층으로 쫓겨나가게 되었다. 한국에서와는 완전 다른 생도대 첫경험이었다. 이제 가족으로 들어오는 포근함보다는, 그동안 벼르고 벼렸는데 잘 됐다는 느낌을 받게 하는 첫 만남이었다.

　"왜 이렇게 얼어있나. 이제 긴장좀 풀어도 돼."

　한국 기훈이 끝나고 생도대에 처음 발을 들인 그 날, 따스하게 말해줬던 분대장생도의 목소리였다. 윽박지르는 상급생도들에 둘러싸여서 그렇게 A-Day는 산 넘어 닥친 산으로 다가왔다.

"잘 있었어? 난 제이콥이야."[42]

"괜찮습니다, 상병님. 꽤 어려웠는데 그닥 나쁘지 않았습니다."

"쿨 하네."

한차례가 끝나고 나중에 만나게 된 내 담당 2학년 제이콥은 190 정도의 큰 키의 다정하고 '쿨'이라는 말을 즐겨 쓰는 생도였다. 농구선수였던가, 수영선수였던가 잘 기억은 나지 않지만, 운동을 했고, 나중에 의대를 가겠다고 생리학을 전공하려 한다고 했다.

13년이 넘게 지난 후의 소회랄까, 돌이켜보면 드는 생각이 있다. 한국에서의 정신적 지주가 4학년 분대장 생도였다면, 미국에서의 정신적 지주는 누구였는지 불분명하다. 하지만 분명한 점은, 미국에서의 정신적 지주는 한국과는 다르게 3학년이 담당했던 분대장 생도들은 아니었다는 점이다. 하지만 나만 그렇게 느꼈을지도 모를 일. 설익은 리더십을 가진 3학년들이어서 그랬던 것일까. 아니면, 그들이 우리들을 못살게 구는 사람들이었기 때문일까. 단순히 분대장이기 때문에 갖는 권력같은 건 없었다. 저절로 롤모델이 되는 게 아니었고, 롤모델은 스스로 뛰어나서 따로 따르는 사람이 있어야 했다.

어느 날, 우리는 생도세탁소에서 일괄하여 수집된 세탁물을 상급생도들이 거주하는 각 호실로 배달하기 위하여 모였다. 오늘은 세탁물 담당생도 로라의 방에서 모든 가용한 1학년들이 모였다. 우리는 수북히 쌓여있는 세탁물 꾸러미를 보았다. 비닐 랩으로 칭칭감긴 세탁물의 내부에는 먹지가 있었고 그 위에 세탁물의 주인 이름도 써

42　How're ya doin', Oh? I am Jacob.

있었다. 우리는 하나씩 집어서 주인에게로 향하자고 마음을 먹었다.

"1학년!!! 벽에 서라!!! 서둘러!!!"[43]

이미 세탁물을 나를 줄 알고 3학년들이 소리를 지르며 독촉한다. 그들은 하이에나처럼 복도에 어슬렁거리고 있었다. 참고로, 1학년을 plebe, 2학년을 yearling, 3학년을 cow, 4학년을 firstie라고 불렀다. 어금니를 악 물고 우리는 방문을 열고 사지killing fields로 몸을 날렸다.

"너! 벽에 서 당장!!"

"네, 분대장님."

"어디가지?"

"세탁물 나르고 있습니다."

"알아! 누구한테 배달하는데?"

1학년 생도들은 이름을 틀리기도, 가야 할 호실을 틀리기도 하였고, 사소한 말실수를 하기도 하였고, 날리지를 틀리기도 했다. 그러면 계속 잡혀서 못헤어나오고, 배달도 못한다. 배달을 못끝내면 우리는 그만큼 개인시간을 확보할 수 없다. 아… 제국의 힘인가.

하지만 시간이 흐르면서 우리는 알았다. 3학년들도 굉장히 노력해야 그렇게 악랄하다는 것을. 그리고 그런 노력은 진짜 관심을 갖고 노력해야 가능함을.

(똑똑똑… 노크)

"분대장님, 들어가도 됩니까?"

"누구지? 어, 들어와!"

"분대장님, 전공 관련하여 질문이 있습니다."

---

43 PLEBES!! GET ON THE WALL!!! HURRY UP!!!

"물론. 어떤게 알고 싶어?"

내가 정말 싫어하고 무서워했던 3학년의 방을 나는 일부러 찾아갔다. 그냥 그 악마같은 사람이 정말 원래 악마인가 궁금했다. 그리고 나를 싫어하는 기색이 혹시라도 있는걸까도 궁금했다. 그런데 그는 정말 언제 그랬냐는 듯, 친절하고 자세하게 자신의 전공에 대해서 설명해줬다. 마치며 고맙다는 말을 전하고 나오면서 문을 닫을 때 나는 문득 생각했다. 혹시 친분이 좀 쌓인 걸까.

"오!! 저녁이 뭐지!!"

"분대장님, 저녁으로 저희는 커리 치킨, 쟈스민 쌀밥, 스파이스 케익, 그리고 게토레이를 먹습니다."[44]

"오늘 아침에는 무슨 신문기사를 읽었나?"[45]

그대로다. 아마 착각이었겠지..

44　Sergeant, for dinner we are having curry chicken, jasmine rice, spice cake, and gatorade.

45　What did you read in the news paper this morning?

Parades and Drills
분열연습

어깨에 걸친 M-14소총, 잘 맞지 않는 보속, 끊지 않는 왼팔젓기.
'두 나라는 분열도 다르게 하고 있구나.
그리고 의미도 다르게 찾는구나.'

    한국에서도 입학식을 준비하면서 수많은 분열(퍼레이드)연습을
했다. 사실상 그때 처음 분열을 배웠는데, 생도들은 몸을 움직이면
서 엄격한 기준에 스스로 만족할 수 있도록 노력했다. 넓은 보폭과
팔 젓기를 하며 이동하는 큰걸음 자세를, 바둑판같은 질서있는 대형
을 유지하는 방법을, 그리고 전체 안에서의 작으면 작을 수도, 그렇
지만 크면 클 수도 있는 나 개인의 영향력을 머리가 아닌 몸으로 배
울 수 있었다.
    "우대각 (우측 앞 대각선으로 형성된 정렬상태) 봐라!"
    "오 (옆줄 정렬상태) 봐라!"
    "좌대각 (좌측 앞 대각선으로 형성된 정렬상태) 봐라!"
    "열 (앞줄 정렬상태) 봐라!"
    왜 이렇게 쓸데 없는 것을 공들여 하냐고 불평하는 상급생도들
도 있었다. 그리고 그 와중에서도 분열의 의미와 효과를 설명하는
좀 더 낮은 상급생도들도 있었다. 그들이 무슨 말을 했든, 공통적인

부분은 바로 우리가 끝없이 분열연습을 하고 있다는 사실이었다. 우리는 끊임없이 분열에 미쳐가고 있었다.

진부한 말일지 모르지만, 나는 많은 것을 깨닫긴 했다. 뭇 사람들은 말할 수 있다. 요즘 누가 그렇게 전투하냐, 그냥 눈요기다. 하지만 분열대형 안에서 나는 연습을 거듭할 때마다 많은 것을 느낄수 있었다. 전투대형 연습으로서가 아닌, 정신수양으로서 나는 분열을 음미했다.

일단 '오장'이라는 직책이 있음에 놀랐다. '오'란, 군사용어로서 대형의 가로열 혹은 행을 의미한다.[46] 그 오의 책임자를 오장이라고 한다. 오장은 오가 잘 정렬되었는지 확인하고 감독하는 책임이 있다. 후에 안 일이지만, 미 남북전쟁 전후에나 바뀌기 시작한 전투대형인 선형의 밀집 대형close order formation에서 오장의 역할은 부사관들이 수행했다. 겁먹거나 문제가 생겨서 오를 유지하지 못하는 자들을 단속하는 역할을 했던 것이다. 이렇게 군기를 잡고 질서를 유지하는 역할은 오늘날의 부사관들에게도 지워진 근본적 역할이기도 하다.

분열대형에서 '나'라는 존재는 없었다. 분열대형에서는 좌우 정렬상태를 유지하는 것이 나 혼자보다 더 중요한 것이기 때문이다. 그런데 여기서 중요한 것은 정렬이다. '나' 하나가 정말 잘하느냐는 중요하지 않은 것이다. 좌우와의 정렬은 내 바로 옆만 문제가 되는 것이 아니다. 그 너머의 인원과의 전체적인 정렬상태가 중요한 것이다. 나 하나만 내 바로 좌우와 정렬했다고 우리 오 전체가 정렬하지 않은 것임을, 나는 분열을 하면서 느꼈다. 나는 발맞춰서 잘 가고 있

---

46   상대적으로 세로열은 '열'이라 한다

분열중인 생도들

지만 만약 전체적으로 봤을 때 내가 너무 앞에 섰으면 보폭을 줄여야 하는 것이다.

그리고 우리의 분열을 지켜보는 지휘관이 위치한 사열대와 우리 대형 간의 상대적 위치에 따라서 내가 신경써야 할 우선순위가 변하는 것도 신기했다. 앞서 말했듯 우대각, 오, 좌대각, 열, 거기에 보속과 팔 젓기, 발맞추기, 중대장의 '우로 봐' 명령 주목, 우로어깨총의 각도 등 어림잡아 열 가지나 되는 다양한 변수에 대해 동등한 정도로 상시 주의를 기울일 수는 없었다. 그래서 특히 우대각, 오, 좌대각, 열의 네 가지를 우선순위를 두어서 대형은 이동했다. 이때 고려한 것이 우리가 사열대와 어떤 위치에 있느냐였다.

우리는 사열대를 우측에 두고 앞으로 나아갔다. 따라서 분열대형이 행진해가면서 사열대는 우리기준으로 우측 앞, 우측, 우측 뒤에 있게 된다. 그리고 사열대 위의 지휘관은 자연스럽게 우리 중대 대형의 우대각, 오, 좌대각, 열 상태로 우리 분열대형의 완성도를 가늠하게 되는 것이다. 여기에 착안하자면 같은 환경에서 이러한 지휘관의 시각에 맞춰서 우선순위를 두어 분열할 때 더 지휘관의 마음에 드는 분열을 할 수 있는 것이다.

오만 두고 보았을 때에도 어려움이 있는데 그 네배의 어려움이 사실상 존재하는 것이다. 하지만, 이 '우선순위'라는 것을 두기 시작하니 보다 더 해결하는데 수월했다. 바로 여기서 전술에서 말하는 '전투력 집중'이라는 개념을 체득할 수 있었다. 내 한정된 정신력을 요망하는 효과에 맞게 중요한 것에 집중하여 효과의 크기를 최대로 하는 방법이다.

이런 이해를 하고 나서 미국에서 바라보게 되었던 분열연습은 달랐다. 우리는 기훈분대 그리고 기훈중대 안에서 아주 짧고 간단한 연습만을 하고 곧바로 행사로 들어갔다. 분열연습을 얼마나 했는지는 기억나지 않지만 분열연습을 할 때도 서로 꾸짖거나 윽박지르는 일은 없었다. 분열하는 요망상태도 거의 기계와 같을 정도로 정교한 모습까지 요구하지 않았다.

가장 중요한 부분은 오였다. 우대각, 좌대각, 열은 크게 신경쓰지 않았다. 그리고 분열대형이 직각으로 움직일 때 제식이 달랐다. 계속해서 어깨를 붙이고 오 전체가 문같이 움직였다. 어깨에 걸친 M-14소총, 잘 맞지 않는 보속, 끊지 않는 왼팔젓기.

'두 나라는 분열도 다르게 하고 있구나. 그리고 의미도 다르게 찾는구나.'

또한, 제대를 육성지휘하는 방법도 달랐다. 여단장생도가 직접 전 여단을 목소리로 통제하지 않았다. 여단장은 여단 부관adjutant

생도에게 지시하고, 여단 부관생도가 그 지시사항을 전 연대장생도들에게 지시하면 연대장생도는 중대장생도들과 예령preparatory command(준비시키는 구령)을 공유하고 동령command of execution(동작을 요구하는 구령)을 통일하는 모습이 색달랐다. 예를들면

연대장이 "연대 (예령으로)!"

중대장이 "중대! (예령)"

연대장이 "부대-차렷!"

(그리고 모두가 차렷자세로 간다.)

이런식으로 예령을 연계시켜주는 형식도 달랐다. 사실 이렇게 예령을 공유하는 것을 패러디해서,

"중대!"

"소대!"

"분대!"

"팀!!"

라고 중대 집합대형에서 연대단위의 예령을 거는 절차를 중대에서 풍자하는 경우도 있었다. 뭐, 이건 전적으로 미 육사식 유머라.

Plebe Duties

"매일 단위로 변하는 The Days나 시시때때로 변하는 식단은
일단위로 엑셀파일로 만들어 '뿌렸다.'
아예 출력을 해서 책임생도 방에 부착하고 방문을 나서기 전
한 번 복습하는 기지도 발휘했다."

1학년은 규정에 의하면 몇 가지 공식적 의무duties가 있다. 말이
좋아 의무지, 결국 잡역이다. 앞서 소개했던 식사 간 의무가 그중 하
나. 뉴욕타임즈 신문배달, 시간알림(7, 6, 5, 4분 전 매 분마다 복도에서
단체로 높은 목소리로 복장과 행사에 대해 전파함), 세탁배달, 청소. 이 다
섯가지 의무들을 이행하는 것은 전부 1학년의 몫이다.

1학년들은 곧바로 리더십을 연습할 기회를 얻는다. 식사예절을
제외한 나머지 4가지의 의무사항은 일주일 간 책임생도를 정했다.
각 소대 별로 돌아가면서 1명씩 담당하여 공평하게 돌아가면서 책임
을 맡았다. 하루는 내가 세탁배달 책임을 맡았다.

일단 세운 계획은 머리속에만 있거나 구두로만 전달되지 않고
엉터리로나마 아래와 같은 공식 문서를 통해서 정식으로 책임 3학년
생도로부터 확인을 받고 동기생들에게 계획을 전파하였다. 이때부
터 우리는 명령의 효력은 상급자의 승인과 공식화에 있다는 점을 모
르는 중에 체득하고 있었다.

사실상 1학년은 공식직위가 없었다. 의무사항 책임생도는 전적
으로 자발적인 노력의 산물이었다. 그러나 우리는 이 자발적인 책임
직위를 골고루 시행하면서 책임과 권한을 갖고 임무를 수행했다. 하
지만 우리는 스스로 책임자를 정하고 계획을 세워서 의무사항을 수
행했다.

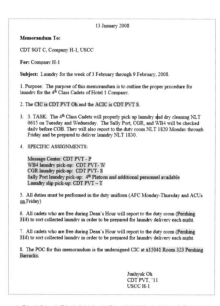

2월 3일~2월 9일에 대한 세탁물 분배 계획보고

"오케이. 누가 없지? 밴이 없나? 음, 우리는 좀 퍼져서 더 빠르
게 움직일 거야. 그 외에는 이게 내 계획이야. 넌 여기, 넌 저기로
가. 나하고 찰스는 여기로 갈거고 이걸 할 거야. 자, 해 보자!"

기훈때까지만 해도 좀 수동적이고 다소 연약해 보였던 친구가
우리 모두 앞에 서서 이런식으로 당당하고 멋지게 지휘하는 모습을
보고 나는 감동했었다. 특히 계획된 대로 일이 잘 돌아가지 않아도
당황하지 않고 유연하게 대처하는 모습이 좋았다. 나는 동기들을 다

시 보았다.

　문 밖을 나서기 전, 우리는 마치 총탄이 빗발치는 전장으로(?!) 몸을 던지는 느낌을 받았다. 방문 밖 상급생도들의 공격이 마치 총탄같다고 느꼈기 때문이다. 밖에 나가기 싫었지만 싫어도 복도에 나와야 했다. 그냥 나가서 부딪혀야 했고, 피할 수 없었다. 대신 우리는 우리 나름대로 개인 및 단체로서 날리지에 대해서 더 준비했다.

　날리지 중, 개인이 다 외워야 하는 개인 암기사항은 어쩔 도리가 없었다. 하지만 매일단위로 변하는 더 데이즈^{The Days}나 시시때때로 변하는 식단은 일단위로 엑셀파일로 만들어 '뿌렸다.' 아예 출력을 해서 책임생도 방에 부착하고 방문을 나서기 전 한 번 복습하는 기지도 발휘했다. 더 데이즈의 예문을 보면 다음과 같다.

　"분대장님, 더 데이즈입니다. 오늘은 2018년 8월 20일입니다. 2019 졸업생의 졸업지환 기념주말은 4일하고 조금 남았습니다. 미 육사가 리버티대학을 마이키 경기장에서 무찌를 날은 20일하고 조금 남았습니다. 미 육사가 미 해사를 짓뭉개버릴 날까지는 110일하고 조금 남았습니다. 미 육사 생도대의 크리스마스 휴가까지는 123일하고 조금 남았습니다. 500일밤 까지는 158일하고 조금 남았습니다. 2학년 겨울주말까지는 166일하고 조금 남았습니다. 100일밤까지는 180일하고 조금 남았습니다. 봄방학까지는 202일하고 조금 남았습니다. 2019년 졸업생을 위한 졸업 및 졸업휴가까지는 278일하고 조금 남았습니다, 분대장님."

　이 밖에도, 우리는 매일매일 복도에 주요행사 전 남은 시간과 복장을 알려야 하는 시간알림^{minutes call} 의무가 있었다.

　"살려면 호를 파라!(중대 구호)! 전 생도 주목! 아침식사 집합까지

시간을 알리고 있는 1학년 생도

7분 남았습니다! 복장은 학과출장 복장입니다. 7분 남았습니다!"

1학년은 이렇게 미리 나가서 완벽한 복장을 갖추고 시간을 부르기 위해서 실제 집합시간보다 더 먼저 준비해서 복도에서 열중쉬어 자세로 대기하고 있어야 했다. 상급생도들은 지나가면서 메뉴를 물어보거나 다른 날리지를 묻기 일쑤였다. 불안한 2학년 생도들은 제대로 하고 있는지 확인하려고 곁을 서성이기도 했다.

상황은 식당에서도 마찬가지였다. 1학년은 먼저 탁자에 가서 기다리고 필요한 준비를 실시한다. 앞서 설명했듯, 밥먹는 시간은 밥만 먹는 시간이 아니었다. 그 시간은 세 가지 직책(찬음료 상병, 더운음료 상병, 사수) 의 1학년들이 각각의 임무를 수행하는 시간이었다. 날리지 암송도 포함. 밥은 그래서 늘 스트레스를 받으면서 먹었다. 식탁도 전장이었다.

특히 한국과 대별되었던 식탁 구성은 큰 차이를 보였다. 식탁 좌석은 중대 내 상급생 아무나 앉을 수 있었다. 중대 행정관생도(3학년)가 월1회 무작위로 순환하여 배치하였다. 물론 구성원은 1학년 3명, 2학년 2~3명, 3학년 2~3명, 4학년 1~2명 정도로 구성되어 전 학년이 한 식탁에 앉았다. 밥상머리 교육을 위해서였다.

한국과 급격히 다르게, 미국은 분대생활이라는 것이 없었다. 식탁 구성에서 암시했지만 한국에서는 분대원들끼리 식사하고 일과 후 생도생활의 전부를 이뤘지만, 미국은 그렇지 않았다. 분대는 밥을 같이 먹지도, 일과 후에 단체 활동을 같이 하지도 않았다. 분대는 단지 인원 관리차원에서 급격히 업무적인 관계에 불과했다.

위와 같은 차이는 한국의 4학년 분대장생도를 절대적인 가장으로 여기는 독특한 현상을 가져다줬다. 그래서 분대는 하나의 식구였으며, 생도생활은 분대생활이었다. 하지만, 미국은 생도생활이란,

청소중인 1학년생도

의무를 이행하고 상급자의 지적과 싸움을 하는 매일매일의 시간이
었다.

마지막으로 청소. 청소는 두 가지로 나뉘었다. 첫째, 화장실과
샤워장, 복도 등의 공용생활공간common areas 청소. 둘째, 상급생도
들의 쓰레기통 비우기와 모인 쓰레기를 쓰레기 수집소dumpster에 옮
기는 것.

공용공간 청소는 부담이 적었다. 민간인 청소원들이 공용공간을
청소해주었기 때문이다. 그들을 볼 때 마다 고마웠고 우리는 늘 고
맙다고 말했다. 모든 생도들은 그들과 캐쥬얼하게 담소를 나누고는
했다. 나는 그 모습을 보면서 직업의 귀천을 따지지 않는 그들의 모
습이 좋았다. 그 느낌은 내가 훗날 택시 운전사와 열렬히 대화하는
동기생의 모습을 보았을 때와 같았다.

"아버지께서는 택시운전사들에게 잘 대해줘야 한다고 하셨어. 왜냐하면 그들이 많은 손님들을 태우고 편리한 용역을 제공하기 때문이거든. 그리고 그들은 요새 시국에 대해서 많이 알고 있어. 그래서 같이 말하는게 재밌기도 해."

라고 그 동기는 내 물음에 답했다. 나는 그 날 이후로 택시운전사들께 정중하게 대하고 대화를 나눈다.

한편, 우리는 매일 밤 상급생도의 쓰레기를 비웠다. 밤에는 그들도 날리지를 묻거나 윽박지르지는 않았다. 정중히 고맙다는 이야기를 하든가, 개중에는 공부하다 말고 자리에서 일어나 우리를 거드는 경우도 있었다. 작은 행동이지만 그런 행동들은 기분을 좋게 했다.

Poop Deck and Floaters
생도식당 이야기

"공석이 있는 좌장들은 풉댁으로 와서
플로터들을 데려가기 바람."

앞서 설명했다시피, 미 육사의 생도식당인 매스 홀Mess Hall은 거대한 구조물이다. 20분이라는 짧은 시간에 4,000명의 생도들이 일제히 식사 시작과 끝을 낼 수 있다는 사실만으로도 많은 사람들의 관심이 가는 시설이다. 물론, 생도시절에는 그다지 흥미롭거나 관심이 있지는 않았다. 물론 어떤 음식이 나오느냐, 어떤 내빈이 방문했느냐 정도는 관심이 있었다.

CBT 때야 어떻게든 밥을 조금이라도 더 먹고 날리지를 극복할까에 온 신경을 집중했다고 한다면, 1학년 때는 조금 달랐다. 좌장의 분부에 따라 부족한 음식을 더 구하든가, 상급생도들의 요청에 맞춰 커피를 주전자에 미리 타오는 등, 보다 더 기술적인 부분을 연마해나갔다. 점심이나 저녁식사를 할 때, 인기있는 메뉴같은 경우, 식탁에 할당된 양을 다 먹어치우고 더 많은 양을 요구하는 경우가 생겼는데, 그때, 나는 주로 우리 담당 서버에게 상황을 공유하고 추가 음식을 받을 수 있느냐고 묻거나, 그도 안되면, 아예 주방으로 찾아가서 대체음식이라도 가져오고는 했다. 중요한 것은, 음식이 없어서 못먹는 경우는 없었다는 사실이다. 그리고, 서버나 주방에서 우리를 위해서 일하시는 분들께서는 어떻게든 우리의 수요를 만족시키기 위하여 굉장히 성심 성의껏 우리를 도와주셨다는 사실이었다.

하지만 그런 도움에 대해서 사실 나는 나도 모르게 익숙해져 가고 있었고, 나는 그 사실을 부끄럽게 인식하게 되었다. 어느 날 점심 시간이었다. 한 상급생도가 평상시와는 다르게,

"도와주셔서 정말 감사합니다. 진짜 고마워요. 좋은 하루 보내세요!"

라고 정말로 정중하게 한 서버에게 감사의 표시를 하는 것이었다. 그 순간 나는 그동안 내가 얼마나 나에게 제공되는 서비스에 대해서 당연하게 생각해왔는지 깊이 반성할 수 있었다. 그런 생각을 좌장도 같이 공감했는지, 그녀는 우리에게 이렇게 강조했다.

"1학년들, 서버들한테 감사할 줄 알아야 해. 저들이 매일 여기서 도와주잖아. 자 모두 박수!"

그리고 우리는 박수를 치면서 고마워 했고, 그 서버는 능숙한 제스쳐로 중세시대의 인사법 같은 자세를 취하면서 답례했다. 사실, 그 서버의 경우, 예외적으로 영어를 매우 능숙하게 구사하고 영화 반지의 제왕의 엘프전사 레골라스Legolas역을 맡은 배우 올랜도 블룸Orlando Bloom을 닮은 잘생긴 청년이었는데, 그의 품행은 출중한 외모만큼이나 남달랐다. 많은 수의 서버들은 영어를 편하게 구사하지는 못했고, 단지 우리가 영어로 간단하게 감사를 표현하거나 원하는 음식을 말하면 알아들을 수 있는 정도였다. 길게 말을 하면 좀 부담스러워 하는 것 같은 기색이 있었는데, 그 블룸을 닮은 서버는 언제나 유창한 영어와 리듬 넘치는 행동으로 우아하게(?!) 음식을 대접

해주어서 남다른 느낌이 들었었다. 서빙을 하는 그의 모습은 일하는 모습같지 않고, 즐기는 모습같아 나에게도 큰 영감을 주었다.

서버 한 명은 테이블을 4개~6개 정도 담당하였다. 서버들은 각각 조리된 음식을 보관하는 보온고에서 식사 시작신호에 맞추어 담당 테이블로 음식을 배달하는 역할을 맡았다. 식사중에는 음식과 음료, 혹은 식기나 냅킨을 추가로 지급하거나 소스류나 소금후추를 교체하는 등의 역할을 수행했다. 식사 후에는 식기와 식탁보를 수거하여서 식탁을 정리했다. 다음 식사 전에는 식탁보와 식기 등 모든 것을 다시 세팅해두는 것이 그들의 임무였다.

매스 홀에서 1학년들은 늘 바빴다. 늘 식탁의무를 수행해야 했기 때문이다. 그리고 우리는 중대에서 정해준 지정구역의 지정테이블 상의 지정석에 앉아야 했다.

하지만, 전교생이 모두 앉을 수 있을 만큼 공간이 마련되어 있는 매스 홀은 주로 공석이 발생할 수밖에 없었다. 왜냐하면, 전교생 전원이 조금의 열외자도 없이 학교에 나와있는 경우가 상당히 드물었기 때문이다. 운동팀이 원정경기에 나가서 단체로 부재중이거나, 일부 학급은 단체로 견학^{trip section}을 나가는 경우도 있었다. 식사에 참가하지 못하는 생도들의 현황은 지휘체계를 통해서 종합되었고, 그런 행정적 특이사항에 맞추어서 미 육사는 플로팅^{floating}을 했다.

플로팅이란, 단체로 일부 테이블을 비워서 테이블에 같이 앉을 생도들을 각기 빈자리가 있는 테이블로 배분시켜 앉히는 방식을 일컫는다. 이때, 비워지는 테이블은 돌아가면서 정해졌다. 이렇게 테이블이 비워져서 자리를 잡지 못하고 떠돌아야 하는 떠돌이 신세가 되는 생도들을 가리켜 플로터^{floater}라고 불렀던 것이다. 그들은 예고 없이 쫓겨난 자신의 신세를 확인한 후에 식당 정중앙에 위치한 폽댁으로 가서 대기해야 했다. 마치 경매를 기다리는 수산시장의 생선처럼 우리는 어물쩡 서있어야 했다. 누군가 나를 집어가면, 나는 그 생도의 테이블에 합석했다.

"여단, 부대-차렷! 공석이 있는 좌장들은 품댁으로 와서 플로터들을 데려가기 바람. 자리에 앉아!"[47]

여단 근무생도에 의하여 위와 같은 안내가 나오면 전교생은 자신의 테이블에 앉았고, 혹시 빈자리가 있는 테이블의 좌장은 품댁으로 걸어왔다.

"네명 필요해."

"셋!"

"자리 다섯 있다. "

품댁 하단에 도착한 좌장들은 손가락을 들어보이면서 아수라장 속에서 플로터들을 모집한다. 별것 아니지만, 바로 이러는 동안 나는 스스로 좀 비참해지는 느낌을 많이 받았다. 그리고, 팔려간(?!) 다음에 도착한 새로운 테이블에서 나는 조용히 숨죽이며 밥을 먹었다. 이미 1학년이 임무를 수행하고 있었고, 전혀 새로운 중대의 분위기에 적응하면서 어색한 느낌대로 그냥 대접 아닌 대접을 받는 위치에 놓여있었기 때문이다. 당연히 다른 중대원이므로, 굳이 상급생도들도 날리지를 묻지는 않았다. 편한 듯 불편한 듯 플로터가 된 날의 밥은 그렇게 코로 들어가는지 목으로 들어가는지 모르게 음식을 먹었다.

주지하다시피 품댁은 위와 같이 중앙에서 일괄 통제하여 알리는 소식을 전파하는 곳이었다. 학교에 방문하는 내빈들은 줄곧 품댁에

47　Brigade, atten-tion! Table commandants with vacant seats report to the poop deck and pick up floaters. Take seats!

올라서 자신의 방문소감을 짧막하게 소개하고는 했다. 수많은 고위자들이 방문했지만, 나에게 있어 가장 기억에 남는 방문자는 어느날 점심시간에 품댁 위에서 맞이한 영화 다크나이트의 제작자 마이클 유슬란Michael Uslan이었다. 그는 우리에게 다음과 같이 말했다.

"배트맨은 초능력이 없는 영웅이고, 그래서 초능력영웅이 아닙니다. 하지만, 그는 진정한 영웅입니다. 왜냐하면 다른 사람을 지키려는 가치를 갖고 있기 때문입니다. 저는 국가에 복무하는 여러분 모두가 진정한 영웅이라고 믿습니다!"

영화 배트맨 비긴스Batman Begins와 다크나이트Dark Knight를 무척 좋아했던 나에게, 위와 같은 말이 배트맨 제작자의 입을 통해서 우리에게 전해졌을 때, 나는 무엇보다도 더 큰 용기와 힘을 얻었다.

한편, 품댁에서 부관adjutant생도가 전하는 소식은 늘 이렇게 힘이 나는 응원메시지나 우리에게 지시를 하는 지시만 있는 것은 아니었다. 품댁은 몇 달에 한 번씩 슬프고 숙연해지는 소식을 전하기도 했다.

"여단, 부대-차렷! 정찰임무를 수행하다가 IED 공격에 의해서 숨진 2007년 졸업생 존 도에 대해서 잠시 묵념을 해주기 바랍니다."[48]

4,000명이 식사를 할 때는 고함을 치지 않더라도 그 작고 큰 목소리들이 한데 뭉쳐서 시끌벅적하기 일쑤다. 그런데 위와 같은 부고를 전해들을 때, 식당은 묵념을 할 동안, 쥐 죽은듯이 아무 소리 없이 고요해졌다. 굳이 모두들 복장을 갖추고 연병장에 나가서 순직한 호국선열과 영령을 위하여 묵념을 하자고 하는 것 보다, 오늘 죽은

---

48   Please take a moment of silence for our fallen comrade John Doe, class of 2007, who was killed in action by an IED during a patrol mission.

1, 2년 전에 졸업한 선배의 부고는 더욱 강렬한 효과를 주었다. 나는 순직한 그가, 비록 내가 개인적으로 알지 못하는 사람이고, 타국의 군인이라는 생각을 했지만, 내 가슴 한 켠이 먹먹해짐을 느꼈다. 그 이유는 바로, 내가 거친 인고의 생도생활 기간을 동일하게 거치고 전장으로 나아간 선배이기 때문이었다.

한편, 매스 홀은 주요 저녁시간마다 설렘과 즐거움도 선사하였다. 이미 말했던 매주 목요일의 스피릿 디너spirit dinner 때는 각종 스피릿 테마에 맞는 의상을 착용하고 퍼포먼스를 선보였다. 그것도 합법적으로. 그리고 추수감사절 때는 특유의 칠면조 요리를, 크리스마스 식사가 있는 날은 맛있는 스테이크와 맛 좋은 케익과 같은 푸짐하고 맛좋은 요리가 나오기도 했다. 크리스마스 식사 때는 전통적으로 크리스마스 노래를 부르기도 했는데, 이때, 기상천외한 일들이 벌어지고는 했다. 크리스마스 선물을 나누는 테이블도 있었고, 크리스마스 트리를 장식하는 테이블도 있었다. 나는 가짜트리가 아닌, 진짜 나무를 잘라서 크리스마스 트리 장식을 설치한 테이블을 아직도 잊을 수 없다. 그리고 또 잊을 수 없는 풍습은 바로 크리스마스 시가이다.

저녁식사가 끝나면 전교생은 식당 바로 앞의 조지워싱턴 동상 뒤 집합공간에 모였다. 생도들은 크리스마스가 다가온다는 사실에 흥분해 있었다. 물론 크리스마스 때 산타클로스 할아버지가 선물을 주니까 설렜다기보다는, 이제 곧 기말고사가 끝나고 휴가를 나가서 여자친구나 가까운 친구들 혹은 가족들과 좋은 시간을 보낼 수 있다는 사실을 기대했기 때문이다. 모르지만, 많은 생도들은 이미 머릿속에 크리스마스 이브날 저녁 우아하게 여자친구와 라커펠러센터 Rockefeller Center 앞 아이스링크에서 스케이트 타는 모습을 상상하고 있었을 것이다.

하나 둘씩 연기가 피어올랐고, 너나 나나 준비해온 시가에 불을 붙이는 생도들의 모습이 눈에 들어왔다. 콜록콜록 기침을 하는 소리, 그리고 서로 사진을 찍기 바쁜 모습들이 사방에서 연출되었다. 뭐가 좋은지, 마냥 설레고 즐거운 마음에 생도들은 연거푸 연기를 내며 시가를 폈다. 4,000명이 한 장소에서 모여서 내뿜는 연기는 마치 밤중에 누가 연막탄을 터뜨렸나 싶을 정도의 농도를 만들었다. 한편 한 구석에서는 연기에 지쳤는지, 시가 맛을 못 이겨서인지 '우웩'거리면서 구토하고 있었다.

또 다른 설렘은 각종 기념비적 저녁식사시간들이 가져다주었다. 졸업지환주말Ring Weekend, 2학년 동계주말Yearling Winter Weekend, 500일 기념500th Night, 100일 기념100th Night 등 졸업을 앞두고 각 학년마다 맞이하게 되는 기념비적인 날자에 정해진 저녁식사에 생도들은 자신의 파트너들을 초청했다. 파트너들은 몸서리칠 정도로 단조로운 회색깔로 물든 미 육사에 신선한 활력과 색색의 맵시 넘치는 드레스들로 새로운 분위기를 자아냈다. 아찔하고 과감하게 드러낸 그들의 건강미에 내 마음은 덩달아 즐거워졌다. 특히, 평상시에 게으르고 힘없어 보이던 선배들이 눈부시게 아름다운 파트너를 데려오는 모습을 볼 때면, 그 선배를 다시 보게 되기도 했다. 물론, 내가 남자이기 때문에 내 주된 관심은 여자 파트너들에 맞춰졌다. 여생도들은 생도 제복을 입은 남자친구나 멋지게 정장을 차려입은 파트너들을 데려와서 즐거운 시간을 보냈고, 생각보다 앳된 남자친구의 모습을 볼 때면, 마치 친척동생을 보는 것 같은 생각이 들어서 풋풋해 보이기도 했다.

그러나 매스 홀은 이런 특별한 행사들이 있어야만 즐거움을 주지는 않았다. 단순하게 인기 있는 메뉴만으로 생도들은 그날을 아침 식사 부터 즐거워했다. 혹은 좀 심한 경우에는 전날 저녁이나 그 주 내내 기분이 들떴던 경우도 있었다.

"클래애애애애애애~앰 차아아아아아아아~우더어~!!!"

마치 미국 프로레슬링 시합을 볼 때면 경기를 진행하는 진행자나 유명한 선수가 포효하는 것과 같은 어조로, 품댁에 오른 스피릿 선임참모는^{spirit captain}은 클램 차우더 수프가 나오는 날마다 목청을 뽑았다. 나는 이 메뉴가 그렇게 대단한 것인가, 그리고 이렇게 미칠 정도로 포효해야 하는가 진지하게 되묻고는 했지만, 다른 한편으로는 무의 즐거움을 유로 만들어 살아가는 미 육사생도들의 해학에 웃음을 짓고는 했다. 식탁에 앉은 생도들은, 자기들도 흥에서는 안 진다며 나이프나 컵으로 식탁을 탁탁탁탁 치면서 호응했다.

스피릿 참모들은 4학년 선임참모 이하 여러 참모들로 구성되고, 생도대의 사기와 스포츠경기의 응원을 포함하여 각종 오락행사 및 다양한 퍼포먼스를 기획 및 진행했다. 그들은 각종 깜짝 공지나 익살 넘치는 프로그램으로 생도대의 분위기를 띄웠다. 특히 그들이 담당해서 매년 만드는 스피릿 비디오는 마치 미국풋볼의 슈퍼볼^{Super Bowl} 때의 기상천외한 광고물들을 본뜬 다양한 응원 영상이었다. 출연자들은 참모총장님이나 합참의장에서부터, 야전의 부대들의 응원, 학교장이나 생도대장의 응원, 생도들의 재치있는 영상 모두를 망라했다. 스피릿 비디오가 식사시간에 상영될 때면, 우리는 배꼽을 잡고 온몸을 젖히면서 웃고는 했다.

또, 품댁에서는 다음과 같은 기습공지가 있었다.

"그리고 4학년은 얼마 안남아서…."

라고 부관생도가 운을 띄우면, 전 생도가 떼창으로

"얼마나 조금 남았는데?"[49]

라고 되물었는데,

"4학년은 너무 얼마 안 남아서 졸업식까지 3학년들이 남은 '년수'보다 적은 '월수'가 남았네요!"[50]

역시 이런 장난은 예상하다시피, 졸업 당일날 최고치에 다다른다.

"4학년은 너무 얼마 안 남아서 1학년들이 졸업까지 남은 '년수'보다 적은 '시간'이 남았네요!"

라고 놀리는 것이었다.

아, 4학년이 안 되었다는 아쉬움이란! 풍족함과 감사함, 그리고 영감이 넘치고 숙연함마저 전해주는 다양한 정서를 불러일으키는 매스 홀은 그렇게 나에게 있어 신체활력의 충전소이기도 했지만, 내 영혼의 충전소이기도 했다.

---

49   How short are they?

50   The First Class is so short that they have fewer months until graduation than the cows have years at the academy!

Rushes, Latrines, and Uniform Stories
학과생활 이야기

15분의 쉬는 시간은 체육수업이라고 따로 예외가 없었으며,
그래서 땀범벅이 되어 수업시간에 땀을 줄줄 흘리거나
권투장갑에서 내 손으로 옮겨붙은 땀 절은 냄새를 맡으며
수업을 듣는 경우도 많았다.

미 육사든, 한국 육사든 모두 사관학교는 육군의 축소판이 재현되어 있다. 그래서 능력이 출중한 1학년이라도 저열한 4학년에게는 존칭하고 계급상 존중한다. 계급상 일병이 장교 위에 있을 수는 없기 때문이다. 물론, 개인적인 출중함이 발휘될 여지는 있다. 예를들면 평이한 4학년 생활을 할 생도는 그냥 중대 내에서 손쉬운 직책을 맡아서 할 수 있다. 의욕이 넘치는 3학년은 중대 이상 대대, 연대, 여단의 참모직책을 수행할 수 있다.

여하튼 1학년은 막내이며, 로마의 평민plebian이라는 어원에서 보듯, 각종 권한이나 체제의 일원이라고 볼 수는 없다. 공식 직책이 없으며, 심지어 계급장도 없다. 그래서 1학년은 직선으로 움직여야 하고 주먹을 말아쥐어야 하며, 말을 할 수 없다. 말을 할 수 없다는 사실은 충격이었다.

"1학년! 말 멈춰!"[51]

---

51   Hey, plebe! You should stop TALKING!

"너! 주먹 말아쥐어!"**52**

어쩌다 나도 모르게 말을 할라 치면 이런 소리를 듣게 마련이었다. 아무리 내가 지켜야 할 것을 못지킨 것이지만, 지적받을 때는 참 기분이 좋지 않았다.

생도생활의 아마도 가장 큰 비중을 차지하는 시간은 학과시간이다. 일과시간인 0730부터 1530까지는 7~8시간 교실과 도서관에서 보낸다. 야간에는 4시간 이상 과제와 예습으로 늘 바쁘니 하루 잠자는 시간 빼고 운동하는 시간 빼면 나머지는 계속 공부였다.

그런데 여기서 내가 '교실'이라고 한 곳, 즉 수업을 들으러 가야 하는 곳은 한 군데가 아니었다. 각 교실들은 학과별로 다른 곳에 위치해 있었는데, 이런 개별 건물들은 유명한 장군들의 이름을 땄다. 이공계과목과 행동과학과 인문학을 등을 배우는 세이어 홀Thayer Hall, 화학과 물리학 등 순수과학을 배우는 발렛 홀Bartlett Hall, 언어지역학이나 군사학을 배우는 워싱턴 홀Washington Hall, 사회과학을 배우는 링컨 홀Lincoln Hall, 체육수업을 듣는 아빈 짐Arvin Gym이 있었다.

미 육사 교과과정에 있어 모든 생도들은 이런 모든 과목을 들을 수밖에 없다. 따라서, 생도들은 자신에게 주어진 시간표대로 움직이기 위하여 55분의 수업과 15분의 쉬는 시간이라는 꽉짜여진 시간동안 부리나케 이동해야 했다. 이 때, 15분의 쉬는 시간은 체육수업이라고 따로 예외가 없었으며, 그래서 땀범벅이 되어 수업시간에 땀을 줄줄 흘리거나 권투장갑에서 내 손으로 옮겨붙은 땀 절은 냄새를 맡으며 수업을 듣고는 했다.

그리고 건물들은 모두 단층건물이 아니었고, 엘리베이터는 거의

---

52 Hey, you! Cup your hands!

전무했기 때문에 생도들은 필연적으로 하루 평균 약 5~10층 정도는 오르내렸다. 물론 자신의 숙소가 높은 곳에 살수록 이 움직임은 더 많을 터였다.

"여단, 일어 섯!"[53]

아침식사 종료를 알리는 명령이 마이크를 통해서 식당 전체로 전해지면, 1학년 생도들까지도 자리에서 일어날 수 있다. 이제 경주가 시작되는 것이다. 우리들의 머리는 굉장히 바쁘게 돌아가고 있다.

'어제 예습 한 내용이 뭐였지. 아, 그렇지. 응, 맞아. 시험에 나올 것 같으니 잘 기억해야지. 오늘 1교시는 세이어로 가야되니까 방에 들렀다 가려면 한 5분쯤 걸려서 0720분까지는 교실에 도착해야겠다. 최대한 빨리 교실에 도착해서 다시 복습한 번 하자. 그거 끝나고 최대한 빨리 움직여서 아빈 짐 3층으로 간 다음에 옷 갈아입고 손에 붕대감고 복싱하고 끝나자마자 세수하고 옷 갈아입고 3교시 워싱턴 5층으로 가서 군사학 수업을 들어야.'

눈은 앞을 향하지만, 눈빛은 각자의 머릿속을 비추고 있는 듯, 1학년들은 모두 무표정으로 기계처럼 걷는다. 하지만 그러다가 상급생도에게 그릿greet 안 하고 지나가면 또 지적이다. 그러면 시간이 지체된다. 지체된 시간때문에 지각하면 나만 손해다. 내 머리가 바쁘고 발이 뜨거워지도록 열심히 걷더라도 나는 현장의 상황을 명확하게 인식해야 한다.

"상황파악, 알겠나! 또, 세부사항까지 주의를 기울이도록!"[54]

"천천히 하면 부드러워지고, 부드럽게 하면 빨라진다! 평정심을

---

54   Situation awareness, guys! Also, make sure you pay attention to detail!

유지하도록!"[55]

CBT 때부터 귀에 못이 박히도록 들었던 말이다. 상황파악 잘 하고, 하나하나 꼼꼼이 챙기라는 말. 군사훈련기간이 아니어도 이런 조언은 실질적으로 계속 연관성이 있고 적절했다. 이런 저런 생각으로 생각이 생각의 꼬리를 물고 늘어져가는 와중에 내 발은 내 몸을 다음 행선지로 이동시키고 있었다. 미국에서는 단체로 대형을 만들어서 교실로 이동하지 않았다. 그냥 각자 개미떼같이 자신의 스케줄에 맞게 각자의 목적지로 이합집산하여 이동하였다. 그 모습이 또 나름 장관이었다.

하지만 이렇게 정신적으로 그리고 신체적으로 신경을 쓰고 다니니까 수업시간에 자리에 앉아있으면 몸이 나른해지기 일쑤였다. 그래서 더더욱 교수님들이 우리한테 말을 걸고, 말을 하도록 수업을 구성했을까? 나는 이런 생각을 하다가 졸린 기운을 느끼고는 했다.

"화장실 사용해도 되겠습니까?"[56]

사실 졸리기 시작할 때 자리에서 일어나면 도움이 된다는 것을 한국에서 배웠다. 그리고 미국에서도 그 방법을 사용했다. 하지만, 그 각성효과가 점점 줄어드는 것을 느낀 나는, 화장실에 다녀오기로 한 것이다.

"오생도, 묻지 않아도 됩니다. 자연의 섭리인 것을요."

굳이 화장실에 가는 것까지 허락받지 말라고 말씀하시다니, 나는 다소 충격을 받았다. 물론 그 날 이후 나는 묻지도 않고 불쑥 일어나 화장실에 가고는 했다. 한국에서는 늘 교수님께 여쭤보고 나갔던 나는, 환경이 다르니 행동도 달라지는구나 새삼 느꼈다. 여담으

---

55   Slow-smooth, smooth-fast! Maintain your composure!

56   Sir, may I use the latrine?

로, 요새 내가 근무하면서 한국 육사생도들을 보니 더 이상 화장실 다녀오는 것으로 허락을 받지는 않는 것 같다. 격세지감이다.

조금 전에 아무렇지도 않게 말했지만, 체육수업은 일반 학과수업과 마찬가지로 아무때나 시도때도 없이 편성될 수도 있었다. 학과수업 둘 사이에 편성된 체육수업은 내가 이번 학기 때 얼마나 더 비참한 생활을 살지 보여주는 하나의 징조였다. 체육복은 주로 이미 다른 과목 수업준비로 가득 차있는 가방에 미처 들어가지 않아서 세탁망이나 보조가방에 들고다니고는 했다. 그리고, 열에 둘셋은 땀을 뻘뻘 흘리면서 헐레벌떡 뛰어가는 생도들이 꼭 보였다.

'아, 정말 고되겠다. 딱 보니까 생존수영하고 오나보네.'

세탁망에 들어있는 젖은 전투복, 그리고 젖은 전투화를 보아하니 생존수영이 끝나고 부리나케 다음 수업으로 이동하는 3학년이다. 4학년이라고 봐주는 것은 없다. 헤드기어를 들고 양 주먹에 붕대도 안풀고 뛰어가는 4학년도 보인다. 아, 다들 고되보인다.

부지런한 생도들은 새벽에도 개인운동을 실시한다. 물론 운동선수들은 오전 훈련이 있으니 운동을 한다. 주간에는 체육수업이나 개인 체력단련으로 체육관이나 숙소 지하실의 웨이트장, 혹은 교내에서 뜀걸음을 하기도 한다. 일과 후에는 각자 운동부서에서 운동을 한다. 운동을 할 때, 우리는 땀을 많이 흘렸다. 그래서 우리는 늘 빨래거리가 많았다.

그래서 빨래거리와 관련해서 생도들은 좀 기이한 습관을 갖고 있었다. 자신이 입은 의류를 한 번 입고 빨래하지 않는 것이었다. 그 이유를 추적해보자면 몇 가지 요인이 작용한다. 첫째, 공식 세탁물 제출이 주 1회에 그쳤다. 물론, 개별적으로 코인세탁기를 사용할 수도 있었다. 하지만, 그러려면 굳이 자신의 개인시간을 써서 세탁장에 가서 허드렛일을 해야하는 단점이 있다. 그럴 바에야 일주일 기다리고 가만히 앉아서 세탁물 제출하고 앉아서 세탁물을 배달받는 것이 나았다.

다음으로, 1학년들이 세탁물의 배달을 담당한다. 세탁물 배달은 늘 그렇듯이 고역이었다. 날리지 평가를 받아야 하고, 또 싫은소리 들으면서 일하고 싶지 않은 것이다. 세탁물을 줄이고자 하는 동기가 충분했을 것이다. 그래서 1학년 때부터 불필요한 세탁물을 줄이고자 하는 습성이 생기고, 이렇게 1년 동안 굳어진 습성은 꽤 오래간다는 것이 다음 추측이었다.

따라서, 생도들 간에도 인간적으로 한두번은 입었던 옷을 다시 입을 수도 있다고 생각했다. 하지만, 어디를 가나 정말 도가 지나친 사람은 있게 마련이다. 나는 한 친구가 학과 근무복as for class에 착용하는 검정양말을 하도 안 빨고 다시 신어서 풀을 먹인 듯 딱딱하게 굳어진 양말을 본 적이 있다. 그리고 너무 같은 양말만 세탁하고 신고를 반복해서 볼품없이 구멍이 난 모습을 보기도 했다.

땀에 절은 체육복은 주로 창틀에 널리게 마련이다. 그래서 야간에 막사들이 마주보고 있는 광장을 살펴보면 각 호실의 창문마다 널려있는 체육복이 인상적이었다. 젖은채로 빨래통에 넣었다가는 정말 썩은 냄새가 나거나 벌레가 꼬일 수가 있기 때문에 말리는 것이었다. 좀 고약한 친구들의 경우에는 계속 말리고 입고를 반복하다가 나중에는 땀이 굳어서 말린 체육복이 'ㄱ'로 단단히 굳어지는 경우도 있었다.

속옷으로 입게끔 정해진 흰색 라운드 티셔츠도 가지가지였다. 물론 대부분의 생도들은 잘 세탁된 하얀 셔츠를 깔끔하게 입었다. 하지만 일부 생도들은 하도 안빨아서 본래 색깔을 알 수 없게 누런

빛깔의 옷이 되기도 했다. 또한, 목줄이 심하게 늘어나서 단정해보이지 않기도 했다.

　이런 모습을 볼 때면, 적절한 수준의 품위란 무엇인가 생각하고는 했다.

Pillow Fight

베개싸움과 전투체력

> 헉헉헉… 나는 폐가 터질 것 같이 팽창하고
> 코에서 피냄새가 나고 있음을 느끼고 있었다.

미 육사 생도대에는 꼭 한 번쯤 과격한 일들이 일어나고는 했다. 에너지의 방출구가 없어서였을까. 그중 잊을 수 없는 기억이 있다. 바로 베개싸움^{pillow fight}이었다.

어이가 없을 수도 있지만, 진짜 이 행사는 말 그대로 베개를 들고 나가서 서로 치고박고 싸우는 것이었다. 내 기억으로, 예고 없이 갑자기 누군가가 이메일에다가

"중앙광장에서 지금 막 베개싸움 진행중!!!"⁵⁷

라는 식으로 내용을 작성하여 1학년 전 생도에게 보냈던 것 같다. 방식이야 어쨌든, 예고 없이 갑자기 우리에게 알려졌다는 점은 다름이 없다. 우리는 아는지 모르는지, 동물과 같이 방탄헬멧과 방탄조끼, 그리고 베개를 들고 문을 나섰다.

건물을 나서니 눈 앞에 펼쳐진 광경은 아수라장이었다.

---

57 PILLOW FIGHT IN THE CENTRAL AREA NOW!!!

중앙광장의 베개싸움 모습

하지만 누군가가 나에게로 다가왔고 장난기 넘치는 웃음을 머금으며 나에게 베개를 휘두르는 타 중대 동기들을 볼 수 있었다. 나는 그들과 치고박았다. 왜 쳐야 하는지, 누굴 쳐야 하는지 정해지지 않은 상태에서 나는 베개싸움을 위한 베개싸움을 했고, 그들의 일원이 되었다. 베개를 휘두르는 횟수가 늘어갈수록, 그리고 더욱 역동적인 동작이 조합될수록, 내 숨은 가빠졌다.

"헉헉헉…"

나는 폐가 터질 것 같이 팽창하고 코에서 피냄새가 나고 있음을 느끼고 있었다. 내 코에서 피가 나고 있기 때문에 피냄새가 나는 것은 아니었고, 극도의 피로함이 주는 현상이었다. 피맛과 피냄새. 지칠 때 주로 나는 맛과 냄새다. 오래달리기를 진짜 열심히 했을 때 경험하곤 했다.

나는 이 목적 의식 없어보이는 베개싸움을 잊지 못한다. 그 이유는 생각지도 못한 인생의 소중한 교훈들을 얻었기 때문이다.

"아아악!"

"잡아라!!"**58**

"일루와봐!!"

"오 이런!! 잡아보시지!!"[59]

중앙광장에 도착한 나는 말 그대로 아수라장 혹은 대 혼란을 목격하고 있었다. 얼핏보면 지옥의 모습이 이와 같지 않을까 하는 생각을 했다. 베개만 빼면 이것이야 말로 지옥이겠다. 생도들은 각기 알아볼 수 없는 개미떼를 지어 서로를 때리고 있었다. 그 광경을 보면서 느낀 점은, 전투현장은 자를 대고 질서정연하게 대형을 갖추지 않는, 진흙탕의 싸움과 같을 수 있다는 생각이었다.

5초? 10초쯤 되었을까? 나는 낯익은 무리들을 알아보았다. 얼굴이 식별이 되었고, 내가 아끼는 우리 중대 동기들이 보였다. 맞고 있었다.

"안돼!!! 간다!! 우오오오오!!"

그리고 지체없이 그들을 향해 내 몸을 던졌다. 공격을 받고 있는 동기생들을 구해야 했기 때문이었다. 내 전투의지는 굳이 누구를 공격하겠다는 적개심이 생기기에, 공격받는 동기생을 보자마자 생겨났다.

동기들을 구함과 동시에 우리는 공세적인 행동을 취했다. 그리고 나와 함께 힘을 합하여 협공을 펼쳐주는 같은 중대 동기들이 든든했다. 내 뒤에 혹은 옆에 선 동기들은 그만큼 그 방면의 내 걱정을

---

58   Get himmmmm!!

59   Oh Goddddd!! Get Some!!

덜어주었다. 훗날 알았지만, 고대 방진phalanx 진영의 어깨끼리 붙는 대형이라든지, 현대 건물 내부를 소탕CQB할 때 몸을 밀착시키는 행동과 함께 물리적 접촉으로 심리적 안정까지 얻는 효과를 나는 직접 경험했던 것이었다.

내가 동기생들을 의지한 만큼, 동기생들도 나를 의지했다. 그런 의미에서 나는 담당구역의 주위 환경을 지속적으로 파악했는데, 혹시나 허를 찌르려고 들어오는 새로운 적들이 있을 때, 서로 도왔다. 물론, 완전 허를 찔릴 때도 있었는데, 그럴 때는 머리가 띵할 정도로 세게 베개를 맞아서 정신이 혼미해졌다.

그렇게 완전히 몰두하여 에너지를 폭발적으로 사용한지 십여 분 되었을까. 나는 앞서 말했듯 피냄새와 피맛을 느끼기 시작했고, 호흡은 걷잡을 수 없이 가빠졌다. 시간이 갈수록 가만히 서서 베개를 들고 있을 손아귀의 힘도 없어졌다.

정리하자면, 이런 우스꽝스럽고 말도 안되는 행사로 인해서 나는 다양한 교훈을 짧은 시간에 굉장히 강렬하게 느꼈다. 전장의 혼란감, 소속감, 그리고 동료애를 느꼈다. 전투가 이뤄지면서는 급변하는 상황에 대한 상황조치능력, 그리고 전투체력의 중요성을 여실히 느꼈다.

특히 운동에 대한 나의 관념은 이 날 바로 바뀌었다. 보기 좋은 몸을 만들기 위해서 운동해야겠다는 종류의 동기와는 완전히 달랐다. 평상시 자신있던 체력이었음에도 체력이 바닥나는 것을 경험한 나는 충격에 휩싸였다. 진짜 총탄이 빗발치는 전장에서 그런 경험을 하고 후회하지 않았음에 깊이 감사했다. 그 날 이후 내 운동에 대한 동기는 전적으로 기능의 향상과 그 활용에 초점을 둔 체력을 스스로 평상시부터 준비하겠다는 생각으로 바뀌었다.

최근 수업을 준비하기 위하여 동영상 사이트에서 "west point pillow fight"을 검색했더니 피묻은 방탄복과 베개가 나오면서 베개싸움을 금지했다는 보도가 나왔다. 30여 명이 부상을 당했다고도 하고, 언론매체에서도 꽤 넓게 다뤄졌다. 의미있다고 생각했던 행사였는데 다소 감정이 복잡했다.

　　그것은 상호 대립되는 생각이 내 속에서 엉겼기 때문이었다. 야만적일 수도 있고, 정말 어리석을 수도 있는, 정말 미 육사생도가 아니고서는 제정신으로는 할 수 없는 일이기 때문이다. 그 어리석은 일을 다 큰 성인 남녀들이 벌떼같이 한밤에 나가서 치고박고 한다고 상상하면, 너무 재미가 있다. 그리고 그 어리석은 듯한 활동을 하면서 전장을 실감할 수 있다. 분명 군사교육의 효과가 있는 것이다. 하지만 다칠 수도 있고…, 그래서 생각이 어지러웠다. 나도 꼰대가 되어가는 것일까.

CPE

'아, 진짜 많이 생각했다. 그런데, 이걸 어떻게 정리하지??'

1학년 생활은 늘 시간이 없고 바쁘고 충격의 연속인 생활이었다. 미국까지 가서 공부하는데 군소리 할 수 없기 때문에 늘 잘 지낸다, 별 일 없다 하면서 지냈었지만, 따지고 보면 일도 많고 탈도 많았던 좌충우돌 생활의 연속이었음에는 틀림이 없다. 특히 1학년 생활을 하면서는 그 부족한 시간을 관리하는 것이 너무나도 큰 과제였다.

나는 개인적으로 고등학교 생활도 그렇고 육사 입학 전에도 그렇고 늘 계획을 세우고 시간단위로 규칙적인 생활을 하려고 노력해왔다. 남이 짜준 시간표에 이리 저리 휘둘리기보다는, 내가 남은 짬 시간을 어떻게 쓸지를 고민하고 나름 이리저리 배치하여 시간관리했었다. 그래서 스스로 찾아서 하는 것에 자신이 있는 편이었다.

하지만 미국에서의 생활은 그렇다고 해도 쉽지만은 않았다. 다른 생도들이 금방 외우거나 금방 읽어보거나 할 내용도 나는 몇배의 시간이 들었다. 그리고 무엇보다 미 육사의 학사일정은 여러모로 신기한 부분이 많은 점이 있었다.

먼저 시간표 구성 자체가 일주일단위가 아닌, 이틀단위로 이뤄진다. 이것을 '투-데이시스템'[60]이라고 했던 것 같다. 학기의 시간표는 데이1과 데이2의 이틀로 구성되어 월~금 주중 데이1과 데이2가 계속 번갈아가면서 진행된다. 한국과 미국을 비교해보면 다음과 같다.

한국: 월화수목금 → 한학기 내내

미국: 1-2-1-2-1.-2-1-2-1-2-…→ 한학기 내내

참고로, 나의 1학년 2학기의 개인 시간표를 보면 다음과 같다.

데이1	시간	데이2
기상/뜀걸음	05:00	기상/뜀걸음
샤워/뉴스읽기	06:00	샤워/뉴스읽기
학과수업	07:30	서서 독서하기
	08:30	학과수업
	11:30	독서
기타연습	12:30	기타연습
	13:30	지하실에서 운동
	14:55	학과수업
인터벌 러닝	15:10	
태권도팀 연습	16:30	태권도팀 연습
도서관 가기	19:00	
	19:30	도서관 가기
막사로 복귀	22:00	막사로 복귀
의무사항실시/명상	23:00	의무사항실시/명상
인원파악 (소등)	23:30	인원파악 (소등)

따라서 모든 수업은 일주일에 두 번 혹은 세 번씩 듣게 된다. 그리고 수업방식은 예습기반의 수업이었다. 수학수업은 읽어와야 할

---

60   2-day system

교과서의 범위를 읽어오고 문제를 미리 풀어와야 했다. 모든 수업은 상세히 설명된 예습지시서에 제시된 키워드와 토론주제를 기반으로 미리 스스로 자습해와야 했다.

상대적으로 강의의 내용을 잘 이해하고 숙지하여 관련 내용을 시험에서 잘 기억해냈는지를 연습하다가 이제는 새로운 내용을 공부해와서 수업시간에 공부하다가 모르는 내용 혹은 인상깊었던 내용을 서로 말하는 수업을 겪으니, 다소 혼란이 있었다. 수업시간에 생도들이 이 말 저 말을 할 때마다 나는 감탄했다. 아! 진짜 훌륭한 생각이구나.

'아, 진짜 많이 생각했다. 그런데, 이걸 어떻게 정리하지??

분명 많은 생각을 했고, 공감 혹은 반대입장도 가졌고, 의견을 어떻게 피력하면 좋을지도 비교하게 되고 참 좋다.

그런데 그래서 답이라는 것이 있나? 외우고 넘어가야 할 것들이 있나?'

수업의 성적은 지필시험으로 주로 이뤄졌다. 수업시간 발언정도에 따라서 기여도 점수를 더 받을 수도 있긴 했지만, 큰 부분은 지필시험이었다. 사관학교 특성상 수시로 보는 쪽지시험이 잦은 편이었지만, 흔히 말해 중간고사와 기말고사라고 불리는 따위의 시험은 크게 말하여 WPR^{Written Partial Review}이라는 분할된 형태의 중간고사와 기말에 전격적으로 치뤄지는 TEE^{Term End Exam}로 구성되어 있었다. 개중에는 WPR이 두세 번 있는 때도 있었으며, TEE는 시험이 아닌 페이퍼를 쓰는 경우도 있었다.

물샐틈 없는 일과였다. 공부, 의무사항, 그리고 체육활동까지. 이 모든 과업들은 크게 3개정도의 차원에서 구성된 시간과 공간으로 정의되었다. 가장 거시적으로는 학교차원, 그 다음으로는 중대 혹은 상급생도의 차원, 그 다음으로는 개인 및 동기들 간의 차원. 이 복잡한 얼개를 정돈시켜서 중심을 잡고 생활하는 데 갓 입학한 1학년들은 어려움을 겪을 확률이 컸다.

그래서 미 육사에서는 시간관리를 위한 수업도 제공했다. 일종의 자기계발과목인데, 0.5학점짜리 합불제 과목이었다. 우수성과센터Center for Performance Excellence, CPE 부서에서 제공하는 이 수업에서는 마이크로소프트 아웃룩의 기능, 아웃룩 캘린더와의 연동, 시간표입력, 스케줄관리, 플래너 다이어리 활용, 파워냅Power Nap을 통한수면 보충 등의 팁을 알려주며 바쁜 생도생활을 잘 영위할 방법까지알려주었다. 나는 부담되지도 않고 생활에 도움도 많이 되는 이 수업이 참 좋았다.

시간	내용
05:30	기상, 면도 및 세면, 날리지공부
06:30	시간알림 준비를 위해 복도에 대기
06:50	아침점호집합
07:30	오전학과 시작
11:45	시간알림 준비를 위해 복도에 대기
11:50	점심집합
12:45	생도대장/ 교수부장 교육예비 혹은 휴식
13:50	오후학과 시작
16:10	체육팀활동(태권도), 분열연습, 혹은 중대 군사훈련
18:00	체육활동 종료 및(목요일을 제외 선택적)저녁식사
19:30	야간학습(evening study period)
21:00	쓰레기 비우기
23:30	호실 내 인원점검(TAPS)

1학년의 의무를 포함한 일과표

정말로 바쁘게 몰아치는 사관생도의 하루란, 한정된 시간동안학교가 '요구하는 일'과 제 욕심에 의해 더 '벌려지는 일'들의 풍랑속의 항해와 같았다. 몇 년이 지나 익숙해진 뱃사람이 되어서야 좀 더 능숙한 항해를 할 수 있는 것이다. 따라서 1학년 생활을 잘 못한다고 군인의 자질이 부족하다고 단정짓는 것은 막 항해를 시작한 선원에게 바다를 모른다고 평가하는 것과 같다고 생각했던 차였다. 항해를 모르는 것은 능력이 부족한 것일지도 모르지만, 항해 자체를 배운 적이 없기 때문이기도 하기 때문이다. 사관생도 생활도 마찬가지라고 생각했다.

그런 의미에서 CPE수업은 학교차원에서 제공하는 매우 적절한 서비스였다. 시간활용이 어려운 생도들에게 의미있는 수업이기도 했다. 무엇보다 어느정도 학점으로 인정도 해주었으며, 필수과목이 아니었기 때문에 자신있는 생도들은 굳이 들을 필요가 없었다 (참고로, 나같이 미국 교육체계에 낯선 외국생도들에게는 필수 수업이기는 했다). 강사들은 민간인이었고, 생도들에게 파워냅 하러 자신의 사무실로 방문할 것을 부탁하고는 했을 정도로 친절한 사람들이었다.

당연한 것일지도 모르지만, 이때 배운 시간관리법은 학교를 졸업하고도 노트북을 사용할 수 있는 환경일 때마다 내 2018년도 석사과정까지 포함, 지속 활용하였다. 특히 바빠질 때마다 스케쥴러를 사용하여 나에게 해야할 일들을 잊지 않고 세부사항까지 놓치지 않고 이행할 수 있었던 것은 이때 익혔던 방법들이 뼈와 살로 남았기 때문일 것 같다. 물론, 아직도 덤벙대고 까먹는 것들이 있긴 하지만, 이 수업마저도 듣지 않았다면 더욱 엉성했을 스스로를 생각하니 고마웠다.

되돌아 생각해보건대, 결국 생도생활기간을 넘치는 일들과 과제들로 꽉꽉채우는 구조를 만들었다면 그에 맞게 그런 상황을 잘 헤쳐나갈 수 있도록 도와주는 조직이나 프로그램도 함께 제공하는 것이

맞다고 생각한다. 졸업한지 10년이 된 후에 다시 돌아온 한국 육사에서 젊은 생도들을 보면서 특히 그런 생각이 더 많이 든다.

수많은 과제들과 끊임없는 시험, 그리고 학교로부터 요구받는 사항들. 그 속에서 피로와 열정, 그리고 고민과 방황의 소용돌이 속에서 생도들은 하루하루 항해에 매진하고 있다. 그들에게 학교 간부들은 눈 앞에 보이는 별들이다. 자신만의 북극성을 찾고 항해를 하는데 생도들은 어려움을 겪는다. 북극성을 찾지 않더라도 항해할 수 있는 법을 알려줄 필요가 있고, 행해뿐만 아니라 시간관리나 피로관리, 그 외의 노하우들을 전문적으로 알려줄 수 있으면 더 좋을 것 같다는 생각을 문득 해본다.

Boxing and Stuff
전투하는 체육시간

"나는 늘 임무를 우선시한다. 나는 절대로 패배를 용인하지 않는다.
나는 절대로 포기하지 않는다.
나는 절대 쓰러진 동료를 남기지 않는다."

　

미 육사에서는 전사가 되라고 강조하거나 '실전과 같은'이라는 등의 표현은 없다. CBT에서 생도들은 군인신조^{Soldier's Creed}라는 글을 외운다. 나는 이 신조가 꾕장히 인상깊었다. 그 이유는 크게 두가지이다. 하나, 이 신조는 내용이 길게 있는 만큼, 짧막하게 줄인 버전이 액자식으로 존재했다.

"나는 늘 임무를 우선시한다. 나는 절대로 패배를 용인하지 않는다. 나는 절대로 포기하지 않는다.
나는 절대 쓰러진 동료를 남기지 않는다."[61]

바로 위에 이탤릭체로 표시한 네 문장이 바로 그것인데, 이 네 문장을 일컬어 '전사정신^{Warrior Ethos}'으로 불렀다. 이 전사정신이 나

---

61 *I will always place the mission first. I will never accept defeat. I will never quit. I will never leave a fallen comrade.*

에게는 굉장히 신선했고 잊혀지지 않을만큼 깊숙히 의식속에 자리 잡았는데, 그 간명한 내용과 더불어 굉장히 독특한 구절들이었기 때문이었다. 보통 전사라면 과격한 내용이 다뤄질 것 같으나, 전사정신의 내용은 임무우선, 패배 불인정, 포기하지 않음, 그리고 동료를 버리지 않을 것임을 다루기 때문이다.

나는 특히 전사정신의 마지막 내용을 읽으면서, 수많은 할리우드영화에서 당연한듯하게 묘사되는 미군들의 모습들이 한줄로 집약되는 절묘함을 감지했다. 그리고 그 안에서 심오한 전략적 및 도덕적 고뇌를 읽었다. '나는 절대로 쓰러진 내 전우를 버리고 가지 않는다'라는 한마디가 가진 전략적 승리와, 적을 싸워 죽이는 것이 아닌, 다친 동료를 살리겠다는 무한의 긍정적 에너지, 내가 쓰러지면 동료가 나를 반드시 구한다는 믿음, 이 모든 것이 한데 뭉쳐서 전사의 정신을 상징한다는 것이 굉장히 정교하다고 생각했다.

이 신조가 인상깊었던 둘째 이유로, 암송하는 생도들의 흥분이었다. 생도들은 이 신조를 암송할 때마다 마치 미친 사람처럼 목에 핏대를 세우며 포효했다. 물론, 일부 생도들은 그냥 조용히 암송했지만, 많은 생도들이 이 내용을 외우면서 흥분했다. 그 흥분은 특히 군인신조를 암송할 때 더욱 도드라졌다. 목청 높게 포효하며 이 구절을 외울 때, 어메리칸 솔저American Soldier라는 추상적인 존재가 갖는 의미는 보다 극적으로 느껴졌다. 그때 느껴지는 전율은 말로 형용하기 어려웠다.

흥분과 관련하여, 우리는 케이던스를 부를 때나 군인신조를 암송했을 때도 흥분했지만, 특이하게 언급할 만한 사실이 하나 있었다. 그것은 바로 컨트리가수에 의한 애국심 넘치는 노래였다. 컨트리가수 토비 키스Toby Keith가 불렀던 쿼터시 오브 레드 화이트 앤 블루Courtesy of Red White and Blue나 어메리칸 솔저가 주는 느낌은 굉장한 애국심과 복무의지를 불러일으켰는데, 그래서인지 꼭 단체 브리핑을 시작하기 전에는 그 노래를 틀어서 생도들의 의지를 충만시키고는 했다. 나도 그런 모습을 보면서, 혹시 한국에서도 이렇게 저명한 가수가 애국과 군 복무에 대한 노래를 풀어내고, 군인들이 이를 즐겨부르게 되면 얼마나 좋을까 하고 퍽 부러워했다. 나에게 다만 떠오르는 진짜 유명한 노래라봤자, 김광석의 이등병의 편지가 고작이었는데, 그 노래 자체의 좋고 나쁨을 떠나서, 설움과 같은 정서보다 자부심과 사명감, 그리고 숭고한 희생을 보다 아름답고 현실감 있게 표현하는 노래가 있으면 좋겠다고 새삼 생각했던 기억이 난다.

다시 신조로 돌아와서, 이런 신조는 단지 구호와 교육으로만 입가에 머무르지 않았다. 직접체험의 수단으로 직접 맞고 때리면서 그리고 뛰어다니고 다치면서 전사가 된다. 생도들은 필수 체육과목들을 수강하여야 하는데, 추가 선택과목으로 스포츠과목을 수강할 수 있었지만, 의무로 수강해야 하는 체육과목들은 모두 전투와 관련된 과목이었다. 구체적으로 1학년의 복싱, 4학년의 격투술combatives이 실제 치고 받는 수업이었다. 그리고 1, 2학년 때 배웠던 체조gymnastics와 군사이동기술military movement, 그리고 3~4학년 때 생존수영survival swimming은 전투에 임하여 맞닥뜨릴 상황에서 전투원으로서의 기능을 극대화시킬 수 있는 방법을 알려주는 수업이었다.

그리고 그런 체육수업을 듣는데 알량한 자비란 없었다. 그냥 수업일 뿐이었다. 전 수업과 후 수업이 언제 어디서 이루어지든, 수업은 랜덤으로 배정되었다. 내 수업도 예외는 아니었다. 나는 첫수업이 끝나자마자 세이어 홀에서부터 부리나케 뛰었다. 세이어에서 아빈까지의 거리는 수업받을 교실간 가장 먼 거리라고 할 수 있었다.

나에게 있어 출발신호는 바로 좋은 하루 지내라는 교수님의 인사말이었다. 헐레벌떡 뛰어서 도착한 체육관에서는 숨을 고를 시간도 없이 옷을 갈아입어야 했다. 라커룸까지 갈 시간도 없는 생도들은, 자신의 가방을 한쪽 방에 모아두었다. 시간이 없을 때는 그냥 복싱 체육관 옆 간이화장실에서 근무복을 헐레벌떡 벗고는 주섬주섬 글러브에 손을 넣었다. 운이 좋아 뽀송뽀송한 글러브를 손에 끼우면 그렇게 기분이 좋았지만, 열의 아홉은 전 시간에 사용된 글러브를 재사용하게 되어 축축한 채였다. 하지만 그 3분정도의 첫 찝찝한 기분만 극복하면, 어느새 이 글러브는 나의 글러브가 되어있었다.

"가드 올리고! 원투! 원투!"[62]

뉴먼 소령님은 단단하고 날렵해보이는 체육교관님이었다. 핸섬한 얼굴에 살아있는 눈빛, 멋진 포즈로 나는 그가 참 멋있다고 생각했다. 그리고 내가 질문할 때마다 진지하지만 흥미 넘치는 표정으로 나에게 성심성의껏 대답해주고는 했다.

사실 복싱은 아예 낯설지만은 않은 운동이었다. 내가 중학교 시절, 아버지께로부터 정말 아주 기본만 배운 운동이기 때문이다. 아마추어 복싱선수생활을 하셨던 아버지께서는 나에게 복싱을 굳이 가르쳐주지 않으려고 하셨다. 하지만, 나는 만화책에 푹 빠져있던 터이고, 복싱만화의 즐거움과 멋짐에 심취되어있던 터라, 아버지를 반복해서 졸랐다. 그랬더니 아버지께서는,

"그래, 그럼 너 턱걸이 10개 하는 거 보고 가르쳐주마."

라고 말씀하셨다. 나는 배울 수 있음에 감사하며, 그 날부터 턱걸이를 하기 위해서 노력했다. 왜냐하면 나는 턱걸이를 하나도 할 수 없

---

62   On guard! One-Two! One-Two!

었기 때문이다. 일 년 남짓 매일매일 턱걸이를 했던 때, 개수가 3개를 못넘어가고 있었는데, 어느날 꿈을 꾸었다. 꿈에서 내가 너무 쉽게 턱걸이를 10개를 해낸 것이다. 그리고 그 다음날 나는 턱걸이 8개쯤 했던 것 같다. 한 달쯤 후, 나는 턱걸이 10개를 해냈다. 그리고 아버지는 약속대로 권투를 가르쳐 주셨다. 기본 스텝과 어떻게 허리를 써서 주먹을 던지는지 등을 배웠다. 하지만 그 이상 아버지께서는 가르쳐주지 않았다.

따라서, 나는 기본적으로 허리를 사용해서 주먹을 던지는 등, 기본은 알고 있었기 때문에 복싱 교관님도 내 모습을 좋게 보고 있었다. 나는 나대로 다시 옛날 아버지에게로부터 복싱을 배우고 싶었던 생각이 되살아나서 더욱 열심히 배웠다. 잽과 스트레이트, 훅, 어퍼컷의 공격기술을 배우고 피하고duck 쳐내는perry기술도 배웠고, 중간에 간략한 스파링 평가를 보았다. 최종평가는 3분이었나 5분이었나 학우와 1대 1 경기를 하는 것이었다.

사실 복싱을 배움에 신이 나기도 했고, 복싱이 낯설고 어렵지만은 않은 입장이어서 그랬을 지도 모르지만, 나는 스스로 더 눈빛이 살아나고 호전적인 태도가 생겨나는 것을 경험했다. 특히 링 위에 올라서 상대 스파링 파트너와 아드레날린 넘치는 순간을 맞이하는 경험은 내 피가 솟구치게 만들었고, 군사학기가 아닌, 일반학기 때 이런 경험을 하는 효과는 무시할 수 없을 정도로 나를 호전적으로 만들었다.

사실 주위에서 들리는 으시시한 소리도 무시할 수는 없었다. 누가 주먹을 한 방 맞고 쓰러져서 뇌진탕concussion에 걸렸다는 소리도 들었다. 하지만 내 생각은 달랐다. 잘 보고 피하거나 막으면 된다는 주의였기 때문이다. 실제로 내가 스파링하면서 날린 주먹으로 흘리

CQC 그라운드 기술을 연습하고 있는 생도들

는 피를 보면서 오히려 내가 미안한 생각이 들긴 했어도, 내가 맞고 다친 적은… 오른쪽 눈 밑 작은 멍 빼고는 없었다.

사실 이런 싸움기술은 학과가 시작하기 전부터, CBT부터도 있었다. 바로, 퓨글스틱pugil stick 싸움이다. 면봉같이 생긴 봉을 들고 상호간 서로 때리는 훈련이었다. 마치 참호격투를 하듯, 원을 빵 돌아서 군중들이 응원하고, 나는 그 중앙에서 검투사처럼 퓨글스틱을 들고 상대를 가격했다. 사실상 때려서 상대를 쓰러뜨릴 수는 없으므로, 어느 정도 하면 심판이 판정을 했다. 하지만, 내 헬멧 안에 차오르는 내 체온과 숨소리, 그리고 상대방의 힘을 견뎌내야 했던 내 두 팔의 피로를 모두 생각하면, 마치 전장에서 총검술을 한 판 하고 온 것 같은 생각이 들었던 훈련이었다.

상급학년이 되어도 체면만 차리지 못한다. 왜냐하면 격투술을 배우는 과정도 복싱과 다를 바 없기 때문이다. 격투술은 구르고 조르고 꺾기, 때리기를 모두 실시했다. 헤드기어도 아예 눈보호막까지 갖춘 헤드기어였다. 서로 때리다가 다칠 염려를 줄이기 위해서였다. 수업이 끝나고 헤드기어를 들고 양 주먹에는 붕대를 감고 뛰어다녀야만 하는 4학년을 보는 것은, 하급학년의 비밀스런 오락거리였다.

직접 전투를 하지는 않지만 앞서말했듯 전투상황에 유용한 기술을 가르쳐주는 체육수업으로는 체조, 군사이동기술, 생존수영이 있었다. 무슨 체조시간인가 했었지만, 사실상 체조는 군사이동기술의 준비과목이었고, 군사이동기술과목은 졸업요건인 IOCT를 준비하기 위한 과목이었다. IOCT는 실내체육관에 설치된 장애물을 제한시간 내에 완주할 것이 요구되는 시험이었다. 그 시험은 끝나고 나면 코에서 피냄새가 나는, 힘들고 치열한 시험이었다.

미 육사에서는 이런 고통받는 생도들을 독특한 방법으로 독려한다. 별들이 뛰는 모습을 전교생에게 보이는 것이다. 3성장군인 학교장님과 1성장군인 생도대장님이 출발선에부터 서서 땅바닥을 기고, 벽을 뛰어넘고, 밧줄을 오르고, 숨을 헐떡거리며 뛰어다니는 모습을 가감없이 전교생 앞에서 보이는 것이다. 생도들은 백전노장들도 새파란 자신들과 똑같이 뛰는 모습을 보면서 새로운 영감을 얻는다. 나도 할 수 있다, 저들도 하는데!

졸업전까지 모든 생도들은 이런 체육수업을 듣고 소정의 기준을 만족한다. 그리고 이런 기준은 그냥 과목만 통과한 것이 아니고, 학점만 받은 것이 아니다. 이것은 전투를 위한 기술을 배운 것이고, 실제 전투를 하고 때리고 맞아 본 직접 경험이다. 모두는 체육시간에 그렇게 전투를 했고, 전사와 투사가 되어 생활했다.

Inspections

슬기로운 검열생활

"잘했어! 중대는 오후검열로 실시!"
"오예!!"

이번에는 생도생활과는 뗄레야 뗄 수 없는, 검열에 대한 이야기를 해본다. 관련하여, 미 육사에서 많이 쓰이는 용어 중에는, 오전검열AMI, 오후검열PMI, 수요일검열WAMI, 토요일검열SAMI, 스테이백stayback, 침실휴식bed rest, 건강복지health and welfare와 같은 말들이 있었다.

일과시간에는 기본적으로 막사의 개인호실은 문을 개방해놓아야만 했다. 그리고 이렇게 개방된 문으로 팀리더, 분대장, 소대장, 중대장들은 주기적으로 주 1~2회 쯤 돌아가며 호실 검열을 실시했다.

모든 호실에는 입구 바로 옆에 클립보드가 구비되어야 했으며, 그 클립보드에는 검열기록지가 볼펜과 함께 끼워져 있어야 했다. 상급생도들은 검열관으로서 방에 방문하여 나름의 검열을 실시했다. 책상정리상태는 어떤지, 침대는 잘 정돈되어 있는지, 옷장의 옷은 잘 정돈되어 같은 간격으로 걸려 있는지, 서랍 속의 물품들은 제자리에 가지런히 배치되었는지 등을 확인했다.

평소 늘 있는 검열은 오전에 시행하는 오전검열과 오후에 시행하는 오후검열로 나뉘었다. 엄밀히 말하면 오후검열은 오후에 실시하는 검열이었지만, 암묵적으로 오후검열은 검열 면제로 통했다. 아마도, 오전검열 때 생도들은 호실문을 개방하고 있어야만 했고, 합법적으로 상급생도들은 하급생도들의 호실을 방문할 수 있었기 때문에 행동의 자유가 없어서 그 부분이 가장 큰 착안사항이 아니었을까 싶다. 오전검열이 있을 때는 잠을 자는 것도, 그리고 자신의 물품들을 너저분하게 늘어두는 것도 지적사항이기 때문이다.

오후검열은 그런 의미에서 추가로 주어지는 자유시간과 마찬가지였다. 오후검열을 부여받은 생도들은 해당되는 발급한 기관이나 지휘관생도 혹은 장교의 서명이 포함된 오후검열증서를 자신의 호실문에 부착하여 오후검열임을 알렸다. 그리고 그 문 뒤에서 생도들은 자유를 만끽했다. 어찌보면 별거 아닌 것 같지만, 늘 시간이 부족했던 생도들에게 오후검열은 좋은 인센티브였다.

"잘했어! 중대는 오후검열 실시!"[63]

"오예!!"

오전 0630분, 아침식사 집합에 모여서 있는 성난 생도들에게 중대장생도가 깜짝 선물로 증정한 '중대는 모두 오후검열'이라는 소식에 20대 초반의 젊은 생도들은 쾌재를 부르며 환호했다. 뭘 모르는 사람들은 도대체 오후검열이 뭔데 저렇게 멀쩡한 사람들이 환호를 부르면서 춤을 출 정도일까 의아해 할 것 같다. 돌려 생각해 보면, 중대장은 오후검열이라는 긍정적 인센티브 수단을 갖고 있었고, 이는 훈육관님의 검토만 받으면 언제든 선사할 수 있는 선물이기도 했다.

63　Good job! Company's in PMI!

하지만 모두가 반드시 거쳐야만 하는 주 1회검열은 수요일 오전검열이었다. 오후검열을 갖고 있더라도 수요일검열은 면제되지 않은, 모두가 반드시 깔끔하고 정돈된 상태로 방의 상태를 유지해야 하는 검열이었다. 그리고 이때 요구되는 정리상태는 가장 엄격한 상태를 요구하는 토요일검열Saturday AMI과 같았다. 수요일검열은 토요일검열과 다른 점이 매주 이뤄진다는 사실, 그리고 생도가 호실 안에 대기할 필요가 없다는 점이 달랐다. 반대로, 토요일검열은 한 학기 1회, 토요일 오전에 이루어지는 가장 엄격한 검열이었다.

토요일검열 때 생도들은 완벽한 복장을 갖추어야 했다. 그때의 복장은 계절에 따라 다르지만, 계절별로 가장 높은 수준의 제복을 착용하여야 했다. 즉, 여름에는 화이트 오버 그레이White over Grey, 겨울에는 풀 드레스Full Dress여야 했다. 이때, 생도들의 복장에는 필연적으로 구리 버클brass buckle이 들어간 X자벨트cross web belt와 허리에 매는 허리띠, 모자에 들어간 구리 모표 등이 있었다. 구리금속에 광택을 내기 위해서 우리는 보급받은 연마제를 사용해서 번쩍번쩍 광이 나도록 구리를 닦았다. 열심히 문지른 결과 번쩍번쩍한 광을 내는 버클의 모습을 볼 때면 구두 광을 낸 것과는 또 다른 자부심과 뿌듯함이 차올랐다.

노하우가 있는 생도, 혹은 요령이 있는 생도들은 오전검열을 비롯한 각종 검열을 무난하게 잘 통과했다. 예를들면, 검열을 받을 물품들은 아예 세팅을 해놓고 손을 대지 않고, 자신들이 입고 다닐 물품들은 검열을 받지 않는 서랍이나 다른 사물함에 따로 넣어두었다가 입고다니는 식이었다. 그러다가 혹시나 예를 들어 양말 개수가 표준 검열 양말개수에 안 맞는 상황이 있거나 하면,

"검열관님께,

저는 세탁소에서 양말 두 켤레를 분실했으며, 검열을 위하여 새 켤레를 확보하는 중입니다. 최대한 빨리 구하겠습니다. 이해해 주셔서 감사합니다.

존경심을 표하며,

이병생도 오"[64]

이런 식으로 양말이 있어야 하는 자리에 이런 쪽지를 남겨 검열관의 양해를 구하고 조치중이라는 표시를 해야했다. 요행을 바라고 안걸리기를 기도할 것이 아니라, 떳떳하게 없음을 표시하고 내가 적극적으로 조치해서 기준을 충족하려고 한다고 알리는 것이 더 좋은 것이었다. 사실 나도 세팅을 해놓고 입을 옷은 따로 쓰다가 입을 옷이 적어질 때면, 세팅해놓은 검열용 물품을 입고나가면서 위와 같은 쪽지를 상황에 맞춰 적어두고 교실로 나가고는 했다.

한편, 하룻밤을 꼬박새우는 당직근무를 섰던 4학년 생도들에 대해서는 휴식여건을 마련해주기 위해서 스테이백이라는 보상을 제공했다. 스테이백은 당직근무 후에 오전검열를 면제해주고, 물론 아침식사 집합 및 식사, 또한 수업시간까지도 합법적으로 열외할 수 있었다. 물론, 스테이백이 있어도 수업에 출석하는 생도들이 있었지만, 수업에 나가지 않아도 되었다.

어느 날이었다. 새벽 5시 정도에 갑자기 주변이 어수선해졌다.

"건강 및 복지 검열이다. 방 밖으로 나와!"[65]

---

64 Dear Inspecting Officer, I have lost two pair of socks from the cadet laundry and am getting new pairs to be ready for inspection soon. I will get them as soon as possible. Thank you for your understanding. Very Respectfully, CDT PVT Oh.

65 Health and Welfare Inspection, guys. Get out of your room, now!

훈육부사관의 호령에 우리 모두는 졸린 눈을 비비면서 잠자리에서 일어났다. 그리고는 잠옷차림으로 모두 복도에 정렬했다. 훈육부사관과 중대장생도는 호실에 혹시나 금지품목^{contraband}으로 숨겨져 있는 환각약물 등을 적발하기 위해서 기습적으로 호실에 들이닥친 날도 있었다. 아, 이런 것까지 하는구나 싶었다.

그러던 어느 날, 항간의 소문이 떠돌았다. 어떤 생도가 마리화나를 우편으로 받다가 적발되었다고 했다. 아니, 그게 정말 가능한 일인가 싶었다. 그 생도는 곧 퇴교조치 되었다고 했다. 그리고, 용감한 것인지, 무모한 것인지 모를 그의 이야기는 꽤 오랫동안 생도들의 입에 오르내렸다.

Voluntary Ruck March

주말 무장행군 나들이

바나나 하나와 후아바 하나를 먹었다. 2시간 5분 걸림.

주말에 우리는 푹 쉬었다. 상급생도들도 우리를 찾지 않았다. 오히려 주말에는 마음에 맞는 상급생도들과 교류하기도 하면서 안락한 주말을 보냈다. 내가 들었던 체력관리 수업에서

'무장행군은 좋은 심폐지구력 운동으로서….'

라는 내용의 자료를 접하고 나는 문득 그런 생각이 들었다. 아, 행군한 번 해야겠다. 그리고 나서 나는 룸메이트들에게 물었다. 같이 가겠느냐고. 그들은 흔쾌히 오케이 했다. 그래서 그 주말에 우리는 행군하기로 했다.

군장 배낭에 우리는 군장류를 꽉꽉 채워넣었다. 그리고 오며가며 배고플 것을 생각해서 우리는 깨알같이 간식도 챙겼다. 기억나는 간식은 보급용으로 나오는 에너지바인 후아바Hooah Bar 1개, 그리고 바나나 1개. 거리는 12~15km 정도. 소요시간은 2시간.

날씨도 화창하고, 나와 두 명의 다른 동기들은 진짜 넘치는 군성을 가다듬으며 초가을의 기운을 온몸으로 머금었다. 행군코스는

기초훈련때도 자주 갔었던 워싱턴 게이트로부터 해서 버크너 캠프까지의 왕복코스였다. 골프코스를 지나 큰길 옆을 따라 걸어가는 우리는 주말의 색다른 안락함을 동기간의 우정으로 느끼며 걸었다.

그날 행군이 끝나고 샤워를 가뿐히 한 후 13시에 쓰여진 '바나나 하나와 후아바 하나를 먹었다. 2시간 5분 걸림.' 이라는 일기의 기록이 새삼스럽다.

획득 시험 표준 군장배낭GPB: German Proficiency Badge에 2쿼트 수통을 결합시키고 케멜백에 야삽과 방독면promask을 장착했다. 그리고 안전을 위해 형광 러닝벨트를 야전깔개에 둘러서 배낭에 장착. 추가로 개인 단독군장 세트에 1쿼트 수통 둘을 결합하여 이동했다. 단독군장에는 나침반compass, 탄입대magazine pouch, 구급대first-aid kit, 그리고 엉덩이가방이 결합되어 있었다. 우리는 출발 전에 이탈방지끈을 잘 설치하여 분실할 우려를 차단했다.

GPB 획득은 1학년 생도들의 일종의 선망이었다. 상급생도들의 가슴팍에 달린 커다란 금색 뱃지가 굉장히 탐이 났기 때문이다. 독일의 상징적 독수리 문양이 커다랗게 양각된 금색 뱃지는 제복의 멋을 더해주는 좋은 아이템이었다.

사실 주말에 행해지는 행군과 같은 개인 군사훈련(?!)은 한국과 비교했을 때 미 육사의 독특한 문화라고 할 수 있다. 군사훈련이 마치 취미생활이기도 한 것이라는 발상이다. 따라서 훈련은 당연히 본연의 임무이고 소명이기 때문에 실시하기도 하지만, 정말 훈련 자체가 너무 좋아서 자발적으로 개인 시간을 사용해서 훈련을 더 한다.

앞서 언급된 GPB 같은 경우만 봐도, 의무로 시행해야 하는 시험이 아니었다. 독일에서 파견나온 미 육사 상주 연락장교가 있기 때문에 그 장교가 인증을 해주는 시험종목의 기준을 통과하면 공식적으로 발급해주는 뱃지였다. 즉, 자발적인 추가훈련인 것이다.

사실 지금 지나고 나서 생각해 보면, 나름대로의 게임화인 것도 같다. 단순히 '훈련이 좋으니까 해라'가 아니라, '훈련하고 인증도 받으면 멋진 뱃지를 줄테니 훈련을 할래?'라고 묻는 방식이다. 뱃지 달고 싶으면 하는 것이다. 레벨업을 하고 더 멋진 모습으로 캐릭터를 키우기 위해서 게임에 열중하는 것과 비슷한 동기요인인 것이다.

후에 더 자세히 설명하겠지만, 2학년 CFT 간에는 리칸도Recondo 라는 뱃지가 있었다. 이 뱃지도 특정 종목들의 일정 기준을 통과해야 수여하는 뱃지였다. 아무런 감흥 없이 무난하게 훈련하고 넘어갔을 수도 있는 2학년 훈련 간 어차피 할 훈련 좀 더 신경써서 뱃지도 하나 더 받아보겠다고 더 열심히 훈련했었다.

Recondo Award

TASK FORCE PACE RECONDO STANDARDS	
EVENT (MUST COMPLETE 4/4)	PASSING STANDARD
Land Navigation	Find ≥ 5/6 points on first attempt of individual test
6-Mile Ruck March	Complete in 90:00 minutes or less with 35 lb. rucksack
Anzio Obstacle Course	Complete in 13:00 minutes or less
M4 Sharpshooter	Shoot ≥ 30/40 on first or second qualifying attempt
EVENT (MUST COMPLETE AT LEAST 5/6)	PASSING STANDARD
APFT	60 Push-ups, 70 Sit-ups, 13:45 minute 2-mile run
5-Mile Run	Complete in 44:00 minutes or less
Marne Obstacle Course	"GO" on all obstacles in two or fewer attempts
Water Obstacle Course	First-time "GO" on all events
M4	Clear, disassemble, assemble, function check (< 2:30)
M240B	Clear, disassemble, assemble, function check (< 2:30)

Recondo 뱃지를 획득하기 위한 수행과제와 요건[66]

---

66 The Official West Point Facebook Page,

여기에 추가로 뱃지로 달 수 있는 것들은 낙하산을 타고 강하하는 에어본과 헬기로부터 인원 및 장비를 강습시키는 에어어설트 등이 있었다. 흔하지 않은 표제로, 세퍼Sapper라는 탭까지 달 수 있었다. 위와 같은 훈련들은, 필수 훈련은 아니었고, 생도가 원한다면 여름 가용시간에 자격을 갖추어 선발시험에 뽑혀서 훈련을 수료해야 획득할 수 있는 뱃지들이었다.

저 뱃지들을 패용한다는 것은 그만큼 공식적 자격을 통과했다는 것이었다. 그리고, 그 자격들은 굳이 하지 않아도 되는 부가적 노력과 인정을 받은 자격들이었다. 그 부지런함과 노력, 그리고 군인으로서의 적절성을 모두 고르게 인정받는 방법이었다. 굳이 군사학 성적만 높은 것이 아닌, 진짜 '군대에서 하는' 것들로 인정을 받는다니 더 군인다워지는 느낌도 있었다.

이러한 인정을 받기 위해서는, 아시다시피 관련 군사지식이나 특히 체력을 기를 필요가 있었다. 공통적으로 들어가는 심폐지구력이나 신체근력 및 지구력이 중요했다. 그리고 이런 체력은 단기간에 길러지지 않음을 모두가 알고 있었다. 또한, 이미 힘든 훈련을 마치고 온 선배들은 자신의 경험들을 아낌없이 공유해 주었다.

1학년 말쯤에 참가했던 한 프로그램이 있었다. 스트렌드STREND라는 이름의 소규모 대회였는데, 근력 및 근지구력Strength and Endurance의 합성어였다. 그 대회에서 놀라운 체력을 보여준 렛 소령님의 모습에 나는 깊이 감동하였다. 그는 이 종목들이 하와이에 주둔했던 델타포스 부대원들에 의해서 만들어진 종목이라고 했다.

"체중만큼 벤치프레스 최대치, 턱걸이 최대치, 체중60%만큼 밀리터리프레스 최대치, 친업 최대치, 딥 최대치, 3마일 달리기 (4.8km, 400m 트랙 12바퀴)"

위 종목을 쉼 없이 연속으로 실시하고, 점수표에 맞게 점수화하여 순위를 매겼다. 당연히 어떤 소령 체육교관님이 1등을 했는데, 월등했다. 나는 그와 같이 강한 체력을 갖고 싶어 직접 그를 찾아가서 어떤 운동을 하면 좋을지 물었다. 사실 그는 전설적인 인물이었는데, 가장 유명한 일화가 행군을 할 때도 아령을 양손에 들고 한다는 것이었다.

"진짜 원하는 것은 무엇이든 할 수 있다고 느꼈습니다."

미 육사에 다녀온 후에 많은 사람들이 무엇을 느꼈냐고 물을 때마다 나는 위와 같이 말한다. 무엇을 하라고 억압하고 강제하는 것보다, 무엇을 할 수 있다는 것을 제시하고 달성할 수 있는 환경을 만들어주었던 미 육사의 모습에 나는 '할 수 있음'을 흠뻑 느끼고 왔다.

BEAT NAVY Bonefire

타도 해사! 보트 소각행사

> "… 육사가 해사를 짓뭉개버릴 때까지
> 110일 하고 조금 남았습니다! …"

미 육군사관학교는 전통적으로 해군사관학교와 상극이다. 이런 사실은 가입교시절부터 세포까지 새길수밖에 없는데, 그 이유는 바로 매일매일 그 사실을 외치고 다녀야 하기 때문이다.

"타도 해사입니다!!"[67]

야전부대의 군인들과 마찬가지로, 미 육사의 생도들은 서로 만나게 되면 상호 인사(이하 그리팅greeting)를 한다. 그 인사는 마치 우리나라 군인들이 상호간에 '충성,' '단결,' '백골' 등과 같은 구호를 말하는 것과 같다. 경우에 따라 거수경례salute를 하는 것을 포함한다.

하지만 여기서 차이점이 있다. 미 육사 생도들은 중대마다 각기 다른 구호를 갖고 있다는 점이다. 또한, 신분에 따라 경례를 할 지의 여부가 갈린다. 행사나 예식을 제외하고 생도 상호간에는 경례하지 않는다. 생도들은 장교들에게만 경례하며 그리팅한다.

---

67 BEAT NAVY, sir!/ma'am!

구호는 CBT기간 동안 분대, 소대, 중대까지 다 있었다. 분대는 "전쟁을 준비하라," 소대는 "무리를 두려워하라," 중대는 "타격준비 완료"였다. 그리고 각 부대단위 별 문답어가 되어서 그리팅을 실시하였다. 예를들면, 분대장에게 "전쟁을 준비하십시오, 분대장"이라고 하면, 답은 "전쟁을 준비하라!" 소대 상급생도에게 "무리를 두려워하십시오!"라고 하면, 답은 "두려워하라!" 중대원 상급생도에게 "타격준비 완료!"라고 하면, 답은 "언제 어디든지!"였다. 한편, 타 중대 상급생도에게는 "타도 해사입니다!"라고 하면, 답은 "타도 해사!"였다.

확률적으로 매일매일 다른 중대 상급생도를 지나치기 때문에 우리는 하루 최소 다섯번은 타도해사라는 말을 하고 살았다. 그렇게만 따져도 생도생활 5년이면 뇌에 각인되지 않을 수 없다. 더 재밌는 것은 졸업을 해도 군생활 평생 그 구호를 외친다는 것이다.

거기에 추가로, 미 육사 대 미 해사 연례 풋볼경기의 인기와 유래깊음으로 인해서 타도해사와 타도육사 구호는 민간에도 유명한 구호이기 때문에 육해공의 라이벌의식은 평생 헤어나올 수 없었다. 이런 마음가짐은 미국문화, 미국 군대문화, 미 육사문화에 깊이 스며들어있던 것이었다.

그런 의미에서 봤을 때, 나는 문득 우리나라에서의 '삼사체전(육해공사관학교의 합동 체육대회)'이 과열경쟁 때문에 사라지게 되었다는 이야기가 어떻게 이해되어야 할까 갈피를 잡을 수 없었다. 이렇게 큰 국가적 행사가 사라졌다는 것이 믿기지 않았다. 경험도 하지 못했지만, 아쉬움을 느꼈다는 것은 그만큼 내가 미국의 육해군사관학교 경기에 심취했다는 의미일 거다.

육사 대 해사 풋볼경기는 이미 언급하다시피 연례행사다. 1학년

생도들은 매일단위로 타도해군을 외치고 다닌 것에 더하여 또한 앞서 다뤄졌던 더 데이즈 날리지에서 매일단위로 풋볼경기일까지 남은 일수를 말해야 했다.

"… 육사가 해사를 짓뭉개버릴 때까지 110일 하고 조금 남았습니다! …"[68]

사기가 차고 넘치는 1학년 생도는 이 말을 하면서 목에 핏대를 세우고 눈이 충혈되고 침이 사방에 튀도록 '해사를 짓뭉개버릴' 을 외쳤다. 여태까지 말했던 육해군 라이벌문화를 모르는 사람이 보면 정신이 이상한 사람인 줄 알 정도로 외치는 그 순간, 우리는 비정상이 정상인 경험을 하였다. 그리고 그 특유의 통쾌함과 희열을 느꼈는데, 그때 느껴지는 카타르시스와 전율감이 온 몸에 퍼졌다. 그런 경험을 통해서 방출되고 그만큼 더 몸을 채우는 무형의 무언가를 학교에서는 스피릿(우리말로 정신 혹은 기개)이라고 지칭했다.

생도생활은 방금 잠깐 의미를 흘렸지만, 정상과 비정상 사이에서 균형을 잡아야 하는 줄타기 생활의 연속이었다. 엄격한 규율과 살인적인 일과속에서 쥐어짜지는 생활은 뭔가 탈출구를 필요로 하였다. 그래서 생도들은 묘한 잣대를 갖게 되었다. 비정상적인 일탈 언행은 나쁘게 말하면 군기없음 이었지만, 좋게 말하면 스피릿이 넘치는 행위였다. 정상적이고 규율이 잡인 언행은 좋게 말하면 군기있음 이었지만 나쁘게 말하면 도에 넘치는brutal 것이었다. 멋진 생도란 이 줄타기를 잘하는 생도였다.

학교 차원에서는 이렇게 중시되는 스피릿을 단순히 생도들만의 유산으로 두지 않았다. 미 육사는 스피릿을 다루는 참모계선을 공식

68　There are 110 and a butt days until Army BEATS THE HELL OUT OF NAVY in football!…

화했다. 그리고, 스피릿을 방출할 수 있는 행사를 매주 목요일 저녁 시간 스피릿 디너로 정하여 기회를 부여한다. 또한, 스피릿을 스포츠와 엮어 '스피릿 외박' 이라는 외박제도를 두었다. 이 외박은 생도들이 학교 운동팀의 원정경기에 자발적으로 응원을 가는대신 외박을 갈 수 있도록 하는 제도였다.

이런 일련의 스피릿업무를 담당하는 생도들은 굉장히 다양한 행사를 기획하고 시행했다. 앞서 말한 스피릿 디너란, 매주 목요일마다 의무적으로 참석해야하는 생도대의 행사였다. 통상 생도들은 저녁식사를 식당에서 스스로 포장해서 호실취식을 실시하는데, 목요일 저녁식사는 아침과 점심식사처럼 식당에 앉아서 먹는 시간이었다. 이 시간이 그냥 식사가 아닌 스피릿 디너인 이유는 매주 다른 스피릿주제가 있기 때문이었다. 이때 스피릿 참모는 새로운 드레스코드를 전파했다. 주제는 '해적,' '할로윈,' '빼입기' 등 다양한 주제들이 주어져서 생도들은 이 날 공식적으로 사복차림으로 식사를 했다. 다만, 1학년 생도들은 사복을 갖고 있을 수 없기때문에 보급된 제복들을 알아서 변용해서 입고 나오거나 공식적으로 중대에서 맞춰입은 중대 티셔츠같은 옷들을 입어야 했다. 여기서 1학년의 창의성을 맘껏 뽐낼 수 있었다.

그 외 수많은 행사들 중 해군 소각행사^{Navy Bonefire}라는 행사가 있었다. 이때, 본 파이어란 옛날 흔히 말하는 모닥불이나 캠프파이어같은, 장작을 비롯한 목재의 소각행위를 말한다. 이 소각행사를 보면서 나는 일차적으로 육해군사관학교 간 라이벌의식이 진짜 장난이 아니라는 것을 알게되었다. 그리고 옆에 선 3학년 생도에게 그 이유를 물었다. 이어서 이어진 어느 상급생도의 설명에 묘한 느낌을 남기게 되었다.

"그건 국방예산을 두고 육해군이 싸우기 때문이야. 우리가 가지면 그들은 잃지. 반대도 그렇고."

생도 1학년 시점에 나는 의도치 않게 국방예산싸움에 대한 이야기를 듣게 되었다. 아, 그렇겠구나 싶었다.

11월의 어느 날, 우리는 모두 연병장의 북쪽 데일리필드에 모였다. 그 곳에는 거대한 세트장이 만들어졌는데, 그 중앙에는 거대한 목조 보트모형과 장작더미가 준비되어있었다. 그 광경은 마치, 화형장을 준비하는 것 같았다.

'설마…. 이거 뭐지? 진짜로 보트를 불에 태우려고 하나? 진짜 불을 붙인다고?'

이 자리를 주위로 거리를 두고 울타리가 쳐져 있었고, 장작더미 근처에는 소방관이 있었다. 4,000명에 육박하는 전교생들은 겹겹히 이 장작더미와 모형 보트를 바라보고 있었다.

"타도 해사Beat Navy!!"

"해낼거야, 육군! 자 해보자!We've got it, Army! Let's Go!"

울타리 밖에 서서 생도들은 서서히 흥분을 고조시켜가고 있었고, 이윽고 생도대장님 및 여단훈육관님이 마이크를 잡고 우리의 흥분을 최고조로 이끌었다. 그들은 파이팅 넘치는 연설과 응원구호를 외치며 밤의 분위기를 광란으로 몰아갔다.

○ 3학년 분대장생도

미 육사의 분대장 생도는 3학년이 수행한다. 그 장단점은 무엇일까? 그리고 분대는 인원관리 이상으로의 구속력이 없다. 3학년이 분대장생도의 직책을 수행할 수 있다고 생각하는가? 그것이 적절하다고 생각하는가? 그러한 혹은 그렇지 않은 이유는 무엇인지 생각해볼 만 하다.

○ 생도의 인권관리

1학년 생도는 계급이 없으며, 따라서 직위도 없고, 공적인 권한이 주어지지 않는다. 1학년 생도는 따라서 의무만 행할 뿐이며, 그 의무는 암묵적이지 않으며, 공식 문서로 성문화되어있다. 그리고 그들의 의무 이행은 또한 문서를 통해서 계획되고 시행된다. 잡일 혹은 허드렛일이라고 생각될 수 있는 활동들은 상급생도들과는 다르게 1학년만 담당하여 수행한다. 이러한 일련의 행태는 인원을 중시하는 국가가 시행할만 한가? 그 이유에 대해서 생각해 볼 만 하다.

○ 생도 시간관리 및 자기계발 교육

생도생활간 시간은 늘 빠듯하다. 그래서 미 육사는 시간관리와 자기계발을 적절하게 달성할 수 있게 도움을 주는 과목들을 개설하여 수강하도록 하고 있다. 시간관리는 전적으로 생도들의 몫인가? 살인적인 스케쥴을 요구하는 기관이 도울 필요가 있는 것인가? 얼마나 어떤 방식으로 도울 수 있는 것인가?

● 전 병과 체험훈련

생도들은 앞으로 육군을 지도할 육군의 지도자가 될 꿈나무이다. 그들은 교육이 끝나면 자신이 군 평생과 함께 할 병과를 선택하게 된다. 따라서, 그들에게 있어서 실질적으로 다양한 병과에 대하여 체험을 하게 하는 것은 유용하다. 그렇다면 제한된 시간을 고려할 때, 언제 이런 체험을 시키는 것이, 그리고 어떤 병과를 얼만큼 시키는 것이 바람직한가?

한 살배기라 고민이
참 많은 2학년

Third Class Cadet

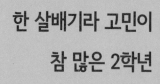

생도 퍼레이드에 동참한 군악대의 군가연주(출처: flickr)

1년배기가 된 우리는 Yearling이다.

그러나 정작 우리는 주로 Yuk 이라고 불렸다.

Corporal이 되었고,

이제는 최하위 계층도 아니었지만,

아직 우리때 까지는 의무복무기간을 발생시키지 않았고

그래서 자퇴도 손쉬웠다.

그래서 '역'했었을까.

Recognition and PFC

"오, 알파팀을 좀 챙겨줘. 팀을 확인 하고 괜찮으면
'UP'을 전해주도록 해."

5월 말. 일도 많고 탈도 많았던 1학년 생활이 정말 대단원의 막을 내렸다. 매일매일같이 외웠던 날리지들과, 잡일들. 이제 그 모든 것들이여, 안녕! 이제 더 이상 '말 멈춰라', '주먹 말아쥐어라' 같은 말 더 안들어도 된다. 이제 조금 더 인간다운 생활을 할 수 있게 되었다는 사실에 나는 기뻤다. 걸어다니면서 말을 해도 되고, 주먹도 더 이상 말아쥐지 않고 다녀도 되는 것이다. 이제 입학한지 1년 되었고 '1년배기'가 되었다는 의미에서 2학년을 미 육사에서는 '이얼링 yearling'이라고 부른다. 그러나 이마저도 다시 한번 은어화되어 우리나라말로 '우웩' 하듯이 '역yuk'이라고 더 많이 불렸다. 여러모로 복잡하고 고민이 많은 학년이기 때문이다.

한국에서는 '벽돌깨기'라는 은어로 통했던 진학. 두꺼운 1학년 계급장은 흰색 벽돌과 같이 생겼는데 그 벽돌이 두 장으로 깨진다는 의미로 한국 육사에서는 진학을 벽돌깨기라고 불렀다.

"너희들! 이렇게 단화 상태도 안좋고 내무정리도 제대로 못해가지고서야 1학년들 교육 제대로 시킬 수 있겠어!!! 정신들 안차릴래??"

평상시 그렇게도 자애로웠던 한 3학년 선배님의 모습에 나는 놀랐었다. 2학년 생도님들도 계신데 그래도 진학의 의미를 더 부각시키고 책임감을 키워주기 위해서 그렇게 했던 것 같다. 똑바로 하라는 말. 잊히지를 않는다. 2학년이 되었다는 해방감과 1학년 담당으로의 책임의식을 동시에 느끼게 되는 중요하지만 취약한 학년이 2학년이다 싶었다.

한국과는 다르게 여름기간을 진학식의 중간에 둔 미 육사는 조금 다른 절차로 통과의례가 진행되었다. 한국에서는 곧바로 진학식을 실시했지만, 미국에서는 진학이 있기에 앞서 인식recognition이라는 간단한 행사를 실시했다. 이제 진짜 생도대의 일원으로 '인정'한다는 말일 것이다.

비록 생도대의 정규계급은 아니지만, 우리는 일병이 되었다. 생도대의 정규계급은 학년별로 1학년부터 이병, 상병, 병장 혹은 직책에 따라 행정보급관 이나 주임원사, 소위 혹은 직책에 따라 대위로 생도 계급이 부여되었다. 이병 1학년에게는 계급장이 없다. 나머지 학년은 모장crest들을 색깔별로 착용한다. 2학년 황색, 3학년 회색, 4학년 흑색. 내가 '정규계급'이 아니라고 했던 말은 바로 '인식' 이후 1학년은 다음 학기가 시작되어 2학년이 되기 전까지 1.5학년과 같은 PFC 계급이 되기 때문이다. 이때 모장은 달수 있지만, 가슴과 옷깃에는, 2학년장 대신 "U.S."라고 써 있는 계급장만을 달 수 있다.

임시계급장을 달지만, 그래도 이제 제복에 무엇인가를 달 수 있다는 감격에 많은 동기들은 U.S. 계급장을 달았다. 물론 개중에는 상관않고 달지 않은 생도들도 있기는 했다. 비록 중대원들끼리 모여서 중대 훈육관님의 주관하에 다소 캐쥬얼한 분위기의 행사였지만, 1학년생도들은 그동안 수고 많았다는 말을 들으면서 마치 이제 성인으로 인정해준다는 식의 대우를 받기 시작했다.

미 육사 생도대 계급 및 기타 표제[69]

한국에는 없고 미국에는 있는 통과의례는 다름아닌 여름훈련으로, 2학년으로 진학하는 모든 생도들이 받는 훈련이었다. 뒤에 CFT에 대해서 더 집중적으로 다루겠지만, 간략하게 설명하자면 이때 예비 2학년 생도들은 팀리더 혹은 팀원임무를 교대하며 수행했다. 이 기간동안 생도들은 1차적으로 보병전술의 기초를 탄탄하게 하고 나서 주요 전투병과를 모두 체험할 수 있어서 상병이라는 준간부가 될 수 있는 자질을 갖출 수 있었다.

"CFT의 목적은 세부 과업을 개발, 훈련, 시험, 그리고 인증하는 데 있으며, 2학년 생도들이 생도대 부사관으로서의 의무를 이행하게 준비하며, 각 생도들이 전사정신을 함양하고, 육체 및 정신적으로 힘든 훈련을 통해 각 생도들이 전문적 소양을 갖도록 영감을 불어넣

69   West Point 홈페이지, https://www.westpoint.edu/leadership-center/ mcdonald-leadership -conference/ rank-and-insignia

는데 있다."[70]

사실 막상 2학년이 되기 전까지 나름 마음의 준비는 했었고, 한국에서는 한 학기이지만 1학년 후배생도를 지도했던 경험이 있기는 했었다. 하지만 실제 내 아래 누군가를 하급자로 두고 지휘해보면서 훈련을 해보지는 못했었다. 그런데 이제 미국에서는 다른 이들을 지휘해본 경험을 가져보고 경험치가 쌓인 후에 1학년 생도를 지도하게 된다는 사실이 달랐다.

그래서 나는 미 육사에서 2학년, 그러니까 상병으로서의 진급을 앞두고 많이 생각해보았던 초급부사관에 대하여 깊은 성찰을 해볼 수 있었다. 그러나 내가 일병^{PFC}이라는 생도 계급을 달고 훈련을 준비하면서 이 계급에 대해서 깊이있게 생각하고 그 기능에 대해서 실습해 볼 수 있었음은 예상치도 못한 커다란 축복이었다.

"오, 알파팀을 좀 챙겨줘. 팀을 확인하고 괜찮으면 'UP'을 전해 주도록 해."

CFT에서 팀리더였던 나에게 분대장생도 버냄이 내린 지시였다. 그는 이어서,

"우리가 행군하거나 정찰할 때 정지하게 되면 팀원들 사격구역을 확인해 줘. 그리고 LACE$^{liquid, ammunition, casualty, equipment}$ 보고를 좀 해 줘, 알겠지?"

즉, 분대가 멈출 때마다 나더러 내 담당 팀원들의 상태를 확인해서 분대장인 자신에게 알려달라는 것이었다. 또, 팀원들 개개인들에게 책임지고 살펴야 할 사격구역을 굉장히 구체적으로 정해주라는 주문이었다. 나는 생각보다 많은 일을 하는 팀리더의 직책에 대

---

70 West Point 홈페이지, https://www.westpoint.edu/military/ department-of-military-instruction/ cadet-summer-training

해서 진지하게 생각하기 시작했고, 그만큼 더욱 열중하였다.

"사격구역을 할당할 때, 바로 옆에 붙어서 해줘. 손날을 사용해서 매우 구체적인 사물을 지시하여 둘 다 식별할 수 있도록 하고."

즉, 내가 얼굴을 옆으로 맞대어 팀원들과 같은 관점에서 명확하게 사물들을 지칭하여 좌우로 어디에서 어디까지 구역을 담당할지 명확하게 지시하라는 말이었다. 그는 3학년으로 진학하는 생도로서, 여름 훈련기간동안 에어본훈련을 아주 즐겁게 받고 왔는지, 툭하면 손날knife-edge 이야기에 여념이 없었다. 직역하면 '칼날'이지만, 손을 의미하는 단어로서, 무엇을 가리킬때 검지만 갖고 손가락질하지 않고, 손가락을 가지런히 모아 칼날같이 만들어 사물을 가리키는 행동을 의미했다. 나도 나중에 3학년으로 진학하면서 신청한 공수훈련에서 경험해봤지만, 툭하면 그 손모양 만들어서 스스로 엉덩이를 치면서 "에어본!" 이라고 외치는 행동을 수도 없이 하기는 한다.

한편, 그의 이름 끝은 '남Nam'이라는 말로 끝나서 주위 사람들은 그와 대화하면서 꼭 한마디씩 하고는 했다.

"(베트)남은 요즘 어때?"[71]

"(베트)남은 아주 좋습니다."

이렇게 넉살좋게 받아넘기는 그의 모습은 그의 앳된 얼굴과는 확연히 대조되었었다. 베트남은 어땠냐는 말인데, 참고로 미국에서는 베트남을 지칭하는 은어로 '남'을 쓰기도 했다. CFT의 훈련장 명칭은 버크너였는데, 물도 있고 산도 있는 야지라서 오지와 같은 속성을 강조하기 위해 과장하여 생도들은 마치 베트남 파병을 다녀온 것마냥 '버크남' 혹은 더 줄여서 '남'이라고도 불렀다. 물론

---

71   How's 'Nam?

재치있게 '버크나미스탄'이라고 아프가니스탄을 빗대어 부르기도
했지만 말이다.

아무튼 이제는 1학년이 아니기 때문에 더 이상 조롱거리도, 하
수인도, 그리고 하류인생도 아니었다. 떳떳한 생도대의 일원으로서
준간부 대우를 받으면서 사관학교 생활을 할 수 있게 되었다는 생각
에 들떠서 나는 고달팠던 1학년 생활과 작별했다.

그리고 이제 새롭게 시작되는 삶을 서서히 그러나 치열하게 준
비해나가기 시작했다. 왜냐면 이제 나는 나 혼자가 아닌, 내 아래 사
람까지 챙겨야 하니까.

Air Assault

"잘 들어! 왼발이 땅에 닿을 때마다
우레같은 소리로 '에어어설트'라고 하는 거야!"**72**

1학년이 끝나고 맞는 첫 여름기간(미국 학제는 가을에 입학하고 여름에 졸업함). 나는 벌써부터 자유를 만끽했다. 왜냐하면 내 스스로 여름기간을 계획하고 프로그램을 짤 수 있었기 때문이다. 미 육사의 독특한 점은 여름기간을 개인별로 융통성 있게 운용한다는 점이었다. 학교에서 요구하는 요망조건들을 여름 기간 동안 졸업 전까지만 달성하면, 나머지 남는 여름기간은 재량껏 활용할 수 있었다. 그런 경우를 두고 개인심화개발individual advanced development(이하 IAD)이라고 불렀고, 각 기관에 위탁하여 시행하였다. 그 활동의 성격에 따라 학술, 체육, 군사분야의 위탁과정을 IAD의 앞에 각각 A, P, M을 붙여서 '에이아이에디AIAD,' '파이에드PIAD,' '마이에드 MIAD'로 지칭했다.

---

72 "Listen up! Whenever your left foot touches the ground, you will shout out the loudest and thunderous 'AIR ASSAULT!!'"

학술 분야의 대표적인 사례로, 능력 좋은 친구들은 구글에서 인턴을 하는 경우도 있었고, 대통령 보좌관실에서 인턴십을 마치고 돌아오는 경우도 있었다. 체육의 경우, 학교 대표운동선수들Corps squad athletes은 여름에 전지/합숙훈련을 했다. 나같은 경우에는 군사분야를 더 개발하고자 했었고, 군사훈련을 떠났던 것이다. 그 이유는 미국 군에 대해서 배우고자 유학을 온 것이라 되도록 다양한 군사적 경험을 해야겠다 싶었기 때문이다.

그래서 나는 승급하는 2학년rising yuk으로서 나는 여름기간에 무엇을 할지 고민했다. 그래서 택했던 훈련은 에어어설트라는 군사훈련이었다. 10일 동안 이루어지는 훈련으로, 헬기 운용에 대한 훈련이었다. 헬기를 직접 운전하는 게 아닌, 헬기를 활용한 각종 물자들의 공중수송을 위한 결속상태 점검기능sling load, 그리고 헬기를 활용한 공중강습기능을 숙달하는 과정이었다.

미 육사 군사교육의 구성요소 중 MIAD의 위치[73]

조금 솔직히 말하자면, 세 가지 이유로 에어어설트를 택했다. 첫째, 선배들 가슴팍에 달린 날개달린 헬기 뱃지가 멋져서 갖고 싶었다. 둘째, 밴드 오브 브라더스로 유명하고 내가 좋아하는 101 공정사단의 실제 부대로 가서 훈련을 받을 가능성도 있었다. 셋째, 훈련기간이 짧아서 훈련 후 CFT 전까지 며칠 쉴 수도 있어서 이상적이었다.

훈련장 편성에서 캠벨에서 훈련하지 않고 학교 근교의 스미스 캠프로 분류되었을 때 나는 다소 실망했다. 두 번째 목적은 달성할 수 없었기 때문이었다. 하지만 나머지 두 가지 장점은 달성한다는 생각에 나는 훈련을 잘 받아보겠다고 내 담당 2학년 생도에게 물어 에어어설트 훈련 교재를 예습하기도 했다. 하지만 도대체 읽어보아도 무슨 말인지 알기가 어려웠다.

그렇게 해서 입교를 하려는데, 역시나 통과의례가 있었다. 제로데이Zero Day라고 하는 일종의 가입교 훈련이었다. 훈련생들을 집합시켜놓고 캠벨기지로부터 파견나온 에어어설트 훈련교관들이 지침을 하달했다.

"잘 들어! 왼발이 땅에 닿을 때마다 우레같은 소리로 '에어어설트'라고 하는거야! 체력검정이 끝나고 장애물코스로 간다. 건투를 빈다!"

"예, 에어어설트 교관님!"[74]

우리는 팔굽혀펴기, 윗몸일으키기, 그리고 2마일(3.2km) 달리기를 실시했다. 중간중간에도 우리는 계속 얼차려와 팔굽혀펴기 등을

73   West Point, "Department of Military Instruction," 2018, p.9, https://www.westpoint.edu/sites/default/files/pdfs/General/Parents/Plebe%20Parent%20Weekend%20Overview.pdf

74   YES, AIR ASSAULT SERGEANT!

하면서 몸을 녹초로 만들어갔다. 장애물코스는 걱정했던 것 보다 수월하게 통과했다. 정말 긴 하루가 끝나고 하루를 정리한 우리는 다음날의 입교식을 맞이했다.

1일차부터 졸업하는 날 까지, 우리는 매일매일 아침운동으로부터 시작하였고, 초반부에는 특히 교실 이론교육과 체력단련 위주로, 그리고 엄격한 군기와 강인한 체력을 위주로 하여 훈련이 이뤄졌다. 여기서 인상적이었던 점은, 교관들도 함께 운동을 했다는 점이다. 절대로 교관들은 시키고 훈련생들만 얼차려를 받는 경우는 없었으며, 늘 체력단련을 부과하는 교관들도 동일한 횟수만큼 함께 훈련을 실시했다. 그때 가장 많이 들었던 표현, 그래서 뇌리에 박힌 표현이 있었다. 특히 팔굽혀펴기를 하든, 누워서 가위차기를 하든간에 꼭 하던 말은

"버텨! 포기하지마! 포기자가 되지마라!"**75**

그렇게 엄하고 표정하나 안 변하면서 강도높게 우리를 밀어붙였던 교관들도 약 1주가 지나면서 정이 들었다. 아마도 맨 처음 그 변화를 느낀게 6일차쯤 된 날이었을까. 우리는 언제나 교육이 종료될 즈음인 17시 어간에 전원이 집합하여 교육이 끝남을 보고하고 팔굽혀펴기를 했다.

"집합끝, 에어어설트 교관님! "**76**

"반 우양 우!"**77**

(모두 반 우양 우)

"다이아몬드 푸쉬업 열 개! 박자맞춰!"

---

75 Hold it up! Don't quit! Don't be a quitter!

76 All present, Air Assault sergeant!

77 Half-Right, Face!

"박자맞춰!"

"운동시작! 하나둘셋!"

"하나아!"

"하나둘셋!"

"두울!!"

그런데 이 날 따라 교육생들은 더 파이팅이 넘쳤다. 그 광경에 만족스러워했는지 교관은 웃음기를 보이기 시작했고, 그 후로 조금씩 더 우리는 교육 중간에 짤막하게나마 웃기도 했다. 아주 가끔씩은 농담도 나누었다. 특히 결속점검(헬기에 매달아 공중수송하는 활동) 시험이나 레펠을 하면서 잘하는 모습을 보이는 교육생들이 점점 더 나올수록 그들은 누그러졌다.

일과가 끝나면 교육생들은 막사생활을 했다. 그리고 막사는 전적으로 평등한 교육생으로서의 환경이었다. 이런 환경은 나름 흥미로웠는데, 그 이유는 교육생들이 다양하게 구성되어 있기 때문이었다. ROTC, 주 방위군National Guard, 현역병, 그리고 육사생도들로 구성된 교육생들은 일단 막사에서는 너나 가릴 것 없이, 소속기관에 상관없이 그냥 군인이었다. 나는 그 동등한 분위기가 썩 맘에 들었다.

학기간에는 내가 사관생도이고, 1학년이고 하는 감투를 많이 생각했었다면, 여름학기 군사훈련 간에 나는 그냥 훈련생 혹은 군인으로 자기 자신을 인식했다. 물론 이런 캐쥬얼한 분위기 속에서 나는 다른 군인들의 억센 모습을 보기도 했고, 품위와 어긋나는 것 같은 행동을 보기도 했던 것 같다.

특히 기억이 나는 한 인물이 있다. 그는 현역병으로 일병이었던 것으로 기억한다. 그 특유의 껄렁껄렁하고 비아냥거리는 태도로 그는 교관들로부터 집중교육을 받고는 했다. 그나마 체력이 나쁘지 않고, 시키는 것은 궁시렁거리기는 해도 지치지 않고 해냈기 때문에 특히 더 기억이 나는 것 같다. 하루는 팔굽혀펴기를 시켰다가 오리 걸음을 시켰다가, 교관이 반항스러운 그를 이리저리 굴렸는데, 씨익 씨익거리면서도 그는 비틀거리면서 얼차려를 다 받는 모습을 보고 인상깊었다. 나는 그가 왜 불량한 태도를 버리지 못할까 궁금해했고, 동시에 나는 그를 왜 불량하게 바라보고 있는 것일까 자문을 해보기도 했다.

나는 교육이 끝나고 돌아온 막사에 도착하면 주로 윗몸일으키기나 팔굽혀펴기같은 운동을 조금 더 하거나 씻고나서 침대에 누워 책을 읽고는 했다. 얼핏 그때 손에 들고다녔던 책은 말콤X의 자서전이었다. 늘 흘려듣기만 했던 그의 삶이 궁금해서 구매해서 읽어보고 있었다.

하루는 두발을 단정히 하라는 교관의 말을 들은 교육생들이 이발하기 위해서 서로 머리를 자르는 모습을 보았다. 어디서 구했는지 전동 이발기를 들고 서로 머리를 깎아주는 모습이 인상적이었다. 나는 그 모습을 보면서, 훈련기간에도 스스로 머리를 자를 수 있어야 한다는 생각을 하며 상상의 나래를 펼쳤다.

'전쟁통에 이발사가 날 따라다닌다는 보장이 없다. 그렇기 때문에 나는 늘 스스로 머리를 자를 수 있어야 하겠구나.'

그래서 그 날 나는 다용도칼을 꺼냈다. 그 한 귀퉁이에 붙어있던 가위를 빼내어 나는 내 머리를 잘랐고, 내 친한 동기가 부탁하여 그의 머리도 잘라주었다. 그는 내 소질있음에 썩 만족스러워했고, 내가 다용도칼로 이발을 할 수 있다는 사실을 꽤나 근사하게 여겼는지, 보는 사람들마다 이야기를 해주고는 했다.

그렇게 보낸 열흘이 지나면서 생애 첫 헬기 레펠과 신나게 뛰어다녔던 35파운드(약 16kg) 짜리 완전군장을 매고 12마일(약 20km) 급속행군을 두시간 이십분께에 끝내고 졸업했다. 교육 기간동안 배웠던 헬기기종과 제원들, 그리고 헬기로 야포, 지프차, 각종 물자들을 공중으로 수송할 수 있다는 사실, 헬기타고 공중으로 침투하는 방법, 병사와 ROTC 후보생들과의 교류 등의 추억을 간직한 채, 나는 CFT 전까지 잠깐 단맛을 보려 하고 있었다.

교육 졸업 후에 나는 내가 이발을 해주었던 친구의 집에 일주일을 묵으며 내 부모님과 같은 호의에 감사하며 뜻깊게 휴식했다.

CFT, Team Leader Training
팀리더라는 직책

해 보니까 팀리더의 역할이 얼마나 분대장의 노력을 줄여주고,
그만큼 분대장이 제역할을 더 잘 수행할 수 있을지 확실히 이해됐다.

CFT는 앞서 간단하게 설명했지만, 1학년에서 2학년으로 진학하는 사관생도들이 장차 다음 학기간 팀리더(혹은 조장)로서 1학년 생도들을 지도하며 분대장을 보좌하여 기능을 발휘할 수 있도록 준비시키는데 그 목적이 있다. 이때, 1학년 생도들을 지도하기 위해 필요한 능력으로서 팀리더 역할, 분대 이하 제대의 전술, 체력, 사격술, 독도법이 있으며, 보병 외 타 전투병과에 대한 실제 체험을 실시한다.

CFT는 다른 한편으로, 한개 학년 전원이 동시에 받는 훈련으로서는 마지막 훈련이 되기 때문에 마치 마지막 의무적 훈련이라는 느낌도 준다. 군사훈련에 관한 졸업요건으로서 CFT 외에도 웨스트포인트 리더근무와 소부대 리더십 훈련이라는 두 가지 공통 의무사항이 있지만, 이 두가지 훈련은 전 인원이 동시에 훈련받는 것은 아니며, 세부내용은 전부 다르기 때문에 공통된 경험을 갖는 훈련은 마지막이라고 볼 수 있는 것이다.

그러나 이 훈련은 CBT와 다른 점이 있다. 일단 피교육생의 신분이 정식 생도가 되었다. 또 다른 점으로는 훈련 구성원이 다양해졌다는 점이다. 이제 무조건 복종을 시킬 수 있는 신입생도를 대상으로 교육하지 않고, 복종할만한 이유를 대서 설득을 할 필요가 생긴 것이다. 물론, CBT 때는 말도 안되는 것을 시킬 수 있다는 이야기가 아니다. 다만, CFT에서 그 설득의 필요성이 훨씬 더 커졌다고 비교한 것이다.

그 가장 큰 이유는, 부대원들이 2학년으로 올라가는 생도들이기 때문이다. 둘째로는, 부대원들이 2학년 진학생도들만이 아니라 타국군, 타 사관학교 생도, 그리고 ROTC 후보생까지 포함하고 있다는 점이다. 따라서, CFT란, 생도들만의 잔치가 아닌, 미국 육사를 대표하는 훈련으로도 자리잡음하는 것이라고 볼 수 있다고 생각했다. 재밌는 점은, 이런 외국군과 타사관학교 생도, 그리고 ROTC 후보생들이 따로 부대나 무리를 짓지 않고, 무작위로 육사생도들과 섞여서 훈련을 받았다는 점이다. 훈련을 진행하면서 그들은 육사생도로 동화되기도 했고, 늘상 관심을 받으며 자신의 국가나 조직에서 가지는 다른 가치관을 잘 어필하여 교육 내용이 다각적으로 논의될 수 있게 기여했다.

예를들면, 내가 소속된 E "에코" 중대 1소대의 경우, ROTC 후보생 1명, 브라질 파견생도 1명이 있었는데, 그들은 훈련뿐만아니라 숙식도 모두 함께하며 진한 우애를 쌓았다. 그리고 새로운 방식으로 짐을 싸는 모습을 보여 신기했던 기억이 있었다. 한편, ROTC 후보생은 사실 예비군 출신이었는데, 일과가 끝나고 침대에 누워서 그가 그의 군생활 이야기를 풀어놓을 때 우리는 맞장구를 치며 함께 욕하거나 그의 경험을 존중하고는 했다.

나는 CFT 훈련기간동안 소부대 전술에 대해서 직접 몸을 움직이며 그 중요성과 내용을 많이 습득할 수 있었다. 특히 내 머릿속에 오랫동안 지워지지 않는 기억들은 FTX 훈련과 병과체험훈련이었다. 물론, 굳이 거론하자면, 근접격투술CQC, 무장행군, 독도법map reading 등 수도 없이 많지만, 특히 FTX의 정찰과 타병과 체험훈련은 육사 군사훈련의 지향점에 대하여 많은 생각을 남기는 굉장히 소중한 훈련이었다.

먼저 FTX 때 나는 팀 리더, 첨병pointman, 소총수의 역할을 수행했다. FTX는 버크너 캠프에서 행군을 시작하여 황소산Bull Hill 일대의 지도상 정해진 장소를 날마다 옮겨가며 약 4일정도 야지에서 정식 숙영 없이 수행했다. 나는 행군 간 팀리더였다. 행군대형이 휴식이나 그 어떤 이유에서든 중간에 멈추는 경우가 생기면, 나는 4명의 팀원들에게 신속히 이동했다.

"잘 있어? 힘내자. 잘 하고 있어. 저기 나무등걸이 보이지? 저기가 좌측 경계야. 저기 언덕배기 보이지? 저기가 우측 경계고."[78]

"오케이"

"좋아. 물은 얼마나 있어?"[79]

"그린green이야."

"탄약, 부상여부, 장비는?"[80]

"전부 그린이야. 오, 고맙다."

---

78 How are you doing? Keep it up. You're doing great. Alright, do you see that tree trunk? Take that as your left end of the sector of fire. And··· you see that hilltop? That's the right end.

79 How are you doing on your water?

80 Ammo? Injuries? All equipments?

"좋았어. 고마워."

이런 식으로 나는 4명의 팀원들에게 돌아가며 사격구역을 정해주고 그들의 LACE를 종합하여 분대장에게 보고하여야 했다. 그러면 분대장은 나(알파 팀리더)로부터, 그리고 브라보 팀리더로부터 2가지의 정보를 얻고 이를 종합해 분대의 상태를 확인하였다. 나는 실제로 팀리더 역할을 해 보니까 팀리더의 역할이 얼마나 분대장의 노력을 줄여주고, 그만큼 분대장이 제역할을 더 잘 수행할 수 있을지 확실히 이해됐다.

인간은 한번에 통상 3~4개 까지 통제할 수 있다고 한다. 그래서 육군의 부대편제는 주로 예하부대를 3개에서 4개정도로 편성한다. 한사람이 지휘할 요소들의 개수를 통제가 가능한 숫자만큼 편성해 놓은 것이다. 가장 작은 제대인 분대는 10명의 전투원이 있다. 교전이 발생하면 분대는 상대 부대에 대하여 행동을 취한다. 이런 행동은 분대장의 지휘에 따라서 이뤄진다.

나는 미 육군의 최소단위의 지휘자 분대장이 단지 2명의 팀리더만 지휘하는 데에 대하여 굉장히 신선한 충격을 받았다. 사실상 분대장이 9명의 분대원 전체를 일일히 확인하고 지휘하기에는 어려움이 많다고 늘 생각했기 때문이다. 한국은 분대장과 부분대장이 분대원들을 나눠서 지휘하기도 한다. 하지만 미 육군은 아예 그 부분대장을 두 명으로 만들어버리고, 그들의 부대인 '팀'이라는 단위를 만들어서 전투한다는 점이 신선했다. 내가 분대장이라면, 9명을 지휘할 때보다는, 2명을 지휘할 때 보다 더 손쉽고 간편하다고 생각하기 때문이다. 분대를 간단히 2개의 작은 팀으로 생각할 수 있게 된 분대장은, 그만큼 더 빠르고 명료하게 전술을 펼칠 수 있을 것이기 때문이다.

또 다른 일화는 경계security 근무였다. 우리는 숙영 간 등급을 나누어 경계병을 배치했다. 야간에도 당연히 경계근무를 배치했는데, 내가 경계해야 하는 시간은 4시에서 6시였다. 자다가 중간에 일어나서 소총을 손에 쥐고 엄폐하여 주위에 적이 접근하는지 두 시간동안 살펴야 했다. 나는 나와 한 조로 편성된 엘리스와의 새벽을 잊지 않는다.

때는 새벽이지만 아직 어두웠다. 적막하게 깔린 밤공기 속에서 나와 엘리스는 전번 경계병들과 교대했다. 아직 잠도 덜 깨어있었지만 우리는 묵묵히 경계했다. 잠도 오고 심심해지기도 해서 그녀와 나는 굉장히 많은 대화를 나눴다. 말수가 적고 무뚝뚝하기만 했던 나는 그래도 서먹서먹하게 두시간동안 있다가 헤어지는게 이상하다고 생각하여 엘리스와 이런 저런 이야기를 했던 것 같다. 하지만 말을 이어가기가 어려울 때면 오랫동안 정적이 흐르고는 했는데, 잠이 엄습해올 때마다 나는 그녀에게 질문을 던지고 그녀는 꽤 흥미롭게 답을 하고는 했다.

"엘리스, 나 피곤하다. 뭐 하나만 더 물어도 될까?"

"어. 뭔데?"

"뭐 하는거 좋아해? 취미가 뭐야?"

"음… 여행 좋아해."

졸던 차라 잘 기억은 나지 않지만, 이런 대화를 시시콜콜 이어 나갔던 것 같다. 하지만 그래도 더 졸립고 몸도 찌뿌둥하고 으스스 추울라 치면 나는 연거푸 팔굽혀펴기를 해서 내 몸의 혈액순환과 신체발열을 강요했고, 그녀는 흥미로운 듯 나를 쳐다봤다. 아마 웃고 있었을 거다.

'아… 잠 잘수는 없어. 깨어있어야 돼. 큰일이다. 지루하고 피곤해. 팔굽혀펴기라도 해야겠다!!!!'

그렇게 새벽시간은 나에게 고통이었고, 정신과 신체 모두의 고통이었다. 나는 그 경계임무를 수행하는 시간동안 삶에 있어 손에 꼽힐만큼 긴 2시간을 보냈다. 나도 인간인지라, 아무리 노력을 했어도 몇 초 정신이 혼미해지는 경험을 했음을 고백한다. 하지만 압권은 바로 햇살과 온기가 느껴지는 바로 그 순간이었다.

"엘리스, 해뜬다! 천만다행이다. 벌써 따뜻한 느낌이 들어. 삶을 다시 찾은 느낌이야. 너도 그래?"

"응. 우리가 밤을 새었어. 저 햇볕을 받으니 살맛이 난다!"[81]

훗날 내가 '카라마조프가의 형제들'을 읽었을 때, 결투가 있고 나서 비춰진 햇살을 느끼면서 삶의 아름다움을 느꼈다는 장면을 머리와 마음속에 그리면서 나는 사실상 황소산에서의 밤샘경계를 추억했다.

또 다른 기억의 꼭지는 소대장생도 쟌이다. 그는 4학년이며, 풋볼선수였는데, 다부진 체격에 굵은 목소리가 인상적이고, 훈련 간 늘 건빵주머니에 주요한 물건들을 넣고 다녔다. 그는 특히 녹색의 노트와 잘 접어둔 군사지도를 지퍼백에 고이 싸서 건빵주머니에서 꺼내서 자주 들여다보곤 했다.

"좋아, 상황이 발생했어. 난 지휘정찰을 다녀올 거야. 난 지도상 이 지점에 갈거야. 둘 더 데리고간다. 한 시간 안에 돌아올거고 만약 내가 시간 안에 복귀를 못하면, 이동준비를 해. 왜냐하면 어차피 하룻밤을 보낸 곳에 더는 머무를 수 없으니까. 정찰이 끝나면 어디로 가느냐만 문제야. 마지막으로, 만약 뭔 일 생기면sh*t happens 재빨리 나한테 알리고, 부소대장 혹은 1분대장

---

81   Yeah, we stayed up all night! Ah, it does feel better with that sunlight on!

한 살배기라 고민이 참 많은 2학년   **171**

이 내 대신 소대를 지휘한다. 질문?"

이런식으로 쟌은 청산유수같이 뿜어내고는 했다. 사실 내가 직접 접한 소대장이라는게 이때가 처음이었으니 뭘 해도 인상적이었다. 쟌은 내가 풋볼선수들에게 가졌던 고정관념을 한순간에 무너뜨릴 정도로 원칙적이었고, 진정성이 넘쳤다. 사실 쟌 이후로 나는 풋볼선수들을 진정성 있게 대했다고 해도 과언이 아닐 것이다. 위의 예시에서도 그는 지휘정찰leader's recon 전에 'GOTWA' 요소를 빼놓지 않고 하달하고 출발했다. GOTWA는 사실 CFT 분대장 버냄이 나에게 가르쳐준 약어인데, 어디가는지, 누구와 가는지, 복귀시간, 복귀지연 시 지침, 피격시 행동지침의 약자였다. [82]

다른 기억의 꼭지는 정찰 중에 일어났다. 내가 첨병으로서 정찰대를 이끌면서 암석지대를 통과할 때의 일이다. 내 눈앞에 곰이 나타났다. 나는 손을 들어 정찰대를 세웠고 우리는 산개하여 무릎앉아kneel했다.

"젠장. 50미터 앞에 곰 발견! 버냄, 곰이 보인다!"

"어이쿠. 훈육관님께 보고한다."[83]

30여분이 지났을까. 곰은 움직이지 않고 있었고, 얼마 후 훈육관님이 나타났고, 우리는 공포탄을 쏘라는 지시를 받았다. 공포탄을 쏘니 곰이 움직였다. 산을 어슬렁 어슬렁 오르는 모습을 보며 우리는 정찰을 계속했다. 살아 생전에 훈련 간 곰을 직접 목격한 것은 그때가 처음이었다. 다행인지 불행인지 그 곰은 생각보다는 크지 않고, 사람만한 크기였는데, 아기곰인 듯 했다.

---

82 Going where, Others who go with me, Time for return, What to do if return delayed, Actions to take when the leader and others are hit

83 Oh shoot. Let me report to TAC.

그 외에도 수많은 에피소드가 많았던 FTX가 끝나고, 우리는 타 병과체험훈련Branch Familiarization을 실시했다. 사실상 길고 밀도있는 훈련을 실시하지는 않았지만, 기본적으로 보병훈련이 위주가 되고 기본이 되는 훈련기풍상 그 훈련의 이질적인 성격 때문에 이 훈련이 인상적이었다.

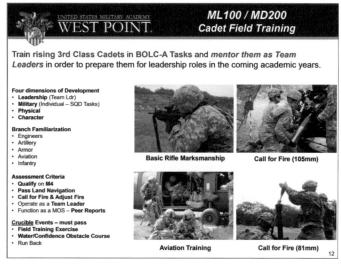

2학년 Cadet Field Training의 내용[84]

이 기간에 우리는 전차와 기갑수색, 그리고 포병체험을 위해서 우리는 캔터키 낙스 기지Fort Knox를 비롯한 육군부대 및 병과학교로 이동하면서 지냈다. 어느 날, 우리는 하루종일 105mm 견인포를 쏘았다. 나는 돌아가면서 포에 가서 장탄도 해보고 포신도 돌려보고, 사격명령을 받은 후에 최대한 빨리 사격을 하는 연습도 해보면서 포

84 West Point, "Department of Military Instruction o=Overview," 2018, p. 12, https://www.westpoint. edu/sites/ default/files/pdfs/General/Parents/Plebe%20Parent%20Weekend%20 Overview.pdf

병도 다이나믹한 임무를 수행하는구나 싶었다. 내가 팀원이 되어 직접 탄을 넣고 발포한 포에서 발사된 포탄이 표적에 맞아 목표지점에 폭발을 하는 모습을 보는 재미는 소총으로 해왔던 것과는 또 다른 느낌이었다.

한편, 우리는 사격지휘소에서 사격관련 임무수행이 어떻게 이뤄지는지도 직접 두 눈으로 보았다. 사격요청이 수령되면 태블릿, 컴퓨터 등등을 사용해서 계산이 들어가고, 이어서 사격제원이 산출된다. 산출된 사격제원은 각 포대로 무선 전파된다. 포대에서는 내가 방금전에 연습했던 것과 같이 제원에 맞게 포를 준비시키고 발포하는 것이었다.

물론 우리는 자격시험으로서 화력요청 및 유도call for fire를 실시하였다. 사격요청양식에 맞게 나는 무전을 했고, 실제 포대와 무선교신이 이뤄졌다. 나는 사전교육을 따로 실시하거나 공부해오지 않아서 화력요청 양식이 친숙하지 않았다. 하지만 참고자료를 참고하여 차근차근 상황에 맞춰서 화력요청을 실시했고, 내가 원하는 부근에 포탄이 떨어지는 것을 보았다.

우리는 박격포 훈련도 했다. 정확한 구경은 기억이 나지 않지만, 구경별로 다양한 박격포를 세 종류정도 실제 사격했다. "깡!" 하고 크게 나는 소리에, 그리고 행여나 내 손에 들린 박격포탄이 포신을 타고 내려갔다가 내 손이 포탄에 맞지나 않을까, 그리고 포탄을 잘못해서 떨어뜨렸다가 쏘기도 전에 터지면 어쩌나 등등 걱정을 해가면서 사격했다. 지금 생각해보면, 이런 위험성 높은 훈련들을 이제 1년 막 생도생활을 마친 생도들에게 시킨 미 육사의 용기(?!)는 실로 대단하다고 생각되고, 장차 병과를 고를 생도들에게 이번 병과체험훈련은 귀중한 참고가 될 것이라고 생각한다.

실제로 예를 들자면, 나는 이런 경험을 기반으로 포병에 가면 이런 것을 하는 것이구나 생각이 들었고, 나는 진지하게 포병으로도 진출할까 생각까지도 했었다. 사실 어느날 포병 대위였던 화학교수 에클리 대위 님께 물었었다.

"교수님, 질문이 있습니다. 포병에서는 뭐 합니까? 그 병과가 보병하고 비교해서 특별한 것이 무엇입니까?"

"오 생도, 좋은 질문입니다. 내 생각에 포병은 큰 그림을 그립니다. 보병은 작은 그림을 그리지만요."

이런 그 교수님의 말씀만 들었을 때는 잘 이해가 되지 않았었는데, 훈련경험이 함께 접목되니 조금 더 포병에 대해서 이해가 되는 것 같았다.

한편, 좀 웃기기도, 슬프기도 한 일화가 있었는데, 그건 몹시 예상치 못한 상황에 일어난 일이었다. 항상 무게를 잡고 엄격하였던 CFT 에코중대 훈육부사관이 그 날도 함께 우리와 대기하고 있었다. 그런데 갑자기 멀리서 포격의 굉음이 났다.

"퍼어어어엉!"

그때 그 부사관은 안 웃을 수가 없을 정도로 온몸을 발작하여 놀라는 것이었다. 나도 웃음 참느라 고생을 했던지라 잘은 기억이 안나지만, 자기도 민망했던지,

"우… 절대 안 편해… 완전 어처구니 없게 놀랐네."[85]

라는 식으로 으르렁거리며 숙덕거렸었다. 웃기기도 했고, 한 편으로는 의외이기도 했다. 파병도 그렇게 다녀오고 했는데 포소리가 익숙해지지 않는가 싶었다. 하지만, 동시에 숙연해지기도 했다. 뭇

---

[85] Oh, that never gets comfortable.. It fu*king threw me off..

참전용사들 중에 외상후스트레스장애^{PTSD}를 앓는다는 말도 들었던지라 그랬다. 혹시 이 부사관도 비슷한 것이 있었다면 짓궂게 생각했던 내가 철없었다는 반성도 되었다. 괜히 미안했다. 사실, 참전용사들에게 전투경험에 대해 물을때도 마찬가지였다. 차차 알게 되어 조심스러워졌던 질문사항이라, 이번 경험을 통해서 더 몸가짐을 가다듬어야겠다는 생각을 스스로 다잡았다.

기갑 및 기갑수색병과 체험훈련은 M1 에이브럼스전차 탑승시뮬레이션, 실기동 훈련, 실사격훈련이 있었다. 나는 시뮬레이션 기기에 탑승하여 조종석에서 조종 시뮬레이션을 했고, 내 다른 동기들은 사격지휘 및 사격하는 시뮬레이션을 한 전차모형 안에서 동시에 시행하여, 실제 전차를 운용하는 것 같은 체험을 했다. 그리고 이 시뮬레이션은 후에 야지에서 팀을 나누어 험비^{HMMWV}와 전차에 나눠탑승하여 각기 다른 내용으로 실기동하면서 가상의 경험뿐 아니라 실제 장비를 운용하는 경험을 했다. 우리는 전차와 험비에서 실제 조종을 하며 발포만 하지않는 상호 대항훈련을 실시했다.

그 외에도 우리는 M3 브래들리에서 25mm 기관포 실사격, 험비에 설치한 M2 브라우닝 50구경 기관총 사격연습, M109 팔라딘자주포 송탄연습, MLRS 탑승을 실시했다. 정말 질리도록 실탄을 수도 없이 사격했고, 나는 미군의 아낌없는 풍요와 풍족함에 새삼 놀랐다. 그 외에도 공병훈련에서는 세퍼(전투공병) 훈련을 통해 샷건을 사용한 통로개척, 지뢰매설과 해체부터 IED의 식별 등 각종 폭발물에 대한 훈련을 받기도 했다. 보병 외의 타 전투병과의 체험은 그렇게 훈훈하면서도 정보력 있게 우리의 몸에 새겨졌다. 나는 이런 교육이 단순한 교실에서의 사진과 강의자료에 의한 소개가 아닌, 몸으로 뛰는 체험이었기에 그 소중함을 강하게 느꼈다.

그리고 정말 많은 부대들이 우리 2학년으로 진학하는 생도를 위해 기꺼이 시간과 노력을 투자해주었다는 점에서 나는 무한히 감사하고 미안했다. 동시에 나는 나를 이역만리 먼 타지에 보내어 이런 경험과 교육을 받을 기회를 선사한 국가에 대해 넘치는 감사와 그래서 더 헌신해야겠다는 어리숙하지만 절실한 사명감을 되새겼다.

SAPPER Tryout

괜히 닭수프를 잘못 먹었다가 위가 당기거나 하면
12mile 무장급속행군에서 손해를 볼 것이기
때문이라며 나름 선택을 합리화하는 중이었다.

에어어설트를 끝낸 상태에서 나는 과연 내가 미 육사생도로서 받을 수 있는 힘들고 어려우면서 한국에서는 받을 수 없는 군사훈련은 무엇이 있을까 고민했다. 사실 레인저(유격수색 정도로 풀이된다. 3단계로 이어지며, 약 61일간의 훈련이지만 주로 잦은 과락과 재교육에 의하여 교육기간이 연장된다.) 훈련을 받고 싶었지만, 아쉽게도 제한된 여름일정 때문에 생도들은 레인저를 받지 못했다. 그래서 가장 가까운 것 같은 훈련이라고 생각한 세퍼(Sapper. 전투공병. 28일간 훈련 실시) 훈련을 받고자 했다.

사실 위에 제시한 논리는 내가 재수시절 읽었던 고승덕 변호사의 자서전에 나왔던 선택법칙이었다. 말인즉슨, 지금이 아니면 할 수 없는 것을 선택한다는 원칙이다. 나중에라도 택할 수 있는 선택은 우선순위에서 밀리고, 지금밖에 못하는 것을 더 높은 우선순위를 부여한다는 원칙이라는 의미이다. 그런 의미에서 내가 미 육사에 파견되어있는 기간동안 종사해야 할 교육내용은 한국에서는 찾기 어려운 각종 대외활동과 군사훈련이 될 터였다.

　나는 준비 전부터 나름의 수순을 밟았다. 일단 이 훈련이 어떤 훈련인지 알아보기 위해 발품을 팔았다. 공교롭게도 같은 중대 2학년 선배가 다녀왔었다. 나는 그의 일지를 받아서 읽어보면서 훈련이 어떤 것인지 이해했다. 첫 날부터 마지막 날 까지 이어진 그의 일지를 읽어보면서 나는 '아, 나도 일기를 꾸준히 써야겠다'하고 생각했다.

　그 다음 나는 세퍼훈련에는 20명 내외만 선발해서 보낸다는 사실을 확인하고는 치열한 경쟁을 뚫고 교내의 쟁쟁한 실력자들과 겨루어 선발되어야 한다는 현실을 인식했다. 한정된 교육생의 숫자에 비해서 지원자의 숫자는 많았다.

　생각보다 오랜 기간동안 준비하지는 못했지만, 그래도 나는 나름대로 열심히 준비했다. 지금와서 돌이켜보건대, 일단 학교 선발과정에 대한 실질적인 준비와 선발 당일 체력관리만 더 잘 했다면 더 나은 성과를 올릴 수도 있었을 것 같다는 생각이 든다.

　선발 당일. 우리는 오전 4시에 기상하여 5시부터 데일리필드에 집합했다. 쌀쌀한 날씨덕에 옷차림은 다들 비니에 전투복을 착용했다. 갑자기 시작된 체력측정. 우리는 몸을 풀고 뭐하고도 없이 정신없이 종목들을 소화했다. 특히 3마일 달리기를 희한한 코스로 해서 실시했는데, 우리는 경사지를 경유하여 뛰었다. 맨 앞에는 세퍼를 이미 졸업한 상급생도 뛰었는데, 우리는 그 뒤를 열심히 따라 뛰었지만, 그는 정말 빨랐다.

　새벽부터 과열된 신체에서 피어오르는 열기로 필드는 증기밭이었고, 우리는 곧이어 학교에서 제공하는 버스를 타고 버크너로 이동했다. 잠깐 앉아서 긴장이 풀어진 탓일까. 나는 또 짧은 새에 낮잠 비슷한 잠을 취했다.

버스가 멈추고 문이 열리자, 우리는 운동장으로 뿌려졌다. 우리는 정신없이 그리고 쉴새없이 고문인지 훈련인지를 모를 모진 얼차려를 받으며 왕창 '깨졌다hazed.' 우리는 시계도 찰 수 없었기 때문에, 나는 시간을 알지 못하였다. 정말로 정신이 없이 시키는 것은 무엇이든 다 했다. 선발되어야 한다는 일념으로 그 어떤 지시사항도 모두 수행했고, 나는 그 과정에서 내 체력이 무자비하게 소진되는 것을 경험했다.

팔굽혀펴기, 땅짚고 기어가기, 앉았다 일어나기, 쪼그려 앉았다가 뛰어오르기, 턱걸이, 통나무 들기 등 쉬는 시간 없이 지속적으로 우리는 선발요원들로부터 깨져갔다. 나는 목소리도, 체력도 지지 않고 내가 선발되어야 한다는 일념, 그리고 되도록 좋은 인상을 보여서 선발되어야겠다는 순진한 생각에 모든 것을 쏟아냈다. 내가 조금만 더 약았더라면, 여기서 힘을 좀 아꼈었을지도 모른다는 생각이 이제서야 든다. 하지만 나는 매사, 늘상 110%를 쏟아붓는 존재였다.

"삐이이이~~익!"

호각소리와 함께 얼차려 세션은 끝났다. 우리는 전투복 상의와 하의를 탈의하고 뜀걸음 복장을 착용할 것을 지시받았다. 그리고는 곧바로 뜀걸음 대형으로 모였다. 5마일(9km) 달리기를 실시하는 것이었다. 몸은 지쳤지만, 나는 최선을 다해야겠다는 생각으로 뛰었다.

초반 1마일 정도는 괜찮았다. 그런데 몸에서 신호가 왔다. 호흡이 무척 가빠지고 몸에 힘이 부족해졌다. 점점 주자 대형의 뒤로 밀리는 내 자신을 발견했다. 최 후미에는 낙오자를 구분하는 페이스메이커가 있었다. 나는 5마일이 끝날 때까지 그 페이스메이커를 의식해서 그의 뒤에 서지 않으려고 노력했다. 하지만 거의 끝날 때 쯤, 그에게 추월을 당했다. 기분은 처참했다.

비장한 표정으로 5마일 달리기 중인 지원자들

　이어서 잠깐 동안의 휴식과 함께 닭수프가 제공되었다. 꽤 많은 생도들이 음식을 먹었다. 하지만 나는 기분도 착잡했고, 그냥 준비해온 후아바Hooah Bar라는, 내가 좋아하는 보급 에너지바 만을 입 속에서 질겅질겅 씹으며 모처럼의 휴식을 만끽했다. 괜히 닭수프를 잘못 먹었다가 위가 당기거나 하면 12마일 무장급속행군에서 손해를 볼 것이기 때문이라며 나름 선택을 합리화하는 중이었다. 어찌보면 계속된 자존심의 상처에 나름의 자존심을 지키려는 노력이었을 수도 있겠다.

　이어서 모든 군장류를 결속하고 착용하라는 지시가 떨어졌다. 이제 대미의 마지막을 장식할 무장급속행군의 시간이었다. 에어어설트에서도 나름 빠른 선두그룹에 있었던 나였기 때문에, 나는 자신이 있었다. 이 종목에서 설욕을 해보려고 했다. 승부수인 것이다. 생

완전군장 뜀걸음 중인 생도들

체시계상으로 그때는 오후 1시 어간이 아니었나 싶다. 물론, 그 상황의 나에게 있어 시간대는 중요한 상황은 아니었다. 중요한 것은 내가 다른 생도들보다 더 빠르게 결승선을 통과할 수 있느냐 하는 것이었다.

출발과 함께 우리 모두는 뛰었다. 말이 급속행군이지, 뜀걸음이었다. 군장류가 가득 든 군장배낭, 단독군장을 착용하고 우리는 모두 뛰었다. 이 중에서 나는 막연하게 적어도 10등 안에 들어야겠다고 생각했고, 나는 기세좋게 뛰었다. 반환점을 돌면서 보았지만, 2위에 어떤 여생도가 달리고 있었다. 충격이었다. 어떻게 저렇게 빠르지 싶었기도 했고, 내 스스로 더 힘을 내야겠다는 생각 뿐이었다. 그때까지도 나는 준 선두그룹으로서 10위권에 있었다. 그래도 이대로만 유지하면 소기의 목표를 달성할 것이라는 즐거움으로 온 몸에 전해지는 고통과 피로감을 이겨내고 있었다. 그런데 바로 그 순간이었다.

"아아아아악!! 내 다리!! 젠장!"

내 좌측허벅지에서부터 정강이까지의 근육이 일제히 급격히 수축했다. 반환점을 돌고 가파른 오르막길을 뛴지 약 500m정도 되는 위치였다. 약 150m정도만 더 가면 이 가파른 오르막길이 끝날 터인데, 다리가 더 못버틴 것이었다. 내 다리는 잘 펴지지 않았고, 나는 멈출 수 밖에 없었다. 하지만 멈추기 싫었다. 여기까지 버텨온 것이 어디이며, 이 선발시험에서 뽑히기 위해서 들여왔던 노력은 무엇이며, 무엇보다도 내 오른쪽 어깨 위 전투복에 붙어있는 태극기를 욕되게 하는 것 같아 내 비참한 모습을 누구에게도 보이고 싶지도 않고, 내 스스로도 용납할 수가 없었다.

"오, 괜찮아? 가자!"

"벤지, 쥐가났어. 안움직인다. 못쓰겠어. 제길."[86]

"아냐, 할 수 있어! 가자! 힘내!"

"그럴게, 벤지. 먼저 가. 따라갈게."

"좋아. 건투를 빈다!"

단짝과 같이 지내던 벤지가 나를 위로하고 응원해 주었던 것이 크게 고마웠다. 그리고 내 뒤에 있던 그가 내 앞으로 추월해가는 모습을 보면서 나는 힘겹게 계속 발을 내딛었다. 그래도 내 뒤에 있던 친구인데 이렇게 무기력하게 추월당하고 싶지 않았다. 더 잘 할 수 있다는 생각이 들었다.

"헤이, 오! 어서 가자! 힘내! 할 수 있어!!"

---

86   Ah, Benji, my legs are cramping. They are not moving. I can't use them. Sh*t, man.

그때 들려왔던 목소리는 샌드허스트 경연대회 담당 임무를 맡고 있었던 작년중대의 선배였다. 아, 저 선배가 나를 응원해주는구나 싶어서 반갑기도 하고, 힘이 났다. 나는 다시 한 번 내 오른쪽 어깨 위에서 파란 빛을 내는 태극기를 의식했다. 열받기도 하고, 어떻게든 힘을 내야 했다.

　　'이이이익!!!!!'

　　다른 방법이라고는 없었다. 그냥 이를 정말로 꽉 깨물고 말을 잘 안듣는 다리를 무작정 더 열심히, 그리고 더 빠르게 움직였다. 그냥 느리든 빠르든 상관하지 않았다. 그냥 계속해서 움직였다. 그러기를 3분정도 지났을까. 내 다리는 언제 그랬냐는 듯 다시 움직였고, 쥐도 풀렸다. 이건 마치 요술과도 같았다.

　　나는 다시 움직이는 다리에 감사했다. 좀 우스꽝스럽긴 했지만, 정말로 나는 내 다리가 고마웠다. 무엇보다 태극기가 고마웠다. 물론, 선배 생도와 벤지도 고마웠다. 그렇게 고마움과 감격을 만끽하는 것도 그 순간은 사치였다. 아직 경주는 끝나지 않았던 것이다.

　　나는 뛰었다. 다리에 피로감이 느껴졌고, 다소 후들거리기도 했지만 다리는 움직이고 있었기 때문에 뛸 수 있었다. 추격이 시작되었고, 나는 다시 순위를 회복해나갔다. 심하게 쥐났던 내 다리와 같은 상태로 접어드는 생도들도 보였다. 나는 힘내라는 이야기 외에 더 많은 이야기는 할 수 없었다. 일단 경주를 끝내야 했으니까 말이다. 끝내 경주는 16위로 들어오게 되었다.

　　며칠이 지났을까. 선발명단이 나왔다. 안타깝게도 순위는 마지막에 실시한 무장급속행군의 순위와 크게 비슷했고, 나는 15명을 뽑는 선발명단에서 아쉽게 17위의 성적으로 들지 못하고 말았다. 억울했다. 그리고 비참한 생각이 들었다. 부끄럽기도 했다.

하지만 내 성격상 부정적인 생각만으로 스스로를 잠식하고 싶지는 않았다. 사실 나는 인생에 있어서 처음으로 리미터가 풀리는 경험을 했던 차였다. 신체의 한계를 극복하는 경험은 평생 잊지 못할 경험이라는 생각을 했다. 그 방법은 '그냥 구애받지 말고 계속 밀어붙이는 것'으로서, 생각보다 간단했다.

Fitness Classes

체력뿐 아니라 영양과 체격

처음 그 이메일을 받아보았을 때의 기분이란, 경이로움 그 자체였다.
정말 영양사가 열심히 일하는구나, 그리고 그 노력이 생도들에게
고스란히 전해지는구나, 라고 생각했다.

2학년때 수강했던 수업중에 나를 레벨업시킨 수업이 하나 있었
다. 하지만, 그 수업에 대한 첫인상은 참 그렇게 좋지는 않았다. 체
력관리Fitness Development라는 수업은 수업에 들어가기 전부터 다소
물음표를 달고 들어갔던 수업이었다. 체력개발? 체력관리? 건강증
진에 대한 수업일까 의아해하며 듣기도 전에 흥미도가 떨어졌기 때
문이었다. 그리고, 심지어 그 수업담당 교수도 헤비교수님이라는 전
혀 감이 오지 않는 이름으로 쓰여져 있었기 때문이다.

내가 기억하는 헤비교수님은 물론 여기서 가명을 우스꽝스럽게
써서 그렇지만, 무엇보다 건장한 체격과 큰 체구와는 안어울리는 작
은 전자시계가 인상적인 신사였다. 젊고 뚜렷한 외모, 그리고 부드
러운 목소리, 잘 이해되지 않는 유머감각으로 마치 바디빌더같은 인
상의 교수님이었다. 그가 하는 말은 굉장히 현학적으로 많이 느껴졌
는데, 그 이유는 내가 잘 알아듣지 못하는 신체부위 용어나 영양소
같은 말을 너무 일상대화 하듯이 뿜어냈기 때문이었다. 한두 번도

아니고, 계속해서 내뿜는 영양학적 지식들은 지금와서 생각하면 극히 자연스러운 것이었고, 크게 도움이 되는 바가 있었지만, 아예 관심이 없었던 나는 고전했다.

그 교수님은 나긋나긋한듯, 혹은 성우의 목소리 같은 듯한 말투를 매우 부드럽게 구사하여 내가 수업시간에 깨어있기 위해 노력을 훨씬 더 많이 기울이게 만들었다. 물론 나의 잘못이 크다만, 나는 동시에 인간이란 간사하다는 생각을 했다. 왜냐하면, 사실 CBT 때만 하더라도 상급생도들이 나에게 고래고래 소리를 지르면서 뭐라고 하면 도대체 무슨 말인지도 못 알아들어 동기들 따라하기 바빴는데, 이제는 군인의 영어가 더 익숙해졌기 때문이다.

어느 날 수업시간에 헤비교수님은 또 다시 내가 잘 이해하지 못하는 유머코드로 혼자 웃었다.

"결혼식에 갔었죠. 멋지게 차려입고요. 멋진 정장에 넥타이를 맸어요. 그리고 제 손목에는 바로 이 전자시계가 달려있었고, 제 모습은 완성되었죠."

도대체 웃어야할지 몰랐는데, 아마도 멋진 옷차림을 했는데 시계가 균형을 무너뜨렸다는 점을 어필하는 듯했다. 아마도 그는 전자시계를 차고 다니는 것을 운동을 가르치는 사람으로서 자랑스럽게 여기는 듯했고, 동시에 세상의 통념상 정장에는 번쩍번쩍하거나 검소한 아날로그 시계쯤은 차고 다녀야 한다는 것이 정설인데, 자신은 기분좋게 그 통념을 뒤엎는다는 점을 어필하는 것으로 이해했다.

지금 와서는 좀 같이 웃어줄 수도 있지만, 사실 나는 그다지 그 사실이 재밌지는 않았다. 다만, 아 이 교수님이 패션센스가 좀 없는 편인가 보구나 싶었다. 사실 나는 지금도 시계의 브랜드나 스타일 등에 대해서 잘 알지 못한다. 혹시 그 교수님이 차고 있던 전자시계는 엄청난 성능의 유명한 전자시계였을는지도 모른다. 어렴풋이 10년전 기억을 더듬어보면 내 뇌리에는 '아이언맨ironman'이라는 로고를 본 것도 같고, 단지, 눈에 띄게 주먹의 크기에 비해 작은 시계 몸체만 기억에 선명하다. 그렇게 저렇게 보냈던 학기에서, 나는 어렴풋이 느꼈던 사실이 있었다.

'아, 2학년들에게 이렇게 전원 영양관리의 중요성에 대해서 강조하는구나. 그리고 체력단련의 원리를 배우고 체력단련 계획을 부대를 위해서 작성할 준비까지 시켜주는구나. 지휘관 혹은 참모가 된다면, 결국에는 이렇게 체계적으로 영양과 체력을 함께 균형있게 개발시켜야 하는 것이구나.'

사실 같은 학급의 친구들은 이미 이런 영양학적 지식이 상당히 갖춰진 상태였고, 나는 그들의 수준에 놀랐다. 이미 고등학교 때 풋볼선수를 했던 친구나, 무엇을 해도 운동을 다들 했던 친구들이었는데, 이미 운동부서활동을 하면서 그들은 기본적인 영양소에 대해서 배우고 식단관리를 해왔던 친구들이었다. 내가 미국에 오기 전, 내가 경험한 우리나라에서는 다이어트라고 하면 그냥 몸에 쌓인 불필요한 지방을 줄여서 몸매를 균형 있고 건강하게 보이도록 하는 일체의 활동을 이야기했었다. 그래서 지방을 먹네, 고기의 비계를 먹네, 마네 했던 기억뿐이었다.

하지만 이제 미국에서의 영양은 접근이 달랐다. 이제 음식은 먹네 마네의 수준이 아니었다. 모든 음식은 먹어야 한다는 게 지론이었고, 다만, 어떤 목표를 위해서 언제 어떻게 먹느냐의 문제였다. 지방은 무조건 피해야 할 영양소가 아니었고, 필요하면 작전수행을 위하여 일부러 피하지방을 특정 퍼센트 형성해놓아야 하는 것이었다. 이를테면, 레인저훈련 때 잠도 못자고 잘 못먹기 때문에 근손실이나 피하지방 손실이 극심하기 때문에 입교 전에는 일부러 피하지방을 확보하여 정확한 수치는 기억이 나지 않지만, 대략 15퍼센트 내외의 체지방을 갖고 입교하는 것이 준비하는 방법이라는 식이다. 몸매를 좋게 만들기 위해, 몸짱으로 보이기 위해 피하지방을 한 자리 숫자로 줄인다는 등의 노력이 한창이었던 그 시대를 돌이켜 봤을 때, 이런 실용주의적 영양관리는 나에게 큰 자극이었다.

그 외에 체력단련에 대한 패러다임도 큰 변혁을 겪었다. 그 계기는 바로 STREND 측정이라는 과목 자체 시험을 수행하면서 부터였다. 힘과 체력에는 자신이 있다고 생각한 나에게, 정식으로 웨이트를 이용한 체력측정이 현실적으로 다가왔던 것이다. 굉장히 세부적으로 체중대비 특정 웨이트를 이용하여 최대 반복횟수를 측정하여 점수화시키는 측정이었는데, 늘 팔굽혀펴기, 윗몸일으키기, 달리기 위주로 운동해오던 나에게 이 새로운 측정은 충격을 가져다주었다. 그 이유는 바로, 내가 생각보다 높은 수준이 아니었기 때문이었다.

'… 엇? 뭐지? 175 파운드(79.4kg) 벤치프레스를 … 열다섯 개를 못한다고??? 아….'

특히 마음같아서는 더 하려고 하지만 힘에 부쳐서 횟수를 늘릴 수 없고 몸이 바들바들 떨리는 순간을 맞아서는 비참한 생각까지 들었다.

"준혁아, 웨이트트레이닝도 중요하니까 꼭 해. 근력도 근력이지만, 골절 등을 예방하는데도 도움이 많이 된다."

라고 나에게 조언해주셨던 선배님의 말씀에 기반을 두어 나는 늘 웨이트트레이닝을 단순하고 부가적인 운동으로 생각했던 차였다. 기껏 웨이트트레이닝 하는 사람들은 유산소운동을 싫어하는 사람들과, 몸이 커지고 싶은 사람들이라는 생각을 해왔던 것이다. 하지만 일부 동기들은 날렵한 몸매를 갖고, 나와 크게 신장차이가 크지 않은데도 더 좋은 성적을 거두는 경우가 있었다. 특히 기억나는 친구는 카멜이라는 이름을 가진 친구였다. 그 친구는 달리기도 잘하고, 힘도 좋고 지구력도 뛰어났다. 대단하다는 생각도 들고, 존경심이 생겼다. 그리고 나도 질세라 정말 더 열심히 측정했다. 그리고 그 경험 이후로 나는 계속해서 웨이트트레이닝을 체력단련의 일부에 포함시켜서 실행했다.

그 외에도 헤비교수님은 우리에게 수많은 가르침을 안겨주었다. 평상시같이 폴로셔츠에 카키바지를 입지 않고 체육복차림으로 나와서 우리와 함께 워밍업을 하던 그의 모습을 나는 아직도 잊지 못한다. 바디빌더같은 몸집으로 작게, 크게 원을 그리며 어깨를 풀고, 의기양양하게 근력운동을 시작하기 전에 스트레칭을 하는 것이 얼마나 좋지 않은지를 굉장하게 자세하게 풀어냈던 그의 모습은 또 다른 충격과 학습의 시간이었다.

"많은 사람들은 자동적으로 웜업을 할 때 스트레칭을 합니다. 하지만 그건 주로 잘못되었어요. 대신에, 특정운동들에 대해서 전후웜업에 대해 생각해봐야 합니다. 같아서는 안되겠죠. 특히 스트레칭에 대해서는요. 여러분들의 근육은 기본적으로 웨이트를 할 때 수축하죠. 그런데 왜 근육을 늘려놓나요? 기껏 스트레칭 해놓고 반대로 근육을 쓰나요? 말이 안 됩니다. 근육에 부담 가하기 전에는 예열을 하면 되죠. 늘어지게 하고싶지는 않을 겁니다. 어떻게 몸의 긴장을 완화시키는지 아나요? 그렇죠. 운동이 끝나고 나서 스트레칭을 해야합니다. 뛸 때도 마찬가지입니다. 기억하세요."

나도 그 말을 들은 바로 그 날 이후로 워밍업 때는 불필요하게 스트레칭을 실시하지 않았다. 내가 쓸 근육들이 어느 부위인지 먼저 생각했고, 워밍업이 필요한지 스트레칭이 필요한지 생각하면서 몸을 풀고 운동이 끝나고 나면 정리운동했다. 그냥 기계적으로 늘 하던 것이니까 하는 것이 아니었다. 나는 어느새 내 체력과 신체를 '관리'해 나가고 있었다.

그러나 나는 아직 완전한 체력관리는 달성하지 못하고 있었다. 바로 영양관리를 체계적으로 하고 있지 않기 때문이었다. 나는 헤비 교수님의 수업을 듣고 나서부터 내가 먹는 모든 음식의 영양성분표를 뜯어보기 시작했다. 내가 먹는 음식들을 다 사전에 계획해서 먹을 수는 없지만, 먹는 순간 이성적 판단을 내려서 최적의 선택을 해나갈 수는 있다고 생각했다. 사실 그때까지만 해도 우리나라의 식품들은 영양표시가 제대로 이뤄지지 않았을 때인데, 마침 미국에서는 굉장히 상세하게 영양성분표가 제시되어 있었다. 나는 배운 지식을 매 순간 적용해서 선택하고는 했다.

그러던 어느날 친구와 체력관리와 영양소에 대해서 이야기하다가 내가 석연치않아하는 부분을 해결할 수 있는 방법을 우연히 알게 되었다. 바로, 내가 매일 먹는 메스 홀의 음식에 대한 영양성분을 알 수 있다는 정보를 얻은 것이었다.

'잠깐, 뭐라고? 내가 식당에서 먹는 음식들에 대해서 일일이 영양성분이 표시되어있다고? 그런데 이게 왜 전 생도들에게 알려지지 않은 것일까? 전 생도들이 다 관심이 없어서일까? 아무튼, 나는 꼭 이 정보를 받아봐야겠다.'

나는 친구로부터 건네받은 이메일 주소록에 등록하여 이메일로 주마다 전파되는 영양사의 영양정보를 수신하기 시작했다. 처음 그 이메일을 받아보았을 때의 기분이란, 경이로움 그 자체였다. 정말 영양사가 열심히 일하는구나, 그리고 그 노력이 생도들에게 고스란히 전해지는구나, 라고 생각했다.

아래에 보이듯, 해당 영양정보 엑셀파일에는 각 아침, 점심, 저녁별 제공되는 메뉴가 나열되어있고 메뉴별로 탄수화물, 지방, 단백질, 그리고 열량의 정보가 포함되어있었다. 그리고 이런 정보들은 내가 섭취하는 분량만 입력하면 알아서 총량이 표시되도록 짜여 있었다.

그러나 나중에 여름 휴가 때 나는 내가 이렇게 최대한 내가 무엇을 먹는지 헤아리면서 음식을 먹는다는 이야기를 혼자 흥분해서 친구에게 전했더니 다음과 같이 한소리 들었고, 나는 멋쩍게 웃을 뿐이었다.

"오준혁, 너는 피곤하지도 않니? 먹고 싶은 거 먹으면서 살어! 참, 너 나중에 결혼하면 부인이 피곤하겠다 야."

하지만 나는 뒤로는 또 생각하고 있었다.

'내 부하들이 먹을 음식, 우리 소중한 장병들이 먹을 음식을 챙겨줄 때, 단순히 맛이나 사회적 잣대 상 일정 수준만 만족해서는 안된다. 그리고 질 좋은 음식을 일일이 챙길 때, 안보이는 데에서 묵묵히 일을 해서는 안된다. 필요한 것은 공개해야 하고, 식단의 영양정보도 필요하면 공개해서 보다 부대원들이 적극적으로 영양관리를 할 수 있게 도울 수 있다면, 정신력으로 부족한 것은 극복하라는 식의 접근보다는 더 합리적이지 않을까.'

	A	B	C	D	E	F	G	H	I	J	K	L
1	Name:	Menu Item	Serving size	No. of Servings YOU ATE	Grams PRO/svg	Your PRO	Grams Carb/svg	Your Carb	Grams Fat/svg	Your fat	Calories per serving	Your Calories
28	Lunch	BBQ Chicken Breast	6 oz		25	0	8	0	7	0	202	0
29		Corn on the Cob	0.5 cup		1	0	9	0	1	0	39	0
30		3 Bean Salad	0.5 cup		2	0	10	0	6	0	95	0
31		Kaiser Roll	2 each		11	0	60	0	5	0	334	0
32		Tomato Slices	3 slices		1	0	2	0	0	0	11	0
33		Blueberry Pie	1 slice		3	0	37	0	13	0	270	0
34		Frozen Yogurt	0.5 cup		2	0	17	0	3	0	100	0
35		Apple	1 medium		0	0	21	0	0	0	81	0
36		Orange	1 medium		1	0	15	0	0	0	62	0
37		Banana	1 small		1	0	28	0	0	0	109	0
38		Gatorade	8 oz		0	0	14	0	0	0	50	0
39		Skim milk	8 oz		8	0	12	0	0	0	80	0
40		1% milk	8 oz		8	0	12	0	2.5	0	100	0
41		Peanut Butter	2 TBS		7	0	5	0	15	0	190	0
42		Jelly	1 tsp		0	0	4	0	0	0	17	0
43		Bread	1 slice		2	0	13	0	1	0	69	0
44	Total					0		0		0		0
45												
46		New York Strip Steak	6 oz		49	0	0	0	12	0	312	0
47		Baked Potato	1 each		5	0	43	0	0	0	188	0
48		Sour Cream	2 TBS		1	0	1	0	5	0	51	0
49		Margarine	1 tsp		0	0	0	0	3	0	25	0
50		Normandy Blend	0.5 cup		1	0	3	0	0	0	18	0
51		Wheat Bread	2 sl		5	0	24	0	2	0	130	0
52		Iced Cupcake	1 each		5	0	45	0	9	0	270	0
53		Apple	1 medium		0	0	21	0	0	0	81	0
54		Orange	1 medium		1	0	15	0	0	0	62	0
55		Banana	1 small		1	0	28	0	0	0	109	0
56		Gatorade	8 oz		0	0	14	0	0	0	50	0
57		Skim milk	8 oz		8	0	12	0	0	0	80	0
58		1% milk	8 oz		8	0	12	0	2.5	0	100	0
59		Peanut Butter	2 TBS		7	0	5	0	15	0	190	0
60		Jelly	1 tsp		0	0	4	0	0	0	17	0
61	Total					0		0		0		0

02-NOV-09　03-NOV-09　04-NOV-09　05-NOV-09　06-NOV-09　07-NOV-09　08-NOV-09　Blank Template　⊕

2009년 11월 7일 식단의 영양정보

"야, 오준혁! 너 또 딴생각하지? 무슨 생각중인데?"

Cadet Candidate

생도지망생이라는 고등학생들이 가끔 보였다.
앳된 얼굴을 하고 단정한 옷을 입은 민간인이
2학년 생도 한 명을 졸졸 따라다니는 모습을 본 것이다.

정신을 차리고 생활하는 2학년 기간. 물론 1학년은 아예 정신도 못차리는 것은 아니었지만, 그래도 1학년 때보다는 더 여유를 갖고 생각할 거리도 많고 보이는 것들도 많아지는 때다. 앞서 설명했다시피 학기중에 수업을 듣기 위해서는 10분이라는 쉬는시간 안에 멀게는 속보로 이동해서 7~8분 걸려야 겨우 도착할만큼 먼 거리를 매시간마다 이동해야 한다. 1학년은 주위를 둘러보거나 누굴 만나서 말을 하거나 하는 것도 안 되기 때문에, 그냥 목적지로 돌진하며 다니고 상급생도들 보면 그리팅을 하면서 지나가야 한다.

"타도해사! 타도해사! 타격준비완료!"

그나마 여유가 있거나 하다면 다음 시간에 볼 쪽지시험 복습하느라 머리속도 복잡하다. 오늘 또 언제 잡혀서 대답할지 모를 것에 대비해서 메뉴도 복습해야 하고….

그런데 이제 2학년이 되니까 주위 환경이 더 보이고, 새로운 경험들도 더 많이 하게 되는 것이다. 그중에서 생도지망생cadet candidate이라는 고등학생들이 가끔 보였다. 앳된 얼굴을 하고 단정한 옷을 입은 민간인이 2학년 생도 한 명을 졸졸 따라다니는 모습을 본 것이다. 어느 하루는, 그런 학생 중 한 명이 내 교실에 와서 앉아 있는 것이었다. 그들이 교실을 방문하게 되면, 능숙한 교수님들은 이윽고 이렇게 말하고는 했다.

"오늘 특별한 손님께서 방문해주셨습니다. 잘 계신가요? 이름과 출신지에 대해서 간단히 말씀해주세요."

"안녕하십니까. 저는 제이슨이라고 하고 저는 오하이오에서 왔습니다."

뭐 이런 식이었다. 위의 제이슨과 같은 생도지망생들은 글자 그대로 생도가 되기 전에 생도지망생이라는 신분으로 1박2일정도 머물면서 생도대 경험을 직접 해보았다. 주로 2학년 생도들이 호스트가 되고는 했는데, 호스트로 지정되면 지망생들을 데리고 다니면서 실제 자신의 일과를 수행하면서 설명을 해야 되고는 했다. 1박 2일 동안 식사, 수업, 체력단련이나 운동부서 활동까지도 동행하고 심지어 잠까지 같은 방에서 접이식 간이침대cot을 설치하여 잠을 재우고는 했다. 이런말을 하기는 좀 뭐하지만, 나는 지망생들을 샤워장에서 본 적은 없는 것으로 보아, 하루 정도는 안 씻고 간단히 세면만 했는지도 모르겠다.

세부사항은 내가 직접 호스팅하지 않아서 잘 모르겠지만, 이 제도가 나는 꽤장히 흥미롭게 느껴졌다. 일단 학교 차원에서도 이익이 있고, 수험생 차원에서도 이익이 남는 윈윈전략이라는 생각이 들었다. 학교의 이익은 일단, 정말 관심과 의지가 있는 자원들을 식별해낼 수 있다는 점이었다. 이미 1박 2일을 하러 사관학교까지 와본다는 그 노력은 모든 이들이 쉽게 부릴 사치같지 않았다. 또 다른 이익은 학교 구성원들의 안일한 태도를 불식시킨다는 점이었다. 아무리 정돈되지 못한 생도라도, 외부인을 동행할 때 옷매무새를 다잡기 마련이다. 왜냐하면, 지망생들은 결국 자신의 생활을 보고 갈 것인데 떳떳하지 못한 모습들을 보여준다는 것은 결국 자신의 생활 자체가 떳떳하지 못한 것이기 때문이다. 뿐만아니라, 호스트 외에도 룸메이트, 그리고 그 외의 동료들 모두 어느정도 지망생들을 의식하는 것이 느껴졌다. 수업시간에도 마찬가지였다. 내가 호스팅을 하지 않으니 전혀 관계 없는데도 불구하고 나는 제이슨이 수업간에 어떤 반응을 보이는지, 그리고 혹시나 내가 하는 말이나 내가 발표하는 것에는 어떻게 반응하는지 관심이 갔다. 나는 지레 짐작으로 교수님도 비슷한 생각을 하고있을 것이라 반쯤 확신했다. 자신의 수업에 보다 신경을 쓸 것 같았다.

나는 요즘 수업을 하면서 생각한다. 내가 생도들의 수업태도를 지적하는 것이 옳을까? 초롱초롱한 눈빛으로 수업에 집중하는 생도들이 있는가 하면, 그렇지 못한 생도들도 현실적으로 있는데, 그들을 부정적인 수단으로 강제하여야만 하는가? 무엇인가 조금 더 긴장하고 생도 스스로 다잡는 효과를 달성하게 할 또 다른 주체는 있을 수 없는가?

나는 지망생들과의 합숙이 어느정도 외부로부터의 자극이 될 수 있다고 본다. 뒤에 더 설명하겠지만, 나는 자극을 통해서 더 많은 발전을 달성할 수 있다고 믿는다(차후에 '잠'에 대해서 다룰 것이다). 피곤에 휩싸여 굉장히 빡빡한 일정을 소화하는 생도들에게 잠깐의 방심이나 따분함은 곧바로 잠으로 귀결된다. 따라서, 따분해질 여지가 없도록 계속해서 자극을 줄 필요가 있다. 나는 그 자극 중 하나가 지망생들이라고 생각한다.

다만, 나는 지망생프로그램을 도입하고자 하는 사람들에게 있어 다소 주의를 주고자 한다. 지망생프로그램은 개별적으로 따로 만들어진 '부가적이고 인위적인 관광'이 되어서는 안된다. 더 좋은 모습을 보여주고자, 더 좋은 이미지를 제공하는 것을 목표로 지망생들에게 일상 생도생활과는 다른, 일종의 '○○캠프' 따위를 만들어서는 안된다. 재학중인 생도들의 일상 안으로 가감없이 함께 생활하게 하는 프로그램이 바로 핵심이다. 그래야만 재학 중인 생도들에게도, 교실이나 훈육을 담당하는 훈육 요원들에게도 자극이 되고, 지망생 당사자들에게도 더 학교생활에 대한 정확한 정보를 제공할 수 있으리라고 확신한다.

Concession Stand

서로 친해지기 위해서 사교활동을 하는 것 이외에도,
공동의 목표를 갖고 어떤 활동을 하는 것도 단결력을 향상시키는 데
도움이 된다는 새삼스러운 사실이었다.

나는 국제생도회International Cadet Club의 회원이었다. 주요 회원
들이 모두 나와 같은 국제생도들로 구성된 이 클럽에서 나는 2학년
때 딱히 대단한 직책을 수행하지는 않았는데, 그러나 적극적인 회
원으로서 무엇이든 열심히 하려고 했다. 사실 1학년 때는 정신이 없
는 생활이기도 하고, 뭘 나서서 하기에는 제약이 많아서 행동반경이
넓지도 않았다. 기껏 한다고 하면 음식을 나르거나 분위기를 띄우는
정도였다.

하지만, 이제 나는 더 이상 1학년이 아니었고, 행동의 제약도 따
로 없는 상황이었다. 그래서 무엇인가 할 기회가 생기면 나서서 돕
고 싶었다. 회원으로서 클럽에 기여한다는 것은 의미가 있다고 생각
했다. 특히, 늘 클럽 활동에 참여하면서 심리적 및 정서적 치유도 받
고, 기타 다른 나라 국적을 가진 생도들끼리 접촉을 하는 생활은 지
구를 축소한 느낌을 주는 기분 좋은 경험이었기 때문이었다.

그랬는데 어느 날, 클럽을 도울 인원을 모집한다는 공고가 전파

되었다. 명목은 부서의 운영기금조성의 일환으로 어떤 활동을 실시할 예정이라고 했다. 나는 뭔가를 할 수 있다는 그 사실만으로, 굉장히 기뻤다. 뭔가를 해서 클럽에 도움이 될 수 있는 제대로 된 첫 임무를 부여받은 것 같아서 기분도 좋았다. 나는 지체없이 자원했고, 4명의 국제생도들은 약속된 장소로 갔다.

사실상 좀 웃긴 말이지만, 나는 무슨 일을 할 것인지조차도 모른 채 클럽활동에 참여했다. 풋볼경기 간에 뭘 한다고 했는데 막상 경기장으로 나갔던 나는 팝콘 및 스낵류 등의 먹을 것들을 구비한 이동식 가판대concession stand에서 방문객들에게 물건 및 음식을 팔아야 했던 것이었다.

'뭐야, 이거. 완전 알바 하는 거네? 봉사활동을 하는 줄 알았는데, 물건을 팔라고? 생전 처음으로 하는 알바를 이런 알바를 하게 될줄이야. 한번 해보자!'

사실 고등학생까지만 해도 피자 배달주문도 부담되어서 몇 번 리허설 해보고 나서 전화번호를 눌렀고, 남의 앞에 서는 것이 아직 부끄러운 나였다. 물론, 사관학교에 들어가고 사람들을 많이 접하면서 나아지기는 했지만, 수많은 낯선 손님들이 내 물건을 사도록 하는 일을 하게 될 줄은 미처 생각하지 못했다.

조금 어색했다. 관객들은 경기 전과 경기 중간에 종종 들러서 이건 얼마요, 저건 얼마요 묻고 이런저런 농담도 하면서 물건을 살까 말까 했다. 나는 살 테면 사고 말 테면 말라는 식의 태도로 접근해선 안된다는 생각이 들었어서, 농담도 좀 하고, 이것도 좀 사 먹어보라는 식으로 유도도 하면서 물건을 팔아 나갔다.

사람들이 몰려 올 때면, 머리와 손이 굉장히 바빠졌다. 주문을 받고, 돈계산을 하고, 물건을 찾아서 챙겨준 다음 관객에게 건네고.

관객이 말로 재촉을 하든, 몸짓을 보이든, 나는 어떤 상황에 있어서도 관객들은 가판대가 빠른 시간 안에 계산을 완료하고 물건을 건네주기 바란다는 사실을 명확히 알고 있었다. 그래서 나는 가만히 집중했다. 내가 주문을 받는 순간에는 관객의 언어에, 주문을 받고 나서 계산할 순간에는 물건의 가격과 받는 돈의 액수의 차이에 대해, 계산이 끝나고 나면 돈을 받고 금고에 돈을 넣으면서 물건을 건네는 나의 손 끝에.

초반에 잠시 겪었던 어색함과 손과 머리의 바쁨은 곧 익숙함과 자신감으로 진화하였고, 처음 걱정했던 것과는 달리, 가판대 활동은 생각보다 적성에 잘 들어맞았다. 그때 나와 함께 했던 다른 국제생도들도 함께 신이 나서 농담도 주고받고 매우 친해졌다. 그러면서 나는 문득, 클럽활동의 성격에 대해서도 생각을 했다. 서로 친해지기 위해서 사교활동을 하는 것 이외에도, 공동의 목표를 갖고 어떤 활동을 하는 것도 단결력을 향상시키는데 도움이 된다는 새삼스러운 사실이었다. 그러면서 그때 의도치 않게 실시하게 되었던 가판대 활동은 나에게 잊지 못할 경험과 교훈을 안겨주었다.

나는 가판대에서 물건을 팔면서 손도 빠르고 머리도 빠르고 휙휙 관객들이 처리되는 느낌을 좋게 여겼다. 내가 빨리 처리해서 고객들에게 서비스가 제공되는 느낌, 그렇게 제공된 서비스에 대해서 인사치레라도 '고맙다'라는 말을 들을 때의 보람. 이런 것들이 좋은 느낌으로 남았다. 그러다 보니 나는 농담도 하고, 즐거운 분위기로 그 하루를 보냈다. 그런 분위기에서 우리 4명의 국제생도들은 서로 친해졌고, 경제적으로도 이윤을 창출하게 되어 정확히 액수는 기억나지 않지만 클럽에 도움이 되었다니 참 여러모로 고맙고 기뻤다.

On Sleep

생도생활과 잠

얼마나 시간을 절약해서 과제를 할 수 있을 것이냐,
그리고 얼마나 자기 자신이 마음대로 쓸 수 있는 시간을
확보할 수 있느냐는 늘 아주 중요했다.

바쁘고 의무사항이 많았던 1학년 생활을 끝내게 되면서 해방감과 상대적 책임감이 동시에 부과된 2학년 생활은 1학년 생활에 비해서 부담이 적었다. 적어진 부담감은 긴장감을 해결하는 효과를 가져왔고, 해소된 긴장감은 편안함, 편안함은 졸음과 친했다. 그때부터 나는 더 졸음과 싸웠다.

사실 잠은 생도의 친구이자 숙적이다. 생도는 모두 공통적으로 특정한 날짜에 맞춰 같은 양의 과제와 업무를 수행하여야 했다. 그런 의미에서 사관생도의 인생은 세 가지 변수로 성과를 측정할 수 있었다.

$$성과 = 집중 \times 능력 \times 시간$$

보는 바와 같이, 고도의 성과를 내기 위해서는 고도의 집중력과 차별화된 능력을 갖고 많은 시간을 투자해야 했다. 그래서 생도들은 초인적인 힘으로 집중하여 자신의 능력을 최대로 발휘하려고 했다.

왜냐하면 시간은 늘 한정되어있기 때문이었다. 얼마나 시간을 절약해서 과제를 할 수 있을 것이냐, 그리고 얼마나 자기 자신이 마음대로 쓸 수 있는 시간을 확보할 수 있는 것이냐는 늘 중요했다. 미 육사는 그 구성원이 무척 다양했던 만큼, 생활방식과 추구하는 가치도 각양각색이었다. 미 육사의 생도들은, 50개 주에서 모인 학생이었다. 육사생도들 뿐만 아니라, 학교에는 미 해사와 미 공사로부터 한 학기 간 교환학습을 온 생도들이 있었다. 한편, 외국 국적 생도들도 다양했다. 나와 같이 외국 국적을 갖고 4년의 교육을 입학부터 졸업까지 받으러 오는 생도들이 있었는가 하면, 한 학기만 교환학습으로 방문하는 오스트리아, 캐나다, 일본, 페루 등의 국가에서 온 사관생도들도 있었다. 거기에다가 외국사관학교 교류프로그램FAEP 기간에는 일주일 정도 방문을 하는 한국, 그리스 등의 국가들의 사관생도들도 있었다. 여기에 마지막으로, 생도지망생들은 생도가 아니었지만 생도를 지망하는 고교생 뻘의 지망생들도 생도대를 구성했다.

이런 다양한 구성원들 속에서 개인의 생활방식 또한 무궁무진했다. 복수전공에다가 성적 우등으로 공부하고 대학원 장학선발에까지 이미 뽑힌 생도들도 있는가 하면, 할 수 있는 모든 활동에서 잠적하고 자신의 시간만 조용히 보내려고 하는 생도들도 있었다. 그리고, 역시나 생도대는 그런 후자의 경우를 업신여기기 일쑤였는데, 그들에게 붙은 별명은 민달팽이slug였다.

그러나 이런 모든 각양각색의 생도들이 공통적으로 한 가지 가장 중요하게 생각하는 것은 시간이었다. 그리고 그 시간이라는 것은 필연적으로 수면시간과 더불어서 4년의 생도생활 기간동안 늘 따라다니는 변수였다. 잠을 더 자면 시간은 없어진다. 시간을 더 확보하려면 잠을 줄여야 한다. 잠을 줄이면 집중력이 떨어진다.

이런 사정이다 보니 나는 잠에 대해서 생각을 많이 할 수밖에 없었다. 그 이유는 알 수 없는 잠에 대한 위기감 때문이었다. 즉, 상대적으로 내가 다른 생도들보다 더 잠에 취약하다는 생각이 미 육사에 와서 들었기 때문이다.

한국에서 기초군사훈련을 받을 때 나는 수많은 잠과의 사투를 거쳤었다. 특히 강당에 모여서 편하게 앉아 교육을 들을 때면, 내가 방금 무엇을 들었는지 모르는데 이미 교육이 끝나는 경우도 가끔 한 번씩 있었다. 그래서 다시 졸지 않기 위해서 나는 온몸에 힘을 주거나 다리를 심하게 떨면서 잠에 빠지지 않는 데만 노력하다가 식은 땀을 흘리면서 교육의 종료를 맞고는 했다.

그런데 내가 미 육사에서 접한 광경은 놀라운 것이었다. 내가 그랬듯이 졸음과 싸우는 사람을 보기가 어려웠다. CBT 기간은 물론이고, 외부강사를 초청하여 학기 중에 있는 특강시간에도 마찬가지였다. 모두가 초롱초롱하고 앞으로 숙인 자세로 초집중하여 듣는 모습을 보면서 나는 미 육사 생도들에게 존경 및 자랑스러운 생각이 들었다. 동시에 나는 그 비결도 궁금했다.

나는 그래서 다른 생도들보다 더 불리한 위치를 차지하면 안 될 것으로 생각하고 잠에 대해서 고민하고 실험하기로 했다. 도대체 잠은 왜 오는 것이고, 언제 어떤 조건에 주로 졸린 것인가 하는 점이었다. 사실 이 실험은 졸업이 10년 지난 오늘날에도 계속되고 있긴하다. 그리고 그 잠정적 결론이나 새로운 발견 등은 내 주위 상황이 계속해서 변하기 때문에 계속 진화중이기도 하다.

그 당시 내 눈에 띄었던 사실은 간혹 보이는 조는 생도들은 주로 동양인종의 생도들이었다는 사실이었다. 그리고 수업시간이나 강의시간에 질문을 많이 하는 사람일수록 덜 졸려한다는 사실이었다. 나는 그런 관찰의 원인을 연구결과를 통해서 연구하지는 않았다. 하지만 나는 내 스스로를 실험의 주체이자 객체로 삼아서 실험하기 시작했다.

내가 정의한 졸음은 피곤할 때 찾아온다고 생각했다. 그리고 피곤은 결국 머리에 피가 곤할 때 찾아온다고 생각했다. 뇌에 신선한 산소와 혈액이 공급되지 않으면 '피가 곤한 것'이라는 생각이 들었다. 그래서 결국 졸음에 빠지지 않기 위해서는 결국 뇌로 산소와 혈액을 잘 공급하면 된다는 생각을 했다. 그러나 그런 잠정적 결론을 얻기까지는 다양한 실험이 이뤄졌다.

나는 일찍 자고 새벽에 일어났다. 잠자는 시간을 똑같이 4~5시간으로 하면, 과연 같은 시간을 일찍 갖는 것이 나을까 아니면 나중에 갖는 것이 나을까 나눠서 실험도 해봤다. 나는 그래서 시간대를 달리하여 늦게까지 안 자고 기상시간에 기상하기도 했다. 그리고 내가 정의했듯이 피곤하면 혈액순환을 촉진시키기 위해서 나는 자리에서 그대로 일어나 팔굽혀펴기를 하거나, 태권도 옆차기를 하기도 했고, 종종 뜀걸음을 하러 밖으로 나갔다. 나중에 4학년때는 커피를 마셔보기도 했다. 마침 때맞추어 도서관 안에 커피점이 생겼던 것이다. 그 외에도 나는 쉬는 시간에 물 마시기, 물통을 휴대하며 수시로 졸릴 때마다 찬물 마시기를 시도했다. 그마저도 안 통하면 세면대에서 세수했다. 그만큼 나의 잠을 정복하기 위한 노력은 끊임없었다.

이런 노력은 나만의 노력은 아니었다. 4학년 시절 내 룸메이트는 커피캡슐머신을 구매해서 아침마다 자신의 텀블러에 커피를 내려서 나갔다. 그리고 내가 4학년 중대장 시절에는, 대대 주임원사생도의 방을 찾았다가 놀란 적이 있었다. 왜냐면 그는 자신의 책상을 엄청 높여놓아서 서서 일을 하고 있었기 때문이었다. 1년쯤 전에 한

창 스탠딩 책상이 유행이었는데, 나는 그 10년쯤 전인 2011년에 이미 일어서서 일을 하는 생도의 모습을 보고는 고개를 갸웃했던 기억이 아직도 생생하다.

아무리 노력을 해도, 피곤한 몸을 일으켜서 잠에서 깨는 작업은 쉽지 않았다. 그러다가 나에게 큰 영감을 준 영화, 배트맨 '다크나이트'에서 나는 주인공 브루스 웨인 역의 크리스찬 베일이 멋지게 팔굽혀펴기를 하면서 잠을 깨는 모습을 본 후, 팔굽혀펴기를 하면서 잠을 깨는 습관을 만들려고 하기도 했다. 사실, 그때 내가 노력한 만큼의 나름의 성과가 있었기에 나는 훗날 철원 전방의 GOP에서 2시간, 3시간씩 잠을 나눠 자면서도 단 한순간도 타협하지 않고 완전경계작전을 수행할 수 있었다.

오늘 나는 또 다른 잠의 실험을 하고 있다. 아이 둘을 키우면서 나는 잠에 종속되지 않으면서 생산적이고, 동시에 좋은 아빠이자 남편일 수 있는 전략을 택하고자 했다. 나는 그래서 최대한 빨리 퇴근하여 아이들과 밀도 있게 놀아주고, 최대한 일찍 재우고, 아이들이 일어나기 전에 훨씬 먼저 일어나서 출근을 하거나 일찍 출근할 필요가 없으면 내 시간을 갖는 전략을 택했다. 그리고 가끔 한 번씩 그렇게 확보한 저녁시간을 아내와 함께 보내면서 나름의 성공을 거두고 있다. 이 모두 미 육사 시절 내가 감행했던 잠에 대한 실험 덕이라고 믿어 의심치 않는다.

○ 군사훈련 4회

미 육사에서는 입교식 전 CBT를 포함하여, 1학년부터 3학년까
지 각 학년의 두 번째 학기를 종료하고 맞게 되는 하계군사훈련이 횟
수로 4회 실시된다. 그래서 각 훈련에서 생도들에게 요구되는 수준은
높은 편으로 생각된다. 각 학년이 실시하는 훈련은 어디까지 깊이있
고 어느 분야로 운영하는 것이 좋을까? 더 개선될 여지는 없을까?

○ 전략적 식단

미 육사에서 식단만 제시하지 않고, 식단에 대한 영양정보를 제
공하는 것은 불필요한 세부정보이고, 과중된 행정업무인가? 오히려
주도적 입장에서 개인 영양관리 및 체격관리를 할 수 있는 적절한 가
이드라인은 아닌가?

○ 팀리더와 분대장역할

분대장생도의 밑에 보직되어 있는 팀리더들은 실제 육군의 편제
와 동일하며, 따라서, 육군의 분대 안에서 이뤄지는 업무상 상호관
계에 대해서 이해하기 좋다. 또한, 훈련에 임하여는 분대장의 부담을
실질적으로 분담함으로서 분대장이 전술적 사고를 할 수 있는 여건을
마련한다. 독자들은 이 직책에 대하여 어떻게 생각하는가?

○ 전 병과 체험훈련

2학년으로 진학하는 전체가 훈련하는 CFT의 마지막 1주정도는
타 병과를 체험하는 기간을 갖는다. 사관학교 군사훈련의 중점은 모
든 병과의 기본이 되는 보병훈련이 주가 되지만 실제 타병과를 직접

경험할 수 있는 기회를 부여하는 것이다. 굳이 가지 않을 수도 있는 병과에 대하여 체험을 할 기회를 부여하는 것은 시간의 낭비인가? 아니면, 잠재적으로 선택을 할지도 모를 진로에 대한 최소한의 기회의 부여인가?

등뼈 그리고 중추

3학년

Second Class Cadet

연병장에서 연습에 매진하는 집총제식부서의 생도들(출처: flickr)

과거에는 휴가를 3학년 때 한번 갔다고 한다.

휴가갈 때 3학년들이 휴가에서 복귀하면서

시끌벅적하게 걸어오는 모습을 보면서 배알이 틀린 하급생들은

"소(Cow)들이 집에 온다"라고 말했고,

그 이후로 3학년은 Cow란다.

우리는 부사관들이 육군의 등뼈(backbone)로서 기능하는 만큼,

부사관생도로서 생도대의 등뼈로서

군기를 상징했으며,

미 육사의 중추신경이 되어야 했다.

Airborne

공수기본훈련 이야기

1번으로 서있던 나는 연습했던 지난날들을 생각하면서
구령에 맞게 움직였다.
이제 말 그대로 가라는 말만 기다리고 있는 나였다.

세퍼 선발테스트에서 낙방한 씁쓸함을 뒤로하고, 나는 그 대안으로 다른 훈련을 생각했다. 그 훈련은 바로 에어본 훈련이었다. 낙하산을 착용하고 많은 생도가 참가하기도 하고, 한국에서도 훈련을 받을 수 있다는 생각에, 내 선택의 기준에서 뒷순위에 있던 훈련이었지만 내 여름 계획에서 시기상 들어맞는 훈련은 공수훈련이 최적이었던 것 같다. 그래서 나는 이미 마음을 그렇게 먹은 한, 긍정적으로 받아들였다. 사실상 귀국 후에 필요한 기능을 구비하는 것이었고, 이 기간동안 동행하는 선후배 동기생들도 꽤 많아서 즐거운 시간이 될 수 있을 것 같았다.

훈련 출발에 앞서 학교에서는 군장물품 리스트를 배부하였고, 우리는 개인적으로 다 챙겨서 개인이동하거나 학교에서 단체로 버스로 이동하였다. 나는 따로 개인 이동수단이 없었기 때문에 학교에서 제공하는 스쿨버스를 타고 이동했다. 새벽부터 시작해서 약 15시간정도의 버스여행이었던 것 같다.

입교에 있어 언제나처럼 부적격자들을 거르기 위해서 입교전 체력측정이 있었다. 팔굽혀펴기, 윗몸일으키기, 그리고 2마일 달리기를 실시했다. 주로 이때 누가 잘 뛰는지 보고 누가 준비되었는지 윤곽이 나왔다. 개중에는 체력기준이 미달되어 되돌아가야 하는 경우도 나왔다. 내 지인 중에는 그런 경우는 없었다.

에어본은 2차 세계 대전 때 최초로 구현된 개념으로서, 적과 접하여 있는 전선 너머 적의 본진 혹은 후방까지 보병을 공중으로 침투시켜 적을 교란하는 작전이다. 그 형태는 집단 강하mass jump의 형태로 이뤄져서, 일정 높이에서 항공기 1대 당 약 2개 분대수준의 병력들이 공중으로 침투하는 형태이다.

따라서, 에어본교육은 항공기에서 낙하산을 매고 뛰어내리고 안전하게 착륙하는 것을 그 목표로 교육이 이뤄진다. 교육은 약 20일 정도 진행되었다. 그 기간동안 말 그대로 '잘 넘어지는' 연습이 주를 이루며, 마지막에는 5회의 강하를 통하여 소정의 자격을 획득한다. 이때, 5회 중 3회는 '할리우드 점프'라고 하는 비무장 강하, 1회는 무장 강하, 마지막 1회는 야간 강하로 실시하였다.

검은 모자를 쓴 교관Black Hat들은 생각보다 더 융통성이 있었고, 불필요하게 윽박을 지르거나 거칠지 않았다. 교관은 해병대 중사, 육군 상사, 육군 중사 정도로 구성되었다. 교육기간을 통틀어서 대위 교관은 딱 한두 번밖에 못봤는데, 주말 외출을 통제할 때 안전교육을 한 것이 전부였다. 나는 이렇게 교육에 있어서 부사관들에 의하여 모든 교육이 이뤄지고 장교는 훈련을 직접 시행하지 않는 모습을 보면서 부사관과 장교들의 기능이 완전히 구분되어 있다는 사실에 흥미를 갖게 되었다.

한국에서 교육을 받았을 때, 나는 장교들이 수업에서 이론을 교육하고, 훈련장에서도 통제 및 감독하는 모습을 많이 봐왔다. 그런데 미국에서는 그것이 일절 분리되어 있었던 것이다. 물론, 나는 교육생이라서 장교가 무엇을 하고 있었는지를 전체적으로 보지 못하였을 수도 있다. 하지만, 내가 훈련소에서 마주했던 시간의 99%는 모두 부사관들과 보낸 점은 부정할 수 없는 사실이다.

에어본훈련은 베닝Benning이라는 조지아주에 소재한 기지에서 이루어졌다. 지역의 특성상 여름 온도가 높게 올라가서 우리는 온도분류heat cat에 따라 훈련복장과 훈련태세를 바꿔야 했다. 때문에 체력단련은 오후가 아닌, 이른 아침으로 고정되어있었으며, 주간에는 더위 특성상 주로 걸어 다녀야 했다. 정해진 체력단련시간 외에는 삼시세끼 식사 직전에 팔굽혀펴기 10회 이상, 턱걸이 10회 이상 실시하고 식사 직후에 똑같이 실시하는 것 이외는 힘을 쓸 일이 없었다. 기후특성상 잦은 수분보충이 중요했는데, 그래서 우리는 1쿼트 들이 수통에 물을 꽉꽉 채워서 건빵 주머니에 넣어 다녔다. 뛰어다닐 때마다 허벅지에 그 수통이 부딪칠 때면, 꽤 성가셨다.

재밌는 사실은, 한국 공수기본과정은 특수전학교의 교관들에 의해서 이루어진다는 사실과, 그런 만큼 굉장히 강도 높은 체력단련과 일과 진행이 이뤄진다는 사실이다. 그에 비해서 미국의 공수기본교육과정은 정규 육군 또는 해병 부사관들이 교관이 되어 교육이 이루어졌으니, 차이가 있다고 생각한다. 오히려 일과시간 중에는 얼차려도 없었고, 무더운 날씨 탓에 무리한 신체활동은 금지되었다.

일과가 종료되면, 교육 끝 보고를 실시하고 나서 모든 교육생은 단 하나의 통제만 받고 개인 시간을 보냈다. 종료 직후에 '세라스포트Cera Sport'라는 드링크 파우더를 수통에 담아 마셔야만 했는데, 교육생들은 그 파우더를 역겨워했다. 나는 뭐 어떻냐며 가루를 물에 섞지도 않고 입에 탈탈 털어서 우걱우걱 씹어먹었다.

그 마지막 일과가 끝나면 약 1745쯤이었고, 나와 친한 동기는 10분 정도 뛰어서 가야 할 거리의 체육관으로 향했다. 한두 시간 웨이트 트레이닝을 마치고 우리는 주둔지의 서브웨이 샌드위치를 시켜먹고는 했다. 나는 1피트 스파이시 이탈리안을 이탈리안 빵에 얹어서 올리브, 양상추, 토마토, 피클을 넣고 렌치 드레싱을 뿌린 샌드위치와 밀가루빵 위에 필리 치즈스테이크와 프로볼론 치즈를 얹어서 후추와 치폴레 소스를 뿌려 두 개를 눈 깜짝할 사이에 즐겨 흡입했다.

뻐근한 몸을 이끌고 나서는 샤워와 세탁, 그리고 독서나 일기쓰기를 하고 다음날을 준비하였다. 상당한 자율성을 부여한 것이었다. 상황대기를 하는 외에는 근무를 설 필요도 없었다. 나는 약 15일의 교육기간 동안 1회 새벽 2시~4시까지 근무를 섰다.

교육생은 상당히 다양하게 구성되어있었다. 공군 중령에서부터 말단 육군 일병까지. 우리는 너나할 것 없이 똑같이 교육을 받았다. 공군 중령도 열외없이 식전후 팔굽혀펴기와 턱걸이를 했다. 땅에서든 어디서든 넘어지는 훈련을 할 때 다 똑같이 받았다. 중령과 일병 사이에 있는 존재들은 해병 소위, 육사생도, ROTC 후보생 등이었다. 내 바로 옆 교번 ROTC 후보생 대니는 짙은 피부를 가진 건장한 청년이었는데, 이상하게 생각보다 잘 못버텼다. 나는 그와 이야기하면서 힘을 북돋아 주고는 했다. 특히 훈련 말미에 점프를 뛰려고 격납고에서 대기하는 날, 몇 시간 졸다가 교관에게 혼났을 때 그는 강렬히 항의했다. 나는 그를 진정시켰고, 나중에 나에게 고마움을 표현했다.

약 2주간의 교육이 마무리되었을 때, 우리는 이제 실제로 강하를 실시했는데, 강하를 위해서는 수송기에 탑승해야했고 수송기는 늘 있지 않아서 우리는 항공기가 준비될 때 까지 대기해야했다. 하염없이 2

시간, 3시간씩 가만히 앉아서 기다리는 경우가 많았는데, 그렇게 인생에서 시간이 안 간다고 생각했던 적도 없는 것 같다.

글쎄 몇 시간 동안이나 기다렸을까? 교육생들은 모두 격납고 안의 대기실에서 다닥다닥 붙어 앉아있었다. 꽤나 지루했던 순간이었지만, 우리는 요란하게 떠들지는 않고 조용히 대기하고 있었다. 다소간의 초조함이 우리를 졸음과 긴장 사이에서 춤을 추게 했다.

"좋아, 전원 일어 섯!"[87]

우리는 일어섰고, 다급히 활주로로 나섰다. 어서 뛰어내리고 졸업에 한걸음 더 가까워지자는 생각이 더 간절했던 것 같다. 2주동안 떨어지는 연습만 하고 이제 강하도 점점 익숙해져 가고 있는 듯 했다. 발걸음은 이제 설렘과 긴장 사이에서 알 수 없는 가벼움으로 활주로 위에 선 나를 자꾸만 앞으로 밀어냈다.

민간항공기나 군 수송기를 탈 때면 나는 야릇한 역설의 상황을 맞이한다. 죽을 수도 있다는 두려움과 걱정해봤자 의미 없고, 전문가들을 믿어보자는 편안함이다. 이 두려움과 편안함 속에서 나는 또 역설적으로 졸았다. 아마 편안함이 두려움을 제압했던 것 같다. 이제 '고'라는 신호만 기다리고, 내 역할은 뛰어내리기만 하면 된다는 역설적인 편안함이었다. 어차피 내맡긴 내 몸이었다.

일부 독자들도 영화 '제로다크서티Zero Dark Thirty'에서 네이비씰 대원들이 헬기 위에서 자는 모습을 보았을 것이다. 어떤 사람들은 '아니 어떻게 저런 급박한 상황에서 잠을 자지?'라고 생각할 수도 있겠다. 하지만, 물론 나는 전투현장으로 가는 것은 아니었지만 공중에 몸을 날리려고 날아가는 항공기 위에서 잠을 자본 경험자로서 그 장면

---

[87] OKAY, EVERYONE ONE, ON YOUR FEET!

이 잘 이해되었다. 연습과 확신이 있으면 편안하다. 이윽고 점프마스터의 준비 완수신호와 구령이 들려왔다. 그 구령은 다음과 같았다.

"20분!"

"10분!"

"5분!"

"1분!"

"30초!"

"외측/내측인원 일어섯!"[88]

"고리걸어!"[89]

1번으로 서있던 나는 연습했던 지난날들을 생각하면서 구령에 맞게 움직였다. 이제 말 그대로 가라는 말만 기다리고 있는 나였다. 날아가는 비행기의 열린 탑승구. 그리고 그 바깥으로 보이는 하늘과 땅. 뒤에 서다가 앞사람을 따라가면서 점프했던 것과는 다른 초조함이 나를 엄습했다. 무엇보다 그 다른 느낌은 시각정보에서 비롯되는 듯 싶었다. 내가 떨어지는 곳을 직접 보며 떨어진다는 것이 추락에 대한 공포감을 불러일으키려 한다고 나는 분석했다.

'오, 이거 이번엔 느낌이 좀 다른데? 이거 좋은 이야깃거리가 되겠는걸!'

"고!"

여유좀 부려보려는데 출발신호가 떨어졌다. 나는 그대로 몸을 날렸다. 1250피트 상공에서 내 몸은 항공기를 이탈했다. 바람으로 따귀를 맞은 것 같은 거북한 느낌을 머금고 나는 훈련받은대로 외치면서 낙하했다. 배운대로 숫자를 세어 나갔다.

---

88   OUTBOUND / INBOUND PERSONNEL, STAND UP!

89   HOOK UP!

"원-따우전thousand! 투-따우전! 뚜뤼-따우전! 뽀-따우전! 빠입-따우전! 씩스-따우전!…"

이어서 두 팔을 들어 낙하산의 멜빵riser, (내 몸에 감긴 웨빙끈과 낙하산을 잇는 연결용 웨빙끈)을 잡았다. 낙하산이 잘 펴졌나 보고 나서 문제가 없음을 확인했다. 사실 이 부분이 가장 위험한 순간이다. 잘 안 펴졌으면 내 낙하속도가 차이가 나서 다른 대원들과 겹칠수도 있고, 그냥 나만 떨어질 수도 있기 때문이다. 필요하면 예비 낙하산을 펼쳐야 했는데 별문제 없었다.

"캐노피 확인 및 캐노피 통제확보! 에어본!"⁹⁰

일련의 절차가 끝난 후 나는 눈을 들어 내 눈앞에 광대하게 펼쳐진 조지아주 베닝기지의 지평선을 넉넉히 바라보았다. 그리고 그 지평선 끝에는 무엇이 있을까, 이 하늘은 정말로 한없이 맑고 고요하구나 하고 생각하며, 너무나도 편안한 체공 시간에 다시 한번 놀라는 나 자신을 느낄 수 있었다. 아, 이 맛에 강하를 하나보구나.

---

90 CHECK CANOPY AND GAIN CANOPY CONTROL! AIRBORNE!

CBT LPT

"항상 왜 이것을 하는지 생각하세요.
항상 여러분들이 그들에게 요구하는 것이 말이 되는지 생각하세요. …"

한국과 유럽에서의 배낭여행을 돌면서 정말 여한 없이 휴가를 만끽한 후 다시 뉴욕으로 돌리는 나의 발걸음은 가벼웠다. 그리고 그 가슴속에서 나는 이제 쉴 만큼 다시 일을 갈망하는 내 마음을 흠 뻑 느낄 수 있었다. 미국 출국길에는 살짝 아슬아슬하게 도착한 공 항에서 극적으로 비즈니스클래스로 업그레이드가 되어, 불행인지 다행인지 팔자에 없는 호사를 누리며 항공사, 육사, 그리고 대한민 국에 감사한 마음 가득 담아 항공기에 올랐다.

미 육사는 졸업요건으로서 군사 필수사항으로 1개 이상의 MIAD^{위탁군사교육}, CFT, 웨스트포인트 리더근무, 소부대리더훈련 이 네 가지를 실시할 것을 요구한다. 이런 일련의 과정은 2학년, 3학년, 4학년으로 진학하면서 실시하여야 하는데, 순서대로 개인기량 발 전, 생도 대상 리더십 발전, 실제 야전에서의 지휘통솔 실습을 점진 적으로 발전시키는 기회를 제공하기 위함이다.

앞서 간단히 설명했지만, MIAD는 말 그대로 개인의 발전을 위한 군사교육과정 이수를 뜻한다. 한편, CFT는 다소 수동적이어야 했던 1학년 생도들이 2학년으로서 분대장을 보좌하여 4인 1개조인 팀의 장 역할을 숙달하는 시간이었다. 웨스트포인트 리더근무는 팀을 상회하는 단계의 근무생도가 되는 것이었다. 소부대리더훈련은 4학년으로 진학하는 생도들을 위한 마지막 단계의 리더십 훈련으로, 야전부대에서 소대장 혹은 훈련부사관을 따르며 간접 실습을 하는 과정이었다.

미 육사 군사교육의 구성요소로서의 CBT의 [91]

나의 경우를 예를 들자면, 에어어설트와 에어본으로 MIAD를 했고, CFT를 완료하였으며, 이제 CBT 근무생도로서 웨스트포인트 리더근무를 수행하려고 하는 것이었다.

내가 CBT를 망설임 없이 택한 이유는, 내가 언제나 CBT에서 근

---

91 West Point, "Department of Military Instruction Overview," p.6, https://www.westpoint.edu/sites/default/files/pdfs/General/ Parents/Plebe%20Parent%20Weekend%20Overview.pdf

무하며 민간인들을 군인으로 만들어보고 싶었기 때문이었다. 어찌보면 한국에서도 기초군사훈련을 받았고, 미국에서 CBT를 겪어보면서 많은 생각을 할 수 있었고, 나도 그 전통의 일부가 되어보고 싶었다. 새하얀 도화지와도 같은 신입생도들의 마음속에 군의 비전과 평생 지속될 기억을 선사할 수 있다는 사실은 절대로 놓치고 싶지 않은 기회로 여겨졌다.

혹자는 아직 성숙하지도 않은 재학생도들이 신입생도를 교육한다는 사실이 못 미더울 수도 있을 것이라고 생각한다. 사실 나는 생도때는 의심 없이 교육할 수 있다고 생각했지만, 10년이 지난 지금 돌이켜보니 의심 및 불안해하는 사람들도 헤아릴 수가 있다. 그래서 미 육사에서는 2주라는 준비기간을 집중적으로 갖고난 후에 군사훈련을 실시할 수 있게 한다. 이 훈련을 LTP^{Leadership Training Program}라고 하는데, 훈련 전 집체교육으로서 군사훈련처의 교관에 의하여 근무생도들의 전문성을 집중배양할 수 있는 기간이다.

사실 생도들은 지난 여름학기 이후 1년 동안 집중적으로 훈련을 한 적이 없는 대학생이다. 이들에게서 갑자기 갓 입학한 신입생도들의 새 도화지 같은 마음에 군인의 가치관을 심어주라고 요구한다면 무리한 요구인지 모른다. 그래서 미 육사에서는 2주라는 집중준비기간과 실제 교육을 담당하는 2주로 나눠 근무할 것을 요구한다. 개인의 시간 측면에서 보면 준비 2주에 실시 2주이니 4주 동안 근무하는 것이라고 보면 된다.

바로 이 부분에서 미국이 CBT를 1차와 2차로 나누어 운영하는 이유가 드러난다. 나는 미 육사 입학 전까지 왜 CBT가 1차와 2차로 나누어져 있는지 이해하지 못했다. 내가 직접 준비하고 참가하기 전 까지는 말이다. CBT를 준비하는 LPT 2주기간은 크게 사격, 독도법, 분대전술, 그리고 체력단련을 실시한다. 또한, 절대로 간과할 수 없는 부분은 근무생도들 간의 조직력이다. 사실상 처음 가깝게 일하게 되는 집단도 있을 수 있는데, 이 준비기간 동안 근무생도들은 회의와 다양한 형태의 상호작용을 통하여 성격과 성향을 파악할 수 있었다.

하루는 LTP 2일차였던 것 같다. 나는 하루의 일과가 21시 30분에 종료되는 것을 보면서 과연 이렇게 준비하다가 시작하기도 전에 지치는 것 아닌가 싶었는데, 소대장 생도가 소대 회의를 좀 하자고 해서 모인 것이 22시였고, 그 회의는 23시가 넘어서 끝난 날이 있었다. 잘 쉬고 왔는데도 그 날 나는 눈으로 느껴지는 피로의 무게와 싸웠음을 이 자리를 빌어 고백한다.

학기중의 학생모드에서 벗어나, 휴가간 떠돌았던 마음을 되잡아, 나는 이제 분대장생도로서 내가 맞을 분대원들을 훌륭한 군인으로 만드는 준비에 열중했다. 그리고 그 뜨거운 마음은 평생 잊을 수 없는 교관, 스트롤 소령님과 군사학처장 하킨스 대령님과의 만남으로 불꽃을 발했다. 그 두 사람은 기초군사훈련을 준비하는 근무생도들에게 목에 핏대를 세우면서 주문했다.

"항상 왜 이것을 하는지 생각하세요. 항상 여러분들이 그들에게 요구하는 것이 말이 되는지 생각하세요. 그들이 진짜로 훈련을 받는 것 같이 대하세요."

"원숭이 이야기가 있습니다. 한 우리 안에 다섯 마리의 원숭이가 있고 바나나 하나가 걸려있어요. 바나나를 집으려는 순간, 찬물을 확 끼얹었습니다. 원숭이들이 바나나를 집으려고 하지 않을 때에 물 끼얹기를 멈추어요. 그리고 나서는 우리 안의 다섯 마리 원숭이 중 한 마리를 새로운 원숭이와 교체합니다. 이 원숭이는 바나나를 집으려고 하죠. 그런데 기존에 있어 왔던 다른 네 마리의 원숭이가 이 원숭이를 때립니다. 이런 작업을 반복합니다. 원래 있던 원숭이가 더이상 없을 때 까지요. 이제 이 새로 들어온 다섯 마리의 원숭이들은 더이상 바나나를 잡으려고 안 합니다. 그 누구도. 여러분들은 이 학교에서 이런 원숭이들을 만들어서는 안 됩니다."

계급은 다르지만, 군사훈련처의 두 교관님들께서는 타성에 젖어서 예전에 해왔으니 그냥 한다는 식의 접근과 결별할 것을 굉장히 강력히 피력하셨다. 가장 혁신적이었던 부분은 사격이었다. 스트롤 교관님은 그 특유의 정글모boonie hat를 쓰고 근무생도들의 앞에 서서 열변을 토로하고는 했다.

"왜 우리는 신입생도들이 전부 멍청해지도록 환경을 조성하는건가요? 왜 우리는 그들을 믿을 수 없죠? 왜 그들은 단순히 그냥 방아쇠에 손가락만 걸고 당기기만 해야하나요? 왜 그들은 총기에 기능고장이 생기면 스스로 챙기지 못하나요? 왜 우리는 사수들에게 쏘라고 하고 멈추라고 말해야 하죠? 왜 그들은 스스로 속도를 조절하면서 최상의 사격을 할 수 없는 거죠?"

탄알집magazine을 내려놓아라, 탄알집을 들어라, 탄알집을 삽입해라, 장전해라, 쏴라, 멈춰라… 이런 일련의 세부 지시사항을 내릴 필요가 없다는 이야기를 스트롤 교관님은 하는 것이었다. 그리고 개인이 총기 기계결함이나 각종 불량문제가 있으면 그 문제가 있는 상황에서 실제로 스스로 조치할 수 있도록 하면 되는 것이지, 왜 교관들이 일일이 통제해주냐는 것이었다.

어쩌면 당연한 것 같은 이 이야기를 나는 2009년에 듣고 있었다. 내가 스트롤 교관님으로 부터 배우는 내용은 고교를 막 졸업하고 입학한 어린아이들이었고, 전원이 신병과 다름없었다. 그런데 스트롤 소령님은 우리에게 강력하게 보다 더 깨어있도록 훈련할 것을 주문하고 있었다. 나는 이 상황이 흥미진진하게 느껴졌고, 내 훈련에 대한 시각에 큰 깨달음을 가져다주었다.

"생도들! 왜 군이 그러지 않아도 되는데 소리 지르고 화를 내야 합니까? 왜 불필요한 것들로 그들에게 스트레스를 줘야 하죠? 신입생도들이 기본사격을 실시할 때, 가장 편한 상황에서 감을 잡을 수 있도록 하세요."

군기를 잡고 안전사고를 방지한다면서 윽박지르고 스트레스를 주지 말라고 강력하게 말하는 스트롤 소령님의 철학은 목적과 맞는 행동을 할 것을 주문하고 있었다. 그래서 그는 우리가 기본 사격술에 대해서 융통성을 가져 신입생도들이 최대한으로 사격술을 연마하기를 바랐다. 그리고 그렇게 달성한 효율성을 갖고 추가적인 사격, 즉 전투사격을 실시할 것을 주문했다.

그가 시연하고 우리에게 가르쳐준 새로운 사격은 역동적인 사격이었다. 구덩이에 들어가서 벽에 기대어 쏘고 무릎 위에 앉거나 엎드려 쏘는 것 외의 응용한 사격을 주문하였다.

"신입생도들이 무쇠판을 쏘게 하세요. 중요한 것은 신입생도들이 실제로 인간크기의 표적을 맞췄을 때 '딩'하는 소리를 듣는겁니다. 자, 이제 여러분들은 신입생도들에게 스트레스와 산만한 상황을 조성해서 한계까지 밀어붙이십시오. 신입생도들은 평정심을 유지하고 침착하게 훈련을 마치도록 합니다. 그들이 장애물을 이용하고 사격자세를 바꾸도록 만드세요. 바로 그렇게 전투지역에서 싸우는 것이니까요."

자리를 옮긴 다른 사격장(미 육사에는 실내사격장 1개소, 실외사격장 3개소가 있었다)에서 우리는 거리별로 50m, 100m 배치되어 걸려 있는 무쇠판을 쏘았다. 여태까지는 매일 탄을 쏘고도 표적지를 가져와야만 어디를 맞는지 확인했지만, 이제는 굳이 그럴 필요가 없었다. 무쇠판에 맞으면 판이 '팅' 하고 소리를 내며 움직이는 것이 눈에 보였다. 이 사격장에서는 2~3cm의 오차가 중요하지 않고, 그 외의 것이 중요했다. 혼란하고 피로한 상황에서도 침착함을 유지하여 사격을 실시하는 능력이었다.

"소총은 특정한 방법으로 잡아야만 하는 것이 아닙니다. 무엇보다 필요한 것은 여러분들에게 가장 편한 방법으로 잡는 것입니다. 벽을 이용할 때, 완전하게 기대고 몸을 노출시키지 마십시오. 사물과 사물 사이에 사격을 해야 할 때, 총구가 가로막혀있지 않도록 하고, 장애물에 기대어서 여러분들이 편안하고 안전할 수 있도록 하세요."

3학년으로 진학하는 사관생도들에게 이런 내용을 교육하는 교관님도, 그리고 그런 교육을 받고 의기투합해서 신입생도들을 가르칠 날만 손꼽아 기다렸던 우리들도, 이렇게 모두 CBT에 초집중했다.

SGT Oh's CBT II

그들의 의지가 약해지는 기색이 있으면 내 목소리와 행동은 더 강해졌다.
제대로 훈련시키지 않으면 전투현장에서 다치고 죽을 수도 있다는
생각에 나는 내 목청을 더 힘껏 뽑았다.

그렇게도 벼르고 벼렀던 CBT. 이제 나는 분대장이고, 내가 다룰 10명의 신입생도의 명단도 확보했다. 내 전임 분대장 스테파니는 굉장히 세심한 인수인계를 해주었다. 이메일로 그녀로부터 전해진 개개인의 신상은 내가 마치 3주 동안 한솥밥을 먹은 것처럼 세세하게 나타났다. 예를 들어 닐이라는 신입생도에 대하여 그녀는 나에게 다음과 같이 적어주었다.

"닐: 켄터키 루이스빌 출신. 조용하지만 꿍꿍이 있는 스타일.[92] 큰 문제는 없음. 행군간에 물집이 잘 잡히니 테이핑 잘 해줘. 체력이 좋은 편이 아님."

나중에 한국에서 군생활 하면서 5년쯤 지나자 안 사실이지만 사람 인수인계는 좋은 것이 아니라는 것을 배웠다. 내가 사람을 직접 겪기 전에 다른 사람의 선입관을 물려받는 것이기 때문이라고 했다. 하

---

92   He is quiet [but] kind of files below the radar.

지만, 생도가 뭐 그런 걸 알 리가 있나. 우리끼리는 임무의 연속성을 위해서 일관성 있는 신입생도 교육을 위한답시고 인수인계를 했던 모양이다. 나는 사실 위 정보를 참고는 했다. 사실 다 외워지지도 않았고, 전임자에게 미안하지만, 완전한 사실로 믿어지지는 않았다.

다시 말하지만, 미국의 CBT는 1차와 2차로 나뉘어서 각 3주씩 훈련이 진행된다. 1차 근무생도들과 임무를 교대하고 새로 만난 신입생도들. 나는 솔직히 내가 무슨 말을 어떻게 조리있게 말했는지 아쉽지만 기억하지 못한다. 의지만 넘쳐서 주구장창 말하지 않았을까. 첫인상의 중요성을 알고 있던지라. 다만 내 7월 15일에 대한 나의 일기는 다음과 같이 적혀있다.

"테이블에 앉았다. 느슨하려고 했다. 그런데 잘 모르겠다는 느낌이 들었다. 나는 그들에게 내가 원하는 바를 말했다. 동기부여(소리내고 준비되고 긍정적이고 배우려는자세), 팀워크(삼총사구호, 육군의 방식, 함께하는 것), 시간준수(작전의 근원, 리더는 더 빨라야 함), 마음자세(늘 질문하고 이유를 찾아라, 리더가 되기위해 왔지만 CBT 간 팔로워라는 점)⋯."

처음 만난 신입생도들의 적극성과 다소 자유분방한 모습에 적응하고있는 나를 인식하며, 나는 유연하게 대처하도록 결심했다. 불필요한 군기를 잡는다거나 얼차려를 주고싶지 않았다. 목소리와 행동은 언제나 엄하고 기운이 넘쳤고, 그러나 여린 신입생도들을 따뜻하게 보듬었다. 무엇보다 항상 나의 교육이나 처벌 뒤에는 충분한 설명과 이유가 늘 함께했는데, 사실 이런 조합은 다 미 육사에서의 경험에서 나온 것이었다.

넘치는 기운과 호랑이가 포효하는듯한 발성은 에어본 교관이었던 그래프턴 중사의 성향이었다. 매일매일 목에 피가 뿜어져나올 것

만같이 강하고 굵고 열열하게 목소리를 뽑아내는 사람을 내가 본 적은 없었다. 아마도 나름 품위와 점잔을 부렸던 여타 교관들과는 다르게 몸바쳐서 소리지르고, 목이되었든 아랫배가 되었든, 특유의 굵고 거친 발성으로 우리를 육성으로 지휘할 때면, 나도 모르게 에너지가 솟구쳤었다. 나는 그 경험에서 자연스럽게 부사관의 이상을 그렸다. 따라가면 뭔가 될 것 같은 사람! 그래서 그 모습을 분대장생도가 되어서 써야하겠다고 다짐했던 차였다. 나는 체력단련을 하든, 훈련을 하든, 힘들어하는 신입생도 앞에 가면 이렇게 힘껏 목소리를 뽑아내고는 했다.

"신입생도!! 내 눈을 봐!! 봐!! 할 수 있다!!! 알겠나???"

"예, 분대장 오하사님!"[93]

"으으으아…. 하자! 신입생도! 자, 가자!!"

2차 근무생도들이 담당한 과목들은 1차에 비해서 훨씬 더 전술적인 내용이 많았다. 하지만 제일 기억에 남는 훈련은 사격이었다. 아마도 스트롤 소령님의 영향이 크지 않았을까. 새로운 변화의 중심에서 성인을 교육시킨다는 철학을 갖고 혁신했으니 말이다. 그 변화의 중심에 있던 우리 근무생도들은 스스로 자부심을 느꼈다.

"좌선 준비완료, 그리고 우선…. 도 준비완료. 좋았어. 장전하고. 전 사로가 뜨겁다. 전방에 적 출현!"[94]

우리는 더 이상 각 사로 마다 부사수를 배치하지 않았다. 탄을 발사하든, 고장 처치를 하든 뭘 하든 사수가 알아서 해야 했다. 전체 사격 실시와 중지를 통제하는 통제탑은 중앙에 있었고, 그 좌측의 공간

---

93 Yes, sergeant Oh!

94 Left lane is ready, and the right lane is…… also ready. Alright. Lock and load. All lanes are hot. Enemy up front!

전체를 관장하는 1명과 우측 전체를 관장하는 1명만 통제인원이 들어 갔다. 나머지는 사수가 알아서 조치했다. 전투에서 누가 자신의 총에 대해서 기능고장 처치하러 못 온다는 것이었다.

그리고 전우조 실사격buddy team live fire 훈련이 있었는데, 이 훈련은 말 그대로, 2명이 1개의 전우조를 만들어서 함께 이동하며 자동표적을 제압하는 것이었다. 그 당시에는 잘 몰랐는데, 생각보다 굉장히 위험한 훈련이었다. 왜냐하면 아직 사격을 배운지 한달도 되지 않은 신입생도들이 서로 움직이면서 실탄으로 사격을 하는 훈련이었기 때문이다.

"이동간에 엄호해 줘!"**95**

"오케이, 엄호할게!"**96**

"간다! (뛴다) 적이 본다! 엎드렸어! (포복 또는 엄폐) 완료!"**97**

"이동간에 엄호해줘!"

"엄호할게!"

"간다! 적이 본다! 엎드렸어! 완료!"

"이동간에 엄호해 줘!"

"오케이! 엄호할게!"

위와 같이 두 명이 상호 간에 엄호사격을 해달라고 이야기하고 엄호를 받을 동안 잠깐 일어나서 신속히 다음 안전한 위치까지 이동 후에 엄호를 해줬던 전우를 엄호하고, 이를 반복하여 이동하는 것이다. 일정 지점에 닿으면 신입생도들은 자동표적에 대하여 실탄을 쏘고 연습용 수류탄을 투척하여 제압하여야 했다.

95　Hey, cover me while I move!

96　Okay, I got you covered!

97　I'm up!....(running)... He sees me! I'm down. ...(prone or lean against a cover).... SET!

사실상 이 훈련의 핵심은 얼마나 전우 간에 의사소통을 잘 해서 이동하는 전우가 안전하게 다음 자리를 잡게 하는 것, 전우와 사격구역이 겹치거나 불필요한 위험을 감수하여 같은 편끼리의 피해는 없애는 것, 그리고 상대방에게는 피해를 배가시키는 일련의 개념이었다.

나는 이 훈련이 신입생도들에게 이루어졌기 때문에 조금 과도했을지도 모른다고 물음을 제기하는 뭇 사람들에게 이렇게 대답하고 싶다. 위험성은 그 중요성과 얻는 것의 지대함 때문에 감수할 가치가 충분히 있었다고 말이다. 사실상 그만큼 위험성이 있는 훈련이기 때문에 하루 종일 실제 훈련장에서 똑같이 그러나 탄만 없이 반복하여 숙달했다. 충분히 익숙해지고 나서 실탄으로 사격하였기 때문에 무방비하게 위험하지 않았다. 추가로, 훈육요원과 근무생도들이 주의를 기울여서 위기에 대응할 준비가 되어있었다.

또 다른 훈련은 스트레스 사격이었다. 50, 100, 150m에 걸려 있는 무쇠판을 쏘는 것이었다. 나는 전투상황에서는 고요한 환경에서 편안하게 방아쇠만 당기게 되지 않고, 정신 없고 혼란스러운 상황이라는 점에 착안했다. 따라서 나는 총을 쏘는 사수를 신체 및 정신적으로 괴롭혔다. 물론 훈련 전과 후에 그 배경과 이유에 대해서 충분히 설명했다.

우리는 사수에게 팔굽혀펴기를 시키고, 질주를 시키고, 엎드렸다가 무릎앉았다가 장애물에 기대어 사격하도록 윽박질렀다.

"신입생도! 뭐하는거야! 팔굽혀펴기 제대로 해!"[98]

"서둘러! 장난하나? 적이 더 빨라서 너 죽는다!! 더 빨리! 어서!! 어서!! 어서!! 빨리 움직이라고!"[99]

---

[98]   DO THE PUSH UPS RIGHT!!

[99]   THAT MEANS MOVE OUT!!

"저 나쁜놈 잡아라, 신입생도!! 서둘러 자리잡아! 쏘기도 전에 죽 겠다!!! 정신차리고 서둘러!! 어서!!"[100]

훈련을 진행하면서 스탠포드대학의 짐바르도Dr. Philip Zimbardo교 수에 의한 '교도소 실험'이 생각났다. 같은 대학생인데도 한 그룹은 교 도관, 한 그룹은 죄수를 시켰더니 그 역할대로 행동과 성격이 몰입되 어 굉장히 고조되었다는 이야기이다. 나도 함께 뛰고 소리 지르며 신 입생도들을 밀어붙이니 내 스스로 역할에 도취되고 있었다.

내 심장박동이 강해짐이 느껴졌다. 동시에 나는 신입생도들의 태 도에 굉장히 민감해져 있었다. 그들의 의지가 약해지는 기색이 있으 면 내 목소리와 행동은 더 강해졌다. 지금 제대로 훈련 시키지 않으면 전투현장에서 다치고 죽을 수도 있다는 생각에 나는 내 목청을 더 힘 껏 뽑았다.

그런데 흥미로운 사실이 있었다. 신입생도들은 이 스트레스 사격 을 굉장히 좋아했다. 자신의 차례가 오기 전부터 사격이 이뤄지는 모 습을 보고 잔뜩 긴장을 한 신입생도들은, 이리 저리 뛰고 헐떡거리면 서도 굉장한 보람을 느끼고 있었다. 나는 그런 그들의 진취적인 태도 에 감사했고, 같은 시간이라도 더 실질적이고 그들도 만족스러운 훈 련을 제공함에 스스로 뿌듯했다.

사격 뿐만 아니라, 시시콜콜하거나 사소한 노하우까지도 내가 아 는 것은 모두 쏟아냈다. 나는 전투식량을 군장에 결속시킬 때 부피와 무게를 줄이는field strip 노하우도 제공했다.

"신입생도들, 귀관들이 다수의 MREMeal Ready-to-Eat 혹은 하나의

---

100 GET THAT BAD GUY KILLED, NEW CADET!! GET IN POSITION QUICKLY! YOU'RE GONNA DIE BEFORE YOU EVEN GET TO SHOOT NOW!!! MOVE OUT, CRAZY!! LET'S GO!!

MRE를 군장이나 돌격낭에 휴대할 때 불필요한 무게를 함께 휴대하고싶지는 않을거다. 그러면 귀관들이 해야할 작업은 필드스트리핑을 하는거야. 무슨말이냐면, MRE를 개방해서 절대로 필요한 것만 골라담는다는 말이야. 예를들어 핫소스가 필요 없으면 미리 버리는거지."

"네 분대장님."

"좋아, 먼저 MRE를 열어봐. 그리고 안에 뭐가 있나 봐. 내부에는 개별표장이 되어있어. 먹을것만 챙기고 나머지는 버려. 정말 필요한 것만 고른다음 MRE에 다시 포장해, 공기를 다 빼서. 불필요한 공기로 군장배낭 내부의 공간을 낭비하고 싶지 않으니까."

결국, 먹을 것만 싸고 불필요한 것은 없앤 필수아이템만 넣은 진공포장 자신만의 전투식량인 것이었다. 무게도 물론이지만, 군장배낭의 불필요한 공간까지도 절약하는 것은 충분히 훈련 및 작전 전에 준비할 수 있는 사항이라는 준비정신의 중요성에 대한 교육이었다.

하지만 늘 영광의 순간만 있지는 않았다. 생각보다 뜀걸음 연습을 많이 할 수 없던 근무생도 시절이 핑계라면 핑계지만, 이런 저런 이유로 뜀걸음 중간에 대형에서 열외한 적이 딱 한 번 있었다. CBT 중반쯤이었다. 더운 날이었는데, 신입생도의 뜀걸음은 여느때와 같이 빠른 순서대로 블랙, 그레이, 골드로 나누어서 실시하려 했다. 나는 블랙의 선두에서 약 3마일(약 5km)을 잘 뛰었다. 그런데 막판 500m 정도를 남기고 갑자기 호흡이 너무 가파르게 변하면서 쳐질 것 같았다. 나는 신호를 보내어 대형에서 나와 다른 느려지는 신입생도들과 함께 뛰어서 조금 뒤에 머물긴 했지만 정상적으로 완주했다.

물론 내가 중간에 포기하거나 나약한 정신상태를 보여 신입생도들이 배워서는 안될 '포기자'의 태도를 보여준 것은 아니었다는 점이 좋은 점이었다. 하지만 그 사건은 내 개인적으로는 매우 큰 충격이었다. 신입생도들에게 솔선수범은 못할망정 열외가 웬말인가 싶었기 때문이었다. 하지만, 개인적으로는 그 날의 경험 이후로 만회하고 그보다 더 잘해야겠다는 마음을 먹고 그만큼 더 열정을 갖고 근무게 하는 큰 동력이되었다. 나는 더 몰입하여 열정의 화신으로서 3주를 불태웠다.

그렇게 나는 점점 내 역할에 몰입했고, 그러는 중에 나는 내가 특별한 직책을 맡은 생도이거나 후배생도를 생도대에 적응시켜야 한다는 등의 생각은 자연스럽게 잊었다. 나는 그저 군인이었고, 이제 막 입대한 신병을 훈련시키는 분대장이었으며, 그 중간에 나는 신분상으로만 사관생도였다. 나는 외국인이기 전에 미 육사생도였고, 같은 전투복을 입고 같은 조직에 속한 우리는 그냥 같은 부대원인 그 뿐이었다. 시간이 되풀이될수록 나는 내 분대원이 진정한 군인이 되도록 돕겠다는 생각 그 이상도, 이하도 안 하게 되었다.

그렇게 지난 3주의 시간은 내가 2년 전에 가졌던 A–Day 준비로 이어졌고, 중간에 근무생도 포상 시상식이 있었다. 여기에서 최우수 분대장생도로서 불렸던 그 순간, 나는 믿기지 않는 기쁨을 경험하며 중대의 3, 4학년들도 나를 응원해주었구나 하는 감사함을 가슴속에 가득 품게 되었다. 16명 중 1명에게 수여한 최우수 분대장 상은 그만큼 나에게 감사하고 보람된 의미가 있었다.

외적으로는 보람과 감사함, 그리고 내적으로는 군인으로서의 성장을 한 몸 그대로 받아들이면서 나는 이제 내 눈 앞에 펼쳐질 3학년 생활을 맞이하고 있었다.

When it's raining, we are training
악바리로 삐딱하게 즐기는 문화

"신입생도들! 비올 때가 바로 우리가 훈련할 때다!"

CBT 때 사실 가장 처음 느꼈었고, 이후 군사훈련을 하거나 단체 체력단련을 할 때 모두를 관통하는 비와 훈련에 대한 일관된 미 육사의 태도가 있었다. 그것은 뭐랄까, 다소 매니악maniac과 같은 느낌이었는데, 광기라고 할만한 재밌는 태도였다.

비가 내리지 않을 때의 군사훈련과 체력단련은 그 자체로 고됨과 피로함이 동반되는, 스스로를 담금질 하는 과정이었다. 사실 군사훈련은 물론 전 인원이 원해서 입교한 곳에서 실시되는 활동이기 때문에 아무도 불만이 없을법하지만, 인간적으로 피로가 쌓이고 바쁜 일과를 보내는 생도들에게 군사훈련과 체력단련은 가끔 싫어질 수도 있는 활동이었다.

그러나 우리들은 일단 운동이든 훈련이든 참여하기로 정해진 후에는, 이런 활동을 즐겼다. 마치 취미나 오락같이 말이다. 그 차이는 '우리가 해야하는 일이고 평가가 이뤄지니까 잘 해야 한다'라는, 다소 부담을 갖고 꼭 잘해야만 한다는 식의 접근과는 다른 무엇이 있었다. 나는 그런 차이를 취미같이 즐기는 태도로 부르고 싶다.

이미 말했지만, 심지어 얼차려를 받을 때도 목소리를 오히려 더 크게 내거나, 목소리를 길게 늘여뺴거나, 더 과도한 행동을 한다는 점이 있었다. 그런데 그 뿐만아니라, 운동을 할 때도 이상한 제스쳐를 취하면서 스스로 세레머니를 한다든지, 아니면 서로 화이팅 구호를 외치고는

"가자! 할 수 있다! 두 개 더 하자!"[101]

"가진 것의 95%까지 쓴 거 다 보인다. 120%를 보여줘! 자, 보여줘!"[102]

"헤이! 바로 저기야! 가자! 딱 좋아보인다, 여러분!"

위와 같은 말을 하면서 서로 독려하는 분위기가 늘 있었다. 이런 발언은 특정 학년만 하는 것이 아니었다. 전우 사이에서 편하게 이런 말이 나오는 것이었다.

건물 내부소탕 즉, CQB를 실시할 때 우리는 웨스트포인트 인근의 드럼기지Fort Drum에 소재한 경보병부대인 제10산악사단에서 파견된 부사관들과 열띤 분위기에서 토의했다. 한 교관은 이렇게 말했다.

"생도들, 내가 공유할 것은 그냥 아무렇게나 퍼온 교범이야기가 아닙니다. 저는 제가 이라크에 파병갔을 때 제가 배운것들입니다. 이것을 배우고 나서 전우들을 살리든지, 아니면 그들을 파병가서 죽도록 두든지 하시면 됩니다. 하지만 기억하세요. 내가 말하는 것들은 '정답'은 아니고, 경험에 근거한 답이라는 것을요. 유념하시기 바랍니다."

---

101 LET'S GO! YOU'VE GOT THIS. GET TWO MORE!

102 I SEE YOU'VE GIVEN ABOUT 95% OF WHAT YOU'VE GOT. GIVE ME 120%! LET'S GET IT!

그는 그가 파병가서 전투현장에서 겪은 경험을 바탕으로 우리에게 전투기술을 가르쳐주었다. 건물에 진입하여 숨어있는 적들을 제압할때 어떤 순서대로 문으로 들어갈지, 들어가고 나서 팀원들과 어떻게 사격구역을 잡아야 할지, 진입 후에 꼭 확인해야 하는 사각지역은 어디인지 등등. 우리는 그의 진지함에 완전히 몰입되었고, 그만큼 몸을 던져서 훈련을 실시했다. 훈련은 그냥 반드시 실시해야 하는 의무나 일이 아니었다. 훈련은 몰입의 순간이었고, 그 순간 우리는 가장 순수한 군인이었으며, 몰입한 만큼 우리는 본질이 되어 그 순간을 최대로 즐겼다.

군사훈련 모두가 깔끔하게 시작해서 깔끔하게 끝나는 법은 없었다. 프러시아의 원수 대 몰트케Moltke the Elder는

"그 어떤 작전계획도 적의 주력과 맞닥뜨린 이후까지 확신을 갖고 확장될 수 없다"[103]

라고 했다.

어떤 계획이라도 실제 상황에 직면한 이후까지 확장되지 않는다는 위의 말은, 다음과 같이 해석될 수 있다. 계획은 실제 상황에 맞닥뜨려서는 예측할 수 없을 정도로 변화될 수 있다. 바로 이런 몰트케의 말처럼 계획이란 시행하다 보면 틀어지게 마련이고, 바로 이런 틀어진 계획과 지침들이 생도들에게 하달되면 하달될수록 몸으로 뛰어야 하는 사람들은 신경질이 나고 성가시게 되기 마련이었다.

"단편명령이야. 미안하다. 알지?"[104]

---

103 No plan of operations extends with certainty beyond the first encounter with the enemy's main strength.

104 It's a FRAGO. I am sorry, man. You know the drill, right?

"육군의 방식을 싫어할 수가 없지. 괜찮아."[105]

무엇인가 바뀌어서 정해진 사항이 예하부대로 전해지면 흔히 오가는 대화였다. 이메일의 수신함에 'FRAGO'라는 제목이 붙은 이메일이 내려오면 생도들은 성질을 내기 마련이었다. 이제 평생 그래야할 텐데도 말이다.

혹자들은 이 FRAGO^{Fragmentary Order}가 무슨말인가 할까 싶을 텐데, 사실 이 용어는 우리 군사용어로는 단편명령이라고 불린다. FRAGO 이외에도 준비명령인 WARNO^{Warning Order}와 작전명령인 OPORD^{Operation Order}가 있었다. 단순한 번역 뿐만 아니라 해설을 하자면 FRAGO는 기존에 내려진 명령의 내용에 수정을 가해야 할 때 추가로 발령되는 명령이다. WARNO는 OPORD가 정식으로 내려지기 전의 급한 준비사항에 대한 명령이다. OPORD는 본 정식 작전명령으로서, WARNO의 내용과 FRAGO의 내용이 종합되어 내려지는 기준 명령인데, OPORD가 발령된 후에도 추가 수정이 이뤄진다면 FRAGO가 계속 내려질 수 있다.

이렇게 연속되는 FRAGO로 만성이 된 생도들은 되려 괴기한 분위기를 내기도 했다. 즉, 이미 이렇게 바뀌고 틀어질 줄 알았다. 그러면 또 바뀐대로 맞춰서 하면 된다. 다 괜찮다는 식의 마음가짐이 바로 그것이다. 이런 태도는 이미 저질러진 일이니 이왕 하는 김에 어떻게든 끝장을 보고, 그렇게 끝장을 볼거면 미친듯이 해서 즐겁고 치열하게 하자는 식으로 가게 마련이었다. 이런 태도가 또 다른 분위기를 형성했다. 즐기는 것이면서 치열하고, 미친듯한 분위기가 그것이었다.

---

105 Gotta love the Army way. It's alright, man.

CBT기간 동안 공식 체력단련은 1일 2회였다. 오전 점호 직후에 이어지는 오전 0530의 체력단련과 오후 15시쯤 실시되는 체력단련이 그것이었다. 내가 신입생도였을 때였다. 점호가 끝나고 뜀걸음 코스를 뛰어가고 있는데 갑자기 비가 억수로 쏟아졌다. 몸이 다 젖어가고 신발도 물이 다 찼다.

'아, 진짜 이렇게까지 쏟아지는데 그냥 안 돌아가려나? 좀 쉴 수도 있겠는데?'

라는 생각을 하자마자, 기다렸다는 듯이 한 상급생도가 소리쳤다.

"신입생도들! 비올 때가 바로 우리가 훈련할 때다! 후아!"[106]

"후아! 분대장!!!!"[107]

갑자기 침체되었던 뜀걸음 대형은 활기를 띄기 시작하였고, 우리는 더 미친듯이 뛰기 시작했다. 몸이 젖고 으스스해지는 것에 대항해서 열을 더 내고 싶은 마음도 생겼고, 엉망이 된 내 몸상태에서 이제 더 버릴 것도 없겠다는 생각이 들면서 우리는 그날 더 폭주했다. 그런데 신기한 것은 그렇게 하면서도 불만이 있다거나 불쾌한 느낌이 들지 않았다는 점이다. 우리는 강하게 단결하였고, 말 그대로 화이팅 넘치는 분위기에서 훈훈하고 스스로도 만족스럽게 운동도 하고 몸과 마음도 건강하게 체력단련을 마쳤다.

그리고 빼놓을 수 없는 미 육사의 문화는 바로 욕과 딥^{dip}이었다. 훈련, 운동 가리지 않고 몸과 머리가 힘들 때 우리는 그자리에서 fu*k이라는 욕설을 내뿜었다. 이런 성향은 특히 여름 훈련기간을 거치고 MIAD기간 동안 야전부대와 교류하면서 더 많이 생겼다. 야전의 부사관들은 이런 말을 서슴지 않았다.

---

106 NEW CADETS! WHEN IT'S RAINING, WE'RE TRAINING! HOOAH!

107 HOOAH!!! SERGEANT!!

"저 ×× 한 컵 좀 줄 수 있어? 고마워."[108]

"좋았어. ××하게들 모여보세요. ××하게 시작해 볼테니깐."[109]

"정말 미안해요 여러분들. 이 욕이 진짜 보병스타일이라서요. 저는 늘 ××라는 말을 참을 수가 없습니다. 오케이 제길, 모르겠다. 정말 미안합니다. 그냥 ××하게 참아주세요. 헤이 랍, 저 ××한 칠판좀 가져다줄 수 있나? 고맙네."[110]

사실 우리말도 욕쟁이 할머니가 욕을 할때는 정감이 있듯이, 금기어인 fu*k이라는 말을 이렇게 자연스럽고 일상적으로 듣다보면 자기도 따라하게 되고, 거부감도 없어지게 마련이었다. 그러다보면 훈련중에는 은연중에 fu*k이라는 단어가 난무하고 다양한 형태로 응용되게 마련이었다. 굉장히 강한 어감인데 다양한 의미를 섞은 fu*k은 위에 소개한 독특한 마음가짐에 또 다른 소스로 작용하여 군 특유의 불량하지만 악바리로 생각하고 행동하는 태도를 빚어내기에 충분했다고 본다.

비속어는 어감이 강하고 다의어로 쓰여서 정말 급할때는 유용했으나, 언어적 표현을 제한하여서 특히 나는 단점에 착안하여 그 말을 최대한 피했다. 하지만, 상대방과 의사소통을 할 때 fu*k이라는 단어가 무엇을 의미하는지 잘 유추하는 연습을 게을리하지 않았다.

---

108 Hey, can you fu*kin' bring that cup for me? Thanks.

109 Alright, guys, fu*kin' bring it in. Let's fu*kin' get started.

110 I'm really sorry guys. This profanity is just infantry stuff. I just can't help using fu*k all the time. Alright, fu*k it. I'm really fu*kin' sorry, guys. Just fu*kin' bear with me. Hey, Rob, can you fu*kin' bring that flipchart here? Thanks.

SOSH Run

또 다른 일탈문화

우중충한 미 육사의 회색으로 점철된 단조로움에 반항이라도 하듯,
생도들의 장난끼는 이 합법적 일탈의 공간에서 춤춘다.

공대의 발상지라는 자부심으로 공학 위주의 학제를 고집해왔던
미 육사는 맥아더 교장 이후, 특히 남북전쟁 이후로 불어닥친 대학
의 실용주의 노선에 힘입어 그 학제를 개편하였다. 이제는 공대로서
의 1인자일 수 없었고, 전쟁에서도 공학적 사고력만으로 전쟁을 수
행하는 것은 아니라는 생각에 힘입어 이 고등교육의 급변기에 미 육
사는 사회과학과 인문학의 비중을 더 높였다.[111]

그런 흐름 안에서, 오늘날 미 육사의 생도들은 전공을 불문하고
국제관계론International Relations(IR)을 전원 수강하여야 한다. 그 수업
은 한 학기 동안 지속하여 단계별로 보고서를 작성하고 피드백을 받
아야 하는데, 기말에 최종 보고서를 제출하여야 한다. 그때 이 보고
서를 늦지 않게 제출하기 위해서는 정해진 날 16시까지 담당 교수
의 연구실 앞 문서수발함에 자신의 과제물을 넣어야 한다. 이때 전

---

111 Ambrose, *Duty, Honor, Country*, 1999

DJ가 되어 디제잉 하면서 보고서를 작성하는 생도

교생들이 하루 내내 바쁘게 들락날락 거리는 사회과학과Department of Social Science는 'Sosh' 라는 별칭으로 불리는데, 소쉬런Sosh Run이란, 바로 이곳에 뛰어가는 것을 두고 부르는 말인 것이다.

장황한 설명에 비해서 사실상 그 실제 모습은 진풍경이다. 생도들은 한 학기 동안 즐거웠든 괴로웠든 국제관계 수업을 들으면서 보냈던 한 학기를 추억하며 작별의 퍼레이드를 선보이는 것이다. 갖가지 변장과 퍼포먼스로 '아니, 이래도 괜찮은 것인가' 싶을 정도의 수위의 모습으로 사회과학과로 뛰어가기도, 행진하기도, 날아가기도, 수영하기도, 다양한 수단에 탑승해가기도 한다.

나도 정작 그 날이 닥치기 전에는 다들 소쉬런 구경나가자고 할 때 그게 무엇인가 잘 몰랐을 정도였다. 그리고 으레 선배들이 우스꽝스럽게 꾸며서 쇼를 하고 있는 것이구나 싶었다. 하지만, 진지하고 묵직한 그 과목의 특성을 직접 겪으면서 한 학기동안 머리를 짜내서 페이퍼를 완성해보면서, 그나마 소쉬런이라는 이벤트라도 없었으면 과연 한 학기 무슨 낙으로 보냈었을까 싶어졌다.

최종 보고서 제출기한일에는 소쉬런이 계획된다. 생도들 중에는 1학년 생도가 없으므로 (그러나 아주 특별한 경우에 확률상으로는 있을 수 있다. CBT때 기본과목을 모두 인증받고 초고속 수강 중인 경우), 사복이나 기상천외한 소품들을 사용할 수 있다. 영화 캐릭터를 모방할 수도 있고, 유명 연예인이나 운동선수를 모방하기도 한다. 생도들이 거주하고 있는 막사로부터 사회과학과가 있는 링컨홀까지의 거리는 패튼 George S. Patton장군의 동상을 거쳐야만 한다. 마치 마라톤 경기가 있는 도로 양쪽에 도열해 있는 관중처럼 학년을 가리지 않고 생도들은 모두 이 일대에서부터 링컨홀까지 서 있다. 아차, 그리고 이날의 중요성을 절감한 다른 과목들은 해당일에 공강을 내주어 마지막까지 최종 보고서를 무리 없이 끝내고 낙제를 면할 수 있도록 여건을 보장하기까지 한다.

소쉬런의 하이라이트는 바로 패튼 동상 부근의 큰 공터에서 많이 일어난다. 그 이유는 바로 이 지점이 바로 사방으로 분산되어 살고 있는 모든 중대원들이 지나가는 병목지점이기 때문이다. 생도들은 자연스럽게 요충지key terrain의 개념을 익힌 것인지, 군사학 시간에 배운 기동로 분석에 따른 위치를 선점한 것인지, 단순히 많이 몰린 곳으로 서로 몰린지 모르게 다들 이 지점에 도열한다.

막상 소쉬런이 시작하면 IR 과제를 부지런히 수행했던 친구들은 좀 여유 있게 하루를 쓴다. 다른 수업도 듣고, 공강시간에는 여유를 부려보기도 한다. 책을 읽거나 아예 딴청을 피우기도 하고, 그런 모습을 사진을 찍어 페이스북 등에 올리기도 한다. 아니면 내친김에

진짜 큰일났다. 마감에 맞추기 위해 맨발투혼을 발휘!

그냥 오전에 조용히 보고서를 제출하러 이동하는 모범생들도 있다.

그러나, 우중충한 미 육사의 회색으로 점철된 단조로움에 반항이라도 하듯, 생도들의 장난끼는 이 합법적 일탈의 공간에서 춤춘다. 굳이 마지막 순간까지 기다리다가 5분을 남겨두고 육상선수로 분장해서 단거리 질주를 한다. 여기서 조금 더 머리를 쓴 생도들은 제출할 보고서를 바톤으로 만들어서 바톤 인계장면을 패튼 동상 앞에서 재현한다. 거기서 더 머리를 쓴 경우, 바톤을 놓치거나 바톤이 파손되어 제출할 페이퍼가 찢겨지는 모습을 연출할 수도 있다. 이렇게 우스꽝스럽고 맥락을 이해하지 못하면 왜 웃긴지 모를 그들만의 쑈가 하루 종일 진행된다. 관련된 영상은 동영상 검색사이트에서 단순히 'west point sosh run'이라고 입력하면 많은 검색결과를 볼 수 있을 것이다.

참고로, 나는 순수하게 마지막 순간까지 보고서를 쓰고 이메일로 제출하고 나서 다소 가벼운 조깅으로 마감 5분정도 전에 제출했다. 내 기억으로는 나는 분장이나 연출을 할 여유가 없었고, 그냥 충실하고 열심인 자세로 끝까지 최선을 다하여 퇴고를 하다가 제출과 함께 빠이빠이했던 것 뿐이다. 제출이 끝나고는 그대로 내가 소속되었던 운동부서로 운동을 하러 갔다. 지루해서 미안하다.^^

한편, 소쉬런과 쌍벽이라고 하기는 뭐하지만 그에 못지 않은 일탈이 있다. 보다 더 화끈하다고 도 볼 수 있고, 굳이 미 육사만 해당하지는 않는 나체인간naked man전통이다. 주로 시험기간에 발생하는 이 기현상은, 단조롭고 구속적인(?!) 환경을 가진 미 육사에서 자신만의 색깔을 내고 스트레스를 환기하고자 하는 돌출적 행동의 또 다른 현상이다.

"나체인간이다!! 잡아라!!"[112]

갑자기 웅성거리는 소리와 함께 창 밖으로 희미하게나마 들렸던 그 소리에 나는 창틀가로 내 몸을 날렸다. 창밖으로 수많은 얼굴들이 보였다. 옷을 걸치지 않은 한 명의 생도가 막사들이 병풍을 이루며 형성한 생도광장의 중앙을 관통하며 질주하고 있었다. 나는 전 구간을 보지는 못하고 뒷부분의 짧막한 순간만을 목격했다. 나체인간, 그 만의 완전범죄 계획에 의해서 한 공간에 불필요하게 오랫동안 머물지 않으려 했다.

사라진 나체인간에 대한 이야기는 뒤에 아마도 장교인 당직사령 OC에 의하여 제지당하였고 내용은 기억이 나지 않는 징계를 받았다고 들었다. 나의 기억에 그에 대한 징계의 내역이나 제지를 한 장

---

112 NAKED MAN! GET HIMMM!!!!

교의 신분에 대한 기억이 없는 이유는 바로 그 제지의 수단이 갖는 충격적인 형태였기 때문이라고 생각한다. 짧게 말하자면, 그 장교는 나체인간을 강력하게 태클했다고 한다. 그 당직사령이 풋볼선수 출신이었다나. 불쌍한 생도… 당직사령의 출신성분까지 분석하지 못한 그의 과오가 큰 것인지? 어쩌면 그는 그를 보면서 관중들의 애환을 풀었고 자신의 용기로 소동을 일으켰다는 그 사실 자체에 대하여 엄청난 만족을 했을지도 모를 일이었다.

전설에 의하면 과거에 여생도 나체 여성도 있었다나 뭐라나. 나체인간의 학술적 연구자료는 보지 못했지만, 생도간에 구전되는 이야기에 의하면 하버드 등의 아이비리그 대학에서도 이런 전통이 있다고 한다. 그들을 따라하고자 한 것인지, 아니면 그냥 하다보니 비슷해진 것인지는 잘 모르겠다. 하지만 중요한 것은, 생도들 나름대로 일탈 수단들을 만들어내어 매년, 매 학기 계속해서 전해온다는 사실이다.

하지 말라고 하더라도 하고있는 일탈행위, 그리고 그중에서는 아예 합법적이고 공식적으로 제도화한 일탈행사. 그렇게 금년에도, 사방이 모두 회색빛으로 물들어가는 겨울로 접어드는 미 육사의 주인들, 생도들의 일탈행동은 계속되고 있었다.

MAJ Danny

장교는 자신의 생각을 잘 표현하고 경청할 수 있어야 하는
존재이기 때문이다. 자신이 얼마나 많이 알고 있느냐보다,
자신이 아는 것을 얼마나 효과적으로 전달하여 공유하고 전
파할 수 있느냐가 더 중요하다는 점을 나는 미 육사에서 통감했다.

　

나는 철학을 좋아했다. 초등학교 시절이었을까. 그날도 나는 선
생님의 말씀에 귀를 기울이고 있었다.

"아들이란 놈이 맨날 뭘 했다 하면 멍하니 있지 뭐야. 그날도 멍
하니 있길래 무슨생각 하냐 묻다가, 무슨 생각을 했대. 그래서 내
가 철학을 하라고 했지. 생각이 많으니 생각하는 학문을 하라고."

그 순간 나는 나만 혼자 생각이 많은 것이 아니라는 생각을 함
과 동시에, 나도 비슷하겠네 하며 그때부터 철학에 호의를 가졌다.

그래서 고교시절 윤리과목을 공부하면서도 사상부분을 좋아했고,
즐겨 공부했던 만큼 기억도 더 잘났다. 그런데 사관학교에서 늘 빼먹
지 않고 가르치는 과목 또한 한국과 미국을 가리지 않고 철학을 포함
했다. 나는 그래서 여러모로 미 육사에서의 철학도 자신이 있었다.

정말 별난 이야기이지만, 나는 스스로 정신상태를 분석해서 '정
신분석적 보고서'라는 제목으로 한국 육사에 재학 시 담당 선배에게
보고서를 제출하기도 했고, 늘 혼자 이것저것 끄적거리며 적는 것을

즐겼다. 글을 잘 쓰고 싶어 읽은 책들은 죄다 관찰에서 모든 것이 출발한다며, 관찰하고 느끼고 생각나는 것을 종이에 적으라고 했기 때문에 나는 사물이나 현상들을 뜯어보기를 즐기기도 했다.

하지만 문제는 언어였다. 뜯어보고 추상적인 생각을 정리하고, 추상어와 개념들을 버무려서 이야기로 펴내고, 다른 사람의 이야기를 듣고 나대로 추상화하고 다시 이야기하는 작업은, 언어를 편리하게 활용할 수 있는 능력을 요구했다. 한글은 불편함이 없었지만, 영어는 아직 완전하게 익숙하지 않았기 때문에 마음을 졸였다.

사실 이런 일련의 걱정과 어려움은 바로 미 육사의 수업방식에 굉장히 크게 기인하였다. 왜냐하면 미 육사의 학과수업은 강의를 듣고 핵심내용을 암기하여 정해진 답을 써내는 것이 중요한 것이 아닌 수업이었기 때문이다. 매일매일의 수업은 교수님의 강의내용을 듣고 이해하고 습득하는 시간이 아니었다. 우리는 읽기자료를 읽고 해당 분량에 대하여 짤막한 1~2페이지 정도 에세이를 써서 제출했고, 자신이 쓴 에세이 내용을 바탕으로, 교수님이 던져주시는 화두와 교실 내 다른 생도들이 개진하는 의견이나 질문에 대해서 서로 답변을 했다. 시험은 에세이 형식이어서 내 생각을 논리에 맞게 서술하여야 했다. 수업이 시작하면 첫 마디가.

"좋은 오후입니다, 생도들! 소크라테스 읽기는 어땠나요? 재밌는 것이라도 봤나요?"

이런 식으로 묻는다. 예를 들어 소크라테스에 대해서 읽는 과제가 있었으면, 읽고 나서 에세이까지 썼으니 무슨 생각이 있을 것이었다. 그러면 자신이 썼던 에세이 내용을 기반으로 자신의 생각을 대중들에게 말하는 것이다.

"교수님, 저는 그의 가르침이 버거웠습니다. 소크라테스는 그냥

수업을 진행중인 교수의 모습

계속 질문만 하는 것 같습니다. 그 방식에 맞춰 답을 하다가 보면 일부에게는 도움이 되겠지만 다른 사람들은 답을 하다가 지쳐서 쓰러질 것 같습니다."

"굉장히 흥미로운 관점입니다. 재밌군요. 그러면 혹시 이렇게 생각해 보면 어떨까요?"

이런식으로 대화가 이뤄지는 것이다. 이때, 교수님의 역할은 딱 토크쇼의 사회자였다. 혹은 토론방송의 진행자라고 볼 수도 있겠다. 무엇을 다뤄야 할지 그 좌우 한계선은 설정한 상태에서, 그 안에서의 움직임은 예측하거나 짜놓지 않았다. 그 안에서 교수님은 생도들이 제시하는 아이디어와 반박을 잘 조율하여 계속된 주고받기를 하도록 수업시간을 운영했다. 이때, 경우에 따라서는 일부 상급학년이 함께 수업을 듣고는 했는데, 계급과 학년이 있다고 어색해지지는 않았다. 아마도, 수업시간에는 모두가 '하사생도 홍길동'을 '길동'으로 부르지, '생도 홍하사'로 부르지 않기 때문이지 싶다. 즉, 격의를 무너뜨리고 민간대학과 같은 분위기로 인간 대 인간으로 소통하는 분위기였던 것이다. 굉장히 단순하다고 할 수 있지만, 이름만 부르면 훨씬 분위기가 누그러지고 자유로워지는 효과가 있었다.

교수님의 능력은 들고 남을 아는 데에서 발휘되었다. 특히 나의 담당 교수님 대니 소령님은 마치 미국 드라마 '빅뱅이론Big Bang Theory'에 나오는 셸던과 같은 캐릭터였는데, 물론 그렇게 웃기거나 괴상한 면만 빼고는, 자신이 다루는 분야에 대해서 굉장히 자세하게 파고드는 스타일이었다. 그가 사고를 분석하거나, 논리를 상하좌우안 가리면서 갖고 '놀 때', 우리는 혀를 내둘렀다. 마치 셰익스피어의 한 구절을 읽는 듯한 문학적 표현이라든지, 노래를 부르는 것 같은 리듬과 어조로 자신의 생각을 무한히 펼쳐 보인다든지 하는 순간 나는 감탄하고는 했다.

간혹 가다가는 영어로 철학이론과 논리를 설명하고 상호 논박할 때 내 머리는 진짜 빅뱅이 벌어진 것과 같은 느낌이 들기도 했다. 복잡하고 심오한 내용 들을 영어로 계속해서 굴리고 발전시킬 때, 나는 뭔가를 배운 것 같긴 한데 잘 정리가 안 되는 듯한 이상한 느낌을 받았다. 하지만 동시에, 이런 경험도 많이 했다.

"지미가 소크라테스에 대해서 말했던 것은 바로 이런 상황에 맞는 이야기인 것 같군요. … 그리고 그렇기 때문에 귀 생도의 관점은 저에게 분명하게 전달되지 않는다고 생각됩니다."

"….(아, 이거 말해야 되는데 표현을 어떻게 해야할 지 모르겠네. 답답하구만.)"

"(다른 친구가 손을 들고 말함) 스티브의 의견은 논리적으로 들리지

개인 칠판에서 발표내용을 토의 중인 생도들

만, 정작 그가 이야기하는 것은 지미의 의견을 반박하기에는 충분하지 않다고 생각합니다. 그 이유는 ….”

“(오호라! 저런 식으로 말하면 되는구나!)”

내가 하려고 했던 말을 표현할 수 없어서 발표는 못하고 답답하게 있는데 다른 생도가 내 생각을 말해주는 경우가 바로 그것이다. 그때 내 머리는 정신을 번득이면서 해당 표현을 스펀지같이 습득하고는 했다.

사실 강의식 수업에서 핵심내용을 암기하고 그 내용을 잘 기억해서 시험에 내가 기억한 지식을 보여주어 학점으로 평가받는 체제에 익숙해있던 나는, 미 육사의 새로운 교육방식이 불편하고 부담스러웠다. 늘 나는 피곤과 싸우면서 다음날의 수업내용을 공부했고, 어쩔때는 내가 이미 알고 있는 내용을 에세이에 잘 표현을 못하여 점수가 깎이는 경험도 많이 하면서, 정말 내가 알고 있는데도 점수를 다 못받는게 너무 억울했다.

하지만 미 육사에서 이런식으로 표현과 설득에 방점을 두어 평가하고 교육하는 데에는 굉장히 설득력 있는 이유가 있다고 나는 생각한다. 그 이유는 바로 군인, 특히 장교는 자신의 생각을 잘 표현하고 경청할 수 있어야 하는 존재이기 때문이다. 자신이 얼마나 많이 알고 있느냐보다, 자신이 아는 것을 얼마나 효과적으로 전달하여 공유하고 전파할 수 있느냐가 더 중요하다는 점을 나는 미 육사에서 통감했다. 이는 쉽게 말하면, 한 명의 아인슈타인이 내는 뛰어난 하나의 답 보다는, 평범한 학생들이 협력하여 낼 수 있는 여러 가능성 있는 답이 더 낫다는 비유를 통해서 이해할 수 있다.

이런 깨달음은 비단 철학 수업에만 느낀 것은 아니다. 이런 경험은 2학년 작문시간에 사실상 시작했다. 내가 가진 생각을 영어로 전부 표현하기란 그 장애물이 너무 컸다. 일단 중요한 내용을 뒤에 두어 서술하는 '미괄식' 서술에 익숙해져 있는 나에게, '두괄식' 작문은 어색했다. 그리고 나는 내 생각을 적어내기에 바빴고, 작성한 것 자체에 대해서 만족했음에 반하여, 교수님들은 쓰여진 글이 얼마나 잘 이해되며, 누가 읽어도 다 이해될 정도로 깔끔하고 정확할 것을 요구했다.

"오생도, 이 문장에서 'it'이 의미하는 것은 무엇인가요?"

"교수님, 제가 의미했던 것은 … 음…. 예! 맞습니다. 제가 의미했던 것은 제가 말하려는 사람을 의미하는 겁니다. 아, 문법적으로 잘못되었네요. 죄송합니다."

나는 생각보다 내 글을 퇴고하지 않는 습관이 있었다. 그에 반해 내 룸메이트들은 자신들이 쓴 글을 미리 뽑아서 서로 교환하여 읽어주고 평을 주고받았다. 나는 아직 작문하는데 시간이 더 걸렸기 때문에, 빨리 써서 누구와 교환하거나 퇴고를 할 단계에 못미치고 초본이나 자체 수정본을 제출하고는 했었다. 나는 점수가 좋지 못한 이유가 있을 것이라는 생각에, 작문 교수님을 심하게 괴롭히면서 엄청 자주 찾아가서 지속적으로 코멘트를 받아냈다. 그랬더니 그 에세이는 A를 받을 수 있었다.

발표와 에세이로 자신의 생각을 이해하기 쉽게 표현할 수 있는 능력을 지속적으로 강조하는 미 육사를 두고 나는 당시 그 이유를 잘 이해하지 못하였다. 더군다나 집요하리만치 강조했던 인용양식 준수는 늘 과제작성을 어렵게 했다. 학교에서는 'MLA', 'APA', '시카고 스타일' 등의 양식을 준수하여 과목마다 다른 형식으로 인용한 자료를 굉장히 강조하여 명시하도록 하였고, 그런 양식을 지키지 않을 때마다 우리는 감점을 감내해야 했다.

제대로 양식을 지키지 않을 때마다 걸리는 감점과 심지어는 인용자체를 하지 않을 때에는 표절plagiarism로 간주되어 생도 명예신조에 위배되므로 퇴학까지 감수한다는 서약서에 매번 서명하면서 과제를 제출할 때, 나는 섬뜩함을 느꼈다. 1학년이 되기 전부터 강조되어 온 명예신조는 다음과 같다.

"생도는 거짓말, 부당이득, 절도를 하지 않고 그런 행위를 묵인하지 않는다."[113]

과제물을 작성하고 제출할 때 필수적으로 준수하여야 할 사항들이 정리된 문건은 과제작성지침Documentation of Written Work이라는 이름으로 배포되었고, 그 안에는 생도가 각종 상황에 맞춰 어떻게 제

---

[113] A cadet will not lie, cheat, or steal, or tolerate those who do.

출과제에 표시 및 표현할지가 상세하게 예시되어 있었다. 우리 모두
는 1학년부터 필수적으로 전 사항을 체득하여야 했고, 이는 규정과
같았다. 몰라서 못지키는 것은 핑계였다. 우리는 심지어 과제물을
제출할 때 함께 상의해서 도출해낸 결과물을 제출할 때에도, 어떤
대화를 누구와 언제 나누었는지를 적어야 할 정도로 상호 간의 지적
재산을 존중하는 문화를 체득화했다.

2. Assistance, written work (APA style):

> **References**
>
> Scout, B CDT A-2 `17. (2014). Assistance given to the author, review of written work.
> I did not think my answers were correct, so I talked with CDT Scout and compared
> my answers with his. I was doing my calculations using present worth analysis,
> whereas CDT Scout was using future worth analysis. CDT Scout suggested that I
> use future worth, which I did in developing this solution. West Point, NY.

과제를 제출할 때 동료의 도움을 인용하는 사례[114]

---

[114] Office of the Dean, Documentation of Academic Work, 2015. https://www.westpoint.edu/
sites/default/files/pdfs/ABOUT/ Student%20Consumer%20Info/daw-june2011.pdf

Officer's Christian Fellowship
성경 스터디

"… 비탈을 내려가고 있었지. 근데 갑자기 하나님이 나한테 오시더니
말을 하셨고, 그때 나는 하나님이 계속 계셨다는 것을 깨닫고
그때부터 하나님을 믿고 있어."

CBT 때 처음 느꼈던 교회에서의 정신적 치유 경험은 나름 강렬하고 의미 있었지만, 주말에 즐길 수 있는 여유는 쉽게 포기할 수 없었다. 그리고, 내 종교관의 특성상 교회를 당장 가지 않는다고 대역죄를 짓지는 않는다고 생각했던 차라, 나는 교회에 다니지 않았다.

그러던 어느 날, 내 친구 폴을 따라서 나는 OCF^{Officer's Christian Fellowship}라는 모임에 처음 나갔다. 한 끼니 해결하러 나서지 않겠냐고 권유하는 그의 발걸음을 따라 참가했던 시간은 생각보다 더 풍요로웠다. 나는 예배시간과는 또 다른 새로운 경험을 했다. 혹은 구역예배쯤 되나 싶었는데, 미국에서 처음 그렇게 접했던 소규모 단위의 성경모임은 그렇게 신선하게 다가왔다.

무엇보다 나는 단 한명의 권위자에 의해서 정해진 정설이나 설교를 일방적으로 수용하러 들어가는 것이 아닌, 정해진 성경구절에 대해서 서로의 경험과 생각을 자유롭게 공유한다는 점이 흥미로웠다. 나는 그래서 그 이후, OCF에 참가할 기회를 추가적으로 알아보

앞다. 흥미롭게도 룸메이트가 OCF에 참가한다는 이야기를 해주어 나는 그와 함께 그의 소모임으로 나갔다.

그를 따라간 소모임은 5명의 참여자로 구성되어 있었다. 소령 장교님의 주도하에, 3학년 생도들이 여럿 모여서 서로의 생각을 나눴다. 모임시간은 서로 모여서 인사를 나누고, 기도한 후에 정해진 성경구절을 돌아가면서 낭송하고 해당 구절의 의미에 대해서 소령 장교님의 화두에 맞게 서로의 생각을 나누는 것이었다.

그런 와중에 우리는 개인의 삶에 대해서 자연스럽게 이야기했다. 자신의 특정한 경험을 이야기하거나, 아니면 관련하여 신앙심에 대한 이야기도 하고, 그러면서 아쉬운 부분이나 석연찮은 부분을 공유하고 서로의 지혜를 모아서 위로하는 자리였다. 나는 늘 가장 궁금한 부분이 어떻게 그들이 '기독교'에 대한 확신을 갖고 신앙심을 형성했는지가 궁금했다. 나는 그런 탐구적인 자세로 참가한다는 말도 전했다.

"지금 당장은 내가 기독교인인지 잘 모르겠습니다. 저는 예수의 행적을 믿고, 성경의 말씀이 참임을 믿습니다. 그러나 그것이 제가 다른 종교를 부정하고 기독교를 선택했다는 것을 의미하지는 않죠."

나의 다소 불편할 수도 있는 태도에 대해서 그 소모임은 환영했고, 서로 기도하고 위로하면서 알아가 보자고 말해주어서 나도 부담감 없이 참가했다. 정말 바빠서 도저히 시간을 낼 수 없는 극한의 상황이 아닌 경우를 제외하고, 나와 룸메이트는 함께 지속하여 OCF에 갔다. 그러면서 내가 기억했던 룸메이트의 신앙심에 대한 일화를 나는 잊을 수 없다. 사실, 너무 극적이라 절망적이기도 했고, 너무 주관적이었지만, 그런만큼 확실시된 신앙심이란 그냥 한순간에 예고도 없이 찾아오나보다 싶었다.

"어느 날, 자전거를 탈 때였어. 비탈을 내려가고 있었지. 근데 갑자기 하나님이 나한테 오시더니 말을 하셨고, 그때 나는 하나님이 계속 계셨다는 것을 깨닫고 그때부터 하나님을 믿고 있어."

정말 너무 극적이고 한편으로는 너무 어이가 없는 이야기였다. 자전거를 타다가 하나님과 이야기를 했다니. 나는 과연 나에게도 그런 순간이 찾아올까 싶은 생각을 하면서 가만히 내 할 일을 해 나갔다.

놀라운 것은 OCF라는 말 자체가 포함하듯, 이런 모임은 장교들에 의해서 주관된다는 사실이었고, 그렇기 때문에 군성을 함양하는 데도 도움이 되었다는 점이다. 우리 소모임의 담당 소령님은 교수님이었는데, 나는 그의 수업을 듣지는 않아서 친분이 없었지만, 그는 생각보다 군 훈련이나 미 육사에 대한 일상적인 이야기를 자주 풀어냈다. 특히, 레인저훈련 이야기를 많이 했는데, 그도 힘들었고 잊혀지지 않는 훈련으로 기억하는 만큼, 추억도 많고 교훈도 많았던 훈련같아보였다. 우리 소모임에 참가한 친구 생도들도 모두 레인저훈련에 대해서 관심이 많이 있었던 차라, 종종 훈련 이야기를 많이 했다.

"레인저스쿨은 여러분들이 얼마나 버틸 수 있는지가 중요해요. 모든 사람들이 다 할 수 있죠. 그 훈련은, 아무리 많이 낙제 및 재훈련을 받아도 결국 끝납니다. 여러분들은 그저 버티고 훈련을 마치면 되죠. 훌륭한 성과같은 것은 없습니다. 그저 계속할 뿐이죠."[115]

---

115 Ranger school is mostly about how much you suck it up. Everyone can go through that. It will eventually end, regardless of how much you recycle. You just suck it up and finish the training. There is no great performance there. But you just keep it going.

그가 했던 말 중에서 가장 기억에 남는 부분이었다. 그는 레인 저훈련에 있어서 훈련의 영광이라든지, 눈부신 성과같은 것은 없다고 했다. 그냥 얼마나 잠을 못자고 얼마나 피곤한 것을 더 버티고 하는 것 뿐이라고 했다. 그리고 3단계로 이루어진 훈련에서 단계를 넘어가는 두 번의 순간마다 재훈련recycle 여부가 결정되는데, 재훈련은 거의 대부분이 최소한 1회는 한다는 것이 정설이었다. 그러다 보니, 운이 좋으면 통과한다는 생각으로, 그냥 버티고 잘 참으면 졸업을 한다는 것이 그의 말이었다.

나는 비록 레인저훈련을 하지는 못했지만 그의 그런 말이 의미하는 바를 넘겨짚어볼 수 있었다. 아, 살다보면 진짜 열심히 하고 최선을 다해서 좋은 성과를 내고 훌륭한 사람으로 인정받을 수도 있지만, 진짜 어려운 상황이 있을 수도 있고, 내 노력과는 개별적으로 일이 제대로 이뤄지지 않을 수도 있구나. 마치 도를 깨달은 사람같은 그의 태도를 보면서 나는 진정 힘든 훈련을 겪은 사람일수록 더 겸손해진다는 새삼스러운 진리를 발견하였다.

이 진리는 사실 4년간의 미 육사 생활을 하면서 지속적으로 관찰된 바였기도 하다. 정말로 어렵고 힘든 과정을 겪은 사람일수록 다른 사람들의 노력을 더 소중하게 여기고, 자신이 스스로 대단하지 않음을 알아서 굉장히 겸손해하는 모습을 봤었다. 백전 노장의 부사관들도 새파란 생도들에게 업신여기는 태도를 보이지 않았고, 장군님들이나 대령급의 장교님들도 아무리 생도들이나 부하들이 어림없는 이야기를 하더라도 언제나 발 벗고 나서서 경청해주시고 정중히 성심 성의껏 대답해주셨다.

나는 그런 경험을 반복하게 되면서, 그리고 OCF의 경험까지도 포함해서 또 다른 깨달음을 얻었다. 그것은 바로, 자신을 몰아치고 자신에게 엄격해지라는 것이며, 그런 만큼 타인의 노력을 인정하고, 타인의 위대함을 인정하라는 것이었다. 그리고 또 중요한 것은, 노력하는 사람들과 서로 어울리면서 내 작음을 직시하여 더욱더 성장하고 겸손한 태도를 가져서 타인을 경청하라는 것이었다.

그렇게 OCF는 신앙심뿐만 아니라 인생에 있어서의 깨달음과 군인으로서의 가치관을 형성하는데도 크나큰 양식을 선사해주었다.

Service Academy Exchange Program
미 해사에서의 한 학기

미 해사에서 나는 미 육사와는 또 다른 해군의 문화를 접했다.
보다 더 귀족적(aristocratic)이었다. 일단 그 건물들이 풍기는
느낌부터가 바로크양식으로 귀족적인 느낌이 강했다.

미 육사, 공사, 해사는 상호 사관학교 간 한 학기라는 기간동
안 교환학습을 하는 타 사관학교 교환 학기 프로그램Service Academy
Exchange Program이라는 제도를 갖고 있었고 나는 그 프로그램에 참
가하고 싶었다. 사실, 2년 반동안 익숙하게 생활하던 생활의 터전
을 포기하고 전혀 새로운 곳에 가서 적응하고 보고 배우다가 와야한
다는 사실은 하나의 부담요소로 작용하기는 했다. 그러나 나는 그런
부담을 능가하는 실익이 있다고 생각했기 때문에 그 프로그램에 참
가하고자 하였다.

내가 생각했던 실익이란, 내가 미 육사에 파견나와있는 그 임무
에 큰 근거를 두고 있었다. 나의 임무는 변함이 없었다. 미국이 어떤
지 배워오는 것, 미 육군과 그 사관학교가 어떤 곳인지 배워오는 것,
그리고 미군을 이해하는 것이었다. 그리고 나의 결정원칙은 다시 잡
을 수 없는 기회 위주로 잡자는 것이었다. 그러자면, 무엇이 되었든
안주할 것이 아니라, 늘 새로운 것을 찾아 나서야 했다. 그리고 그

새로운 목적지로서 미 해사는 매력적인 장소였다.

육해사 풋볼시합Army-Navy Game이라는, 국가 단위의 연례행사에서 나는 미 해사로 파견된 한국 해사 선배를 뵙기도 했고, 그녀의 친구들과 만나고 교류하기도 했다. 그러면서 서로 친해진 친구들도 있을 뿐더러, 전 학기에 우리 중대에 교환학기로 왔던 해사 생도와도 친해졌던 터라 나는 한 학기 동안 내려가서 내 소기의 학습목적도 달성하고, 미 해사에 네트워크도 형성하게 된다는 이중목적을 달성하기 위해서 거칠 것 없이 프로그램에 지원했다.

종전에는 국제생도를 미 육사에서 타 사관학교로 파견하지 않았던 것 같았다. 당시 내 담당 훈육관님이 공군장교여서 사고가 더 개방적이어서 그랬는진 모르지만, 그녀는 나의 지원에 대해서 적극 후원해주었다. 평상시 내가 열심히 하는 모습을 보고 나에게 칭찬을 많이 해주시던 분이셨는데, 나의 도전에 힘을 보태주시는 그녀의 믿음은 참 감사할만한 것이었다.

한 학기동안 타 사관학교로 교환학습을 가는 SAEP은 한 학기 동안 수강해야 하는 수업이 육사에서도 호환이 되는지 여부를 면밀히 따지는 작업이 필요했다. 그리고 졸업요건을 만족하는지 따져야만 지원절차를 마무리 지을 수 있었다. 나는 썩 만족스럽지는 않았지만, 가능한 조합을 찾아서 지원절차를 마무리 지었다. 그리고 12명 중의 1명으로 선발되어 참여했다.

해사에서 육사생도로서, 그리고 그중에서도 외국인 육군사관생도로서 영위하는 미 해사 생활은 새로움과 모험, 도전, 체험, 그리고 적응의 연속이었다. 물론 미 육사에 있을 때도 나는 주류라고 할 수는 없었을지도 모른다. 하지만 미 해사에서 경험한 나의 지위는 소수자 중 소수자였다. 무엇을 하더라도 나는 튀는 상황에 있어서, 그러나 나는 그다지 불편함 없이 즐겁게 생활했다.

그런 과정에서 더욱 돈독하게 알게 된 '향순이모'는 나에게 있어 큰 정신적 쉼터가 되었다. 거의 매주 주말 이모네 집에서 신세를 지면서 '생도 만인의 스폰서' 향순이모의 은덕을 받으면서 나는 미 해사에 있는 한인 커뮤니티와 밀접하게 교류했다. 짧은 시간이었지만, 미 해사의 한인 동포 후배들과 나누었던 교류는 인생에 있어 절대 잊지 못할 만큼 다양하고 진한 추억을 선사했다. 한국인으로서 드물게 미 해사 풋볼선수였던 지훈, 영화 '친구'에서 막 튀어나온 것 같은 윤신, 샤프한 두뇌와 구수한 부산사투리가 인상적이었던 원호, 냉철하고 치열했던 범진, 늘 똘똘했던 우석, 명석했던 재웅, 모두들의 형이자 나와 동갑 상준 등 참 수많은 한인들과 짧지만 굵게 보냈던 날들이 아직도 눈에 선하고, 아직도 그 날의 추억을 함께 오늘도 나누고는 한다.

한편, 내가 한 학기간 같이 생활했던 미키와 맥스는 좀 생각보다 이질적이었다. 일단 방 자체가 미 육사와는 다르게 책상 위에 침대가 있는 형태이고 개인 샤워실이 방마다 있어서 어색했다는 점 외에, 내 룸메이트들은 굉장히 친절한 것 같지만, 진한 인간미는 생각보다 덜했던 것 같다는게 나의 기억이다. 미키는 특유의 잘생긴 외모로 미모의 미 해사 응원부 여자친구와 사귀고 있었는데 늘 달콤한 사랑이야기를 하기 바빴고, 맥스는 굉장히 열심히 생활하는 친구였는데, 그 또한 여생도와 사귀는데 종종 호실까지 놀러오는 것이었다.

당시 솔로였던 나는 그런 그 둘을 보고 있자니, 여자친구 생각도 좀 했던 것 같다. 사실 같이 미 해사로 파견을 갔었던 미 육사의 여생도 한 명과 잘 해보라는 이야기도 듣기는 했었지만, 나는 그녀가 그다지 이성으로 보이지 않았고, 한가롭게 연애나 하고 있기는 역시 아직 무리라는 생각을 했고, 미 여생도와의 교제는 아무리 생각해도 비현실적이라는 생각이었기 때문에 별 관심을 두지 않았다. 고백하자면, 사실 그 기간에 한 번 워싱턴 DC에 유학을 와있던 한 유학생을 소개받아서 어느 주말 한 번 소개팅을 하기도 했고, 한 주말에는 범진의 집에서 머물다가 그의 부모님의 주선으로 소개팅을 해보기도 했다. 하지만 모두 지속적인 만남으로 발전하지는 않았다.

미 해사에서 나는 미 육사와는 또 다른 해군의 문화를 접했다. 보다 더 귀족적aristocratic이었다. 일단 그 건물들이 풍기는 느낌부터가 바로크양식으로 귀족적인 느낌이 강했다. 그리고 상하 위계질서의 측면에서 장교와 부사관 간의 간격은 육군보다 해군이 눈에 띄게 더 벌어져있었다. 그리고 미 육사의 생도들은 다 같이 육군이라는 느낌이 있었는데, 미 해사의 생도들은 저마다 다른 느낌이 강했다. 특히 4학년들은 제복부터 자신의 분야에 맞게 다르게 입었는데, 해병대, 해병항공병과marine aviation, 수상함병과surface warfare, 잠수함병과submarine, 해군항공대navy aviation가 내가 아는 분류였다. 이들은 특히 전투복을 입을 때면 서로 다른 색깔과 모양의 옷들을 입었는데, 이런 다양함은 좋게 보면 선택의 폭과 영향력이었지만, 나쁘게 보면 더 낮은 응집력으로 보였다고 느꼈다.

미 해사의 가장 큰 차이점은 아마도 그 입지조건과 분위기였다고 생각한다. 아나폴리스시에 위치한 미 해사는 바로 옆에 세번Severn강을 연해 있었고, 그 강은 큰 체서피크만Chesapeake Bay라는 거대한 만에 연해 있었다. 미 육사에 연한 허드슨 강은 체서피크만에 비하면 정말 작은 물이었다. 그리고 미 육사는 산지지형이어서 어디를 가든 언덕이 있었지만, 미 해사는 모든 지역이 평지였다.

그리고 미 해사에는 항해부와 경비정부가 있어서 실제로 생도들에 의해서 선박을 운용하는 훈련도 연중 행해졌다. 나는 전 학기에 알게 되었던 생도와 연락하여 실습경비정에 동행하여 볼티모어까지 1박 2일의 항해를 다녀오기도 했다. 비록 작은 배였지만, 생도들의 주도하에 운항이 되는 배에 타서 왕복 100km의 거리를 항해하는 경험은 쉽게 접할 수 없는 값진 경험이었다. 그때 느낀 내 소감은 해군은 내가 하고자 하는 것과는 완전 다른 것이구나, 육사 가길 잘했다, 그리고 선장은 머리 속으로 항해를 꿰차고 있어야 하는구나 하는 점이었다. 왜냐면 배를 어떻게 움직여야 할지를 새로 들어오는 정보와 배의 상태에 따라서 하급자에게 세세한 지시를 하여 구현할 수 있어야 하기 때문이었다.

　교수부의 차이에서는 민간인과 군인의 비율이 크게 차이났다고 느꼈다. 육사에 비하여 해사의 민간인 비율은 더 많은 편이었다. 내가 듣는 5과목은 모두 민간인 교수에 의해서 진행되었으며, 그중에서 외국인 교수는 세 명이었다. 물론, 이민과 귀화 등에 의해서 미국 시민권을 갖고 있었겠지만, 그들의 영어는 영어를 모국어로 하는 사람들의 영어가 아니어서 나는 또 나름대로 수업을 진행하는데 어려움을 겪었다. 그리고 보다 토의보다는 강의위주의 수업이었어서 내가 흥미로워하는 방식이 아니었기 때문에 깨어있기 위한 노력이 더 필요했다. 그래서 열심히 수업준비를 하고 수업시간에 출석했지만 정작 미 육사에서 처럼 시험을 잘 보지만은 못했던 것 같다. 어차피 학업이 나의 최우선순위는 아니었기 때문에 괘념치 않았다. 참고로 그때 내가 수학했던 과목들은 데이터베이스 구상 및 활용, 중급 아랍어II, 중국의 정치, 입법정치, 정치사상으로 다섯과목이었다.

　특히 아랍어 때문에 굉장히 고생을 했는데, 미 육사에서 아랍어 교수님으로 계셨던 분에 비해서 미 해사의 아랍어 교수님은 굉장히 다른 스타일로 아랍어를 문법적으로 가르쳐주고 더 학술적이어서 적응하고 이해하는데 애로사항이 많았고, 그만큼 내 시간을 많이 뺏겼다. 나는 교수님과의 시간도 예약해서 보충설명을 듣는 등의 노력을 기울여서 학업을 완수하기 위해 노력했다.

돌이켜보면, 교수로서 미 해사의 독특한 수업 스타일이 궁금하다. 훨씬 민간인의 비율이 높았고, 그만큼 그들의 전문성도 더 높다고 느꼈는데도 미 해사는 육사에 비해서 더 강의위주로 일방적인 수업을 보였다는 점이 특이했다. 물론, 교수님이 강의를 하면서 자연스럽게 생도의 발언을 유도하거나 생도끼리 서로 의견을 나누기도 했지만, 확실히 교수의 비중이 훨씬 컸다. 이것도 사관학교마다 추구하는 수업의 방식 차이에서 비롯된 것인가 궁금했지만, 그런 차이까지 이해하기에는 한 학기는 짧았다.

꿈속의 꿈같은 한 학기가 지나고 나의 3학년 생활도 이제는 같이 마무리되어가고 있었다.

◐ 3학년이 수행하는 분대장과 생도 계급체계

미 육사에서는 각 학년마다 계급을 부여했고, 모든 학년은 권리와 권한, 그리고 의무에 차이가 있었다. 생각보다 미 육사에서의 분대생활은 나의 생활에 크게 영향을 미치는 경우가 없었다. 분대는 단지 각종 집합 때 인원을 빨리 파악하고, 호실 정리 및 물품상태의 확인, 그리고 학기 간 군사 및 품성분야에 대한 학점을 부여하는 지휘체계 이상의 의미가 없었다. 나는 아직 그 이유가 3학년이 분대장생도의 직책을 수행했기 때문인지 궁금하다.

◐ CBT에서 다뤄야 할 군사훈련의 범위와 깊이는?

엄격하게 생도생활만을 준비하는 훈련기간으로 할 것인지, 아니면 민간인에서 군인으로 재탄생시키는 기간이 되어야 하는 것인지, 독자들께서 고민해보시기 바란다. 이때, 미 육사는 후자에 가까우며, 실질적으로 전우조buddy team가 함께 소규모 전술행동을 하는 훈련까지 포함한다. 독자들은 생각해보길 바란다. CBT 기간에 신입생도들에게 어디까지 훈련을 시키는 것이 좋을 것인가?

◐ 장교와 부사관의 역할

훈련기관에서 본 부사관들은 교육생들에 대한 이론 실습, 행정 등 실제 교육훈련의 수행자였다. 한편, 장교는 부사관 교관들의 권위를 세워주고 잘 눈에 띄지 않았다. 하지만 법적 책임과 관련되거나 명령상의 지휘권에 관한 업무 등에는 전담하는 모습을 보였다. 과연 부사관과 장교의 역할 분담은 어떻게 이뤄져야 할까? 이 분담은 부사관의 지위를 보장하고 장교와의 관계를 형성하는 데 있어 어떤 영향을 줄까?

● 합동성을 위한 프로그램

타군을 이해하기 위해서는 타군에 대한 간접체험을 할 수도 있지만, 실제로 미 육사의 교환 학기 프로그램과 같이 한 학기 정도 파견 및 교환을 통해서 타군의 생활양식을 직접체험할 수도 있다. 만약에 이런 형태의 교환학습을 통해서 생도들이 타군을 경험한다고 할 때, 파견시기는 언제가 적절할까? 1학년부터 4학년의 기간 중 언제 파견하는 것이 적절하다고 생각하는가? 왜 그렇게 생각하는가?

맞이로서 솔선수범하는
4학년

First Class Cadet

졸업식이 끝나고 햇토스(Hat Toss)를 하며 열광하는 졸업생도들
(출처: 크리에이티브커먼즈)

우리는 최고봉.

Firstie이다.

부사관생도 이상의 책임을 지닌 우리 장교생도들은

소위생도나 대위생도가 되어

생도대를 이끈다.

AIAD with Auschwitz Jewish Center

유대 인종대학살 탐구

본시 낙천적인 성격을 가진 내가 군인이 아니었다면,
그리고 이역만리 미국의 땅까지 찾아오지 않았다면,
무력의 사용과 폭력에 대해서
이렇게 심도있게 탐구했을 것 같지 않았기 때문이었다.

미 해사에서 보냈던 한 학기의 시간이 지나고 다시 돌아온 미 육사는 포근했고 익숙했다. 나는 복귀와 함께 새로운 여정을 찾았다. 다시 나에게 주어진 3개월정도의 여름 기간을 두고, 나는 이번에는 MIAD가 아닌, 좀 다른 경험을 해봐야겠다고 생각했다.

그래서 알아본 프로그램 중에 눈에 띄는 프로그램이 있었다. 육해공군사관학교와 거기에 해경사관학교US Coast Guard Academy까지 참여하는 프로그램이었다. 주제는 나치의 인종학살Holocaust 에 대한 탐구였다. 나는 그 주제에 큰 관심이 생겼고, 망설임 없이 지원했다.

선택의 이유는 현실적인 측면, 그리고 이념적인 측면 이렇게 두가지로 나뉜다. 먼저 현실적으로, 나는 AIADAcademic Individual Advanced Development(개인별 교과응용활동) 경험을 하고 싶었고, 해외에도 체류하고, 미국의 심장인 워싱턴 DC에도 가서 각종 견문을 넓힐 수 있는 프로그램이 있다는 사실에 귀가 솔깃했다. 이념적 측면에서, 나는 내가 군인으로서 폭력을 사용할 권한을 부여받은 전문가인데, 정작 그 폭력의 사용의 나쁜 선례에 대해서 그 배경과 원인이 궁금했었다. 합리와 원칙을 추구하는 독일에서 어떻게 한 인종을 말살하여야 한다는 극단적 조치를 취할 수 있었는지, 그 배경과 실상을 탐구하고 싶었다.

우여곡절 끝에 나는 선발되어 각 사관학교 당 4명 뽑히는 중의 한 명으로서 참가했다. 그래서 우리 전체 멤버는 14명이었다. 그런데 그 과정에서 지난 학기 때 같은 수업을 들었던 미 해사 생도 스카티가 있어서 세상 좁음을 다시 실감했다. 나머지 생도들은 처음 만나는 친구들이었지만, 다들 특유의 친화력으로 끈끈하게 해당 기간 동안 교류했다.

프로그램은 5월 23일부터 6월 6일까지 총 2주간 진행되었다. 먼저 워싱턴 DC에서 3일간 인종학살과 관련한 내용을 토의하였고, 다음 3일은 뉴욕에 소재한 아우슈비츠 유대인 센터에서 유대인 문화 전반에 대하여 배웠다. 남은 한 주는 독일 및 폴란드로 이동하여 생존자들과 인터뷰하고 인종학살 연구자들을 만났으며, 아우슈비츠 포로수용소를 방문하면서 종료되었다.

나는 사관학교의 교육을 이수하면서 그동안 전투에서의 승리, 전투능력의 상승에 대하여 생각했지, 전쟁의 윤리, 폭력의 의미, 폭력수단의 타락 등에 대하여 깊이 있게 생각해보지 못했었다. 물론, 전쟁수행에 있어서 윤리적 문제에 대해서 철학시간에 다루기도 했고, 학기 간에는 군대윤리교육Professional Military Ethics Education 수업이 2주 1회 1시간 정도 배정되어 있어서 생도들은 심도있는 토의, 그리고 고민을 했었다.

하지만 이번 AIAD에서는 전투의 순간에서 맞닥뜨리는 수준의 미시적인 시야보다는, 국가와 인종, 윤리와 문화, 그리고 그 맥락에서 빚어진 무력의 타락 등에 대하여 보다 거시적인 시야에서 윤리적 문제를 심도있게 탐구할 수 있었다.

따라서, 나는 내가 미 육사에 다녔기 때문에 유대인의 인종학살에 대해서 배울 수 있는 기회가 주어졌음에 감사했다. 본시 낙천적인 성격을 가진 내가 군인이 아니었다면, 그리고 이역만리 미국의 땅까지 찾아오지 않았다면, 무력의 사용과 폭력에 대해서 이렇게 심도있게 탐구했을 것 같지 않았기 때문이었다. 현실적으로, 우리나라에서 유대인의 인종학살에 대해서 공부할 기회는 그다지 흔치 않은 기회라고 생각이 되었다.

그와 아울러, 나는 자연스럽게 유대인의 힘에 대해서 새삼스럽게 인식했다. 세계에 뻗어있는 네트워크, 그리고 그들이 부족함 없이 세운 재단, 추모시설, 교육과정 등이 자못 대단해 보였다. 유대인의 힘과 영향력에 대해서 전해듣기만 했지, 직접 온몸으로 체험해 본 것은 이때가 처음이었던 것이었다.

다른 한 편으로는 나는 역사적 흐름 속에서 비롯된 국가주의와 나치즘이라는 이념의 무서움을 깨달았다. 그리고 시대가 변하면서 도래하는 이념의 힘 안에서 군인으로서의 올바른 행동은 어떻게 추구하여야 하는지 깊이 고민했다. 무력과 폭력을 법률에 근거하여 활용하는 집단인 군은 과연 법과 제도가 하라면 무조건 해야 하는 것인가, 아니면 그 이상의 가치와 충돌할 경우에 어떻게 행동하여야 하는가 고민이 많이 되었다.

이런 모든 이면에서, 출발점부터 의도하지는 않았지만 현실적으로는 굉장히 의미심장한 통찰도 갖게 되었다. 그것은 어떤 인식과 운동을 이끄는 데 있어 재력과 조직화가 중요하다는 점이다. 위에 서술한 일련의 생각을 하고, 유대인들의 경험을 함께 뼈아프게 생각하며, 폭력을 주의를 기울여 다뤄야 한다는 생각을 하게 된 근본적 계기는 ASAP라는 프로그램이 나에게 제공되었기 때문이었다.

즉, 다시 말해, 내가 이런 생각을 하고 동조의 입장을 취하도록 한 유대인 유산재단Jewish Heritage Foundation의 의도와 영향력은 나에게 새삼 큰 의미로서 다가왔고, 한국에 대하여 반성하게 하였다. 일단, 유대인 유산재단은 미국 4개 국립사관학교의 장교들에게 이렇게 매년 돈을 투자하여 프로그램을 운영해오고 있으며, 그런 행위에는 이유가 있을 것이라 생각했다.

프로그램은 재단의 넉넉한 후원 속에 숙식은 물론이고, 국제항공비를 포함한 교통비, 그리고 학습하라고 생도 개인별로 200달러 상당의 도서구매권을 제공하기까지 했다. 그러면서 이들의 투자가 참 장기적인 시야 안에서 이루어진 전략적인 판단에 의했을 것으로 여겨졌다. 그래서 나는 이런 투자를 보며, 우리나라의 뼈아프고 쓰라린 과거의 기억을 세대를 넘어서도 잊지 않게 하기위한 노력이 충분히 이뤄지고 있는가 궁금해졌다. 최소한 사관학교 생도들에 대해서만이라도 말이다.

사관학교 생도들은 국가로부터 국민을 보호하기 위하여 선발된, 미래의 합법적 폭력행사 기관이기 때문이었다.

Ring Weekend

평생 잊고 싶지 않은 지금 나의 특질이 무엇이 있을까 가만히 자문했다.
아마도, 그것은 열정일 것이고,
복무하고자 하는 의지가 될 것 같았다.

문득 사관학교 졸업생들의 반지를 살펴볼라 치면, 그리고 뭇 대학의 졸업생들을 보면 각종 특이한 반지를 착용한 모습을 볼 수 있다.

"1835년 이래로 이 전통은 4학년이 웨스트포인트의 4학년으로 인정됨을 부각시킨다. 1836년과 1869년 졸업생을 제외하고, 모든 졸업기수들은 이 행사를 시행해왔다."[116]

즉, 1835년 이후 이 전통은 지속되어 왔고, 1836년과 1869년만을 제외하고는 모든 졸업생들이 반지를 가졌다는 내용이다. 사실상 한국에서도 졸업지환이라는 반지를 만들어서 새빨간 보석이 중앙에 오도록 하여 반지를 맞추기도 하였다.

한편, 미 육사에서는 반지를 개인의 의사대로 옵션을 추가하여 개인만의 디자인을 만들 수 있었다. 기억하기로는, 금의 순도, 피니시처리, 중앙 보석, 보조 보석의 종류와 색깔을 고를 수 있었다. 그

---

116 army.mil "The ring to prove it: Class of 2021 celebrates Ring Weekend" 8th Oct 2020.

리고 이런 추가 옵션은 어느 선까지만 추가 과금 없이 반지를 맞출 수 있었고, 그 이상은 개인 비용으로 과금된 금액을 지불해야 했다.

아니 무슨 이런 사치를 부리는가 싶은 분들도 있을 것 같다. 그리고 전투하러 나가는 군인이 무슨 번쩍번쩍하는 반지를 끼느냐, 진흙탕을 굴러다닐 생각은 없는 것 아니냐는 쓴소리를 하실 분들도 계실 것 같다. 그래서 소개하고 싶은 것이 배틀링battle ring이다. 쉽게 말해, 전투복에 착용할 자신의 반지의 레플리카 버전이다. 바탕금속부터 번쩍이지 않는 무광재질의, 전형적인 금속형 반지를 하나 더만드는 경우도 있었다. 이 반지는 결국, 전투복을 착용했을 때 불필요하게 번쩍거리는 것을 막지만 반지의 의미는 살리도록 하는 목적으로 제작된 반지였다. 그러나 나는 반지에 딱히 큰 의미를 부여하지는 않았고, 주머니 사정이 넉넉한 것은 아니었기 때문에, 굳이 배틀링까지 맞추지는 않았다.

지환을 맞췄던 시기는 3학년 말쯤이었던 것 같다. 동기회와 계약을 한 업체가 단독으로 관련된 내용을 이메일을 통해서 알렸다. 그 세부내용으로는, 지환을 맞추는데 들어가는 총 비용의 책정방식, 반지를 맞출 때 선택사항으로 포함할 수 있는 사항, 각 선택사항에 따라 포함되는 금액, 그리고 전교생이 공통적으로 지원받을 수 있는 지환 금액의 상한선, 밑바탕에 공통으로 새겨질 졸업기수의 상징문양을 포함한 기본 골격의 예시가 그것이었다.

사실 지환에 대해 아예 관심이 없던 나는, 내가 내 반지의 모양을 결정할 수 있다는 사실 자체가 매우 새로웠다. 졸업생들의 반지가 너나할 것 없이 전부 같은 모양이 아닐 수 있다는 것이 내 반지에 대한 개인적 관심과 애정이 생길 여지를 주었다. 그리고 특히 졸업기수마다 다른 기수문양이 반지에 새겨진다는 사실이 독특했다. 마지막으로, 그런 개인별, 기수별 공통점과 차이점 사이에 대를 같이 하는 반지의 형식이 있음에 흥미가 생겼다. 그리고 소속감이 강화되는 느낌을 받았다.

앞서 말했듯, 나는 조금 의미를 부여해서 완전 기본에만 충실한 것보다는 조금 더 보태어서 반지를 맞추자고 생각했다. 그리고 이때, 귀금속 전문가이신 아버지의 조언을 많이 구했다. 하지만 평생 귀금속과는 담을 쌓고 살아온 나는 금의 순도를 무엇으로 할지를 정하는 것부터 어려운 일이었다. '아, 귀금속의 세계는 무궁무진하구나, 그리고 사람의 욕심은 끝이 없구나,'하고 새삼 느꼈다.

나는 문득 지금의 나를 상징하는 단어가 무엇이 있을까, 그리고 평생 잊고 싶지 않은 지금 나의 특질이 무엇이 있을까 가만히 자문했다. 아마도, 그것은 열정일 것이고, 복무하고자 하는 의지가 될 것 같았다. 나이가 차고 노력이 다하는 순간이 나중에는 올까, 나는 스스로 물으며 반지에 새길 문구를 정해보았다.

"열정으로 복무하라."[117]

명료하지만 내가 원하는 두 개념이 잘 들어가 있었다. 군더더기 없이 좋은 어구라고 생각하고 이 문구를 주문서에 포함시켰다. 그리고 열정의 상징색은 적색이라는 순진한 생각에 보석은 당연히 루비로 정했다. 나중에 아버지께 무슨 사치냐고 한 소리 들었지만, 내가 나 스스로에게 선사하는 평생의 처음이자 마지막 반지라는 생각에 후회없이 골랐다.

앞서 말했듯이, 미 육사의 생활은 단조롭고, 그 단조로운 4년의 생활에서 학교는 생도들에게 이상적인 비전을 제공하는 외에도 현

---

117 Serve with Passion

실적인 비전도 보여주어야 한다. 그 때문에 학교는 생도가 졸업식에 가까워진다는 것을 자축하고 주변인들과 즐길 수 있는 기회들을 제공한다. 부모초청행사^{PPW}가 1학년들이 입학하는 것을 기념하고, 2학년 동계주말^{YWW}이 3, 4학년 없는 생도대를 2학년들이 주인장 노릇을 하게 됨을 기념한다면, 3학년은 졸업 500일 전 500일밤 행사를, 4학년은 지환주말$^{Ring\ Weekend}$에서 졸업지환을 받은 설렘을 기념하고, 졸업 100일 전 100일밤 행사를 갖는 것이다. 이런 일련의 졸업을 향한 마라톤의 중간에 졸업지환이 있다.

그래서 졸업지환은 지환주말과 함께 생도들의 자축행렬의 일부가 된다. 지환주말 때도 역시 다른 행사들과 마찬가지로 자신의 소중한 파트너를 미 육사의 회색의 요새에 초청한다. 그리고 다른 행사들과 마찬가지로 파트너와 합석한 근사한 저녁식사가 제공되며, 저녁식사가 끝나면 설레는 가슴을 안고 교정을 나선다.

그러나 지환주말에는 절대 빠질 수 없고, 다른 행사들과는 확연히 구분되는 특별한 의식이 포함되어 있었다. 그것은 바로 링풉^{Ring} ^{Poop}이라는 의식이었다.

"이럴수가! 이렇게나 아름답다니! 이런 동과 유리의 덩어리라니! 이런 과감한 금덩어리라니! 학교로부터 받은 이런 쿨한 보석이라니! 얼마나 찬란하게 빛나는지 보입니까? 돈을 꽤나 주셨겠습니다! 만져도 됩니까? 제발 만져도 됩니까?"[118]

파트너들이나 가족들과의 지환의식$^{Ring\ Ceremony}$은 트로피포인트$^{Trophy\ Point}$라는, 허드슨 강을 고즈넉하게 바라볼 수 있는 전망 좋

---

118 Oh my Gosh, sir/ma'am! What a beautiful ring! What a crass mass of brass and glass! What a bold mold of rolled gold! What a cool jewel you got from your school! See how it sparkles and shines? It must have cost you a fortune! May I touch it, may I touch it please, sir/ma'am?

은 야외공연장에서 이뤄졌다. 그리고 그 의식이 끝나고 저녁식사를 하려고 잠깐 이동할 때 1학년 생도들은 거머리같이 눈에 보이는 모든 4학년들에게 붙어가면서 위에 적힌 대사를 수도 없이 되뇌여야 하는 것이다. '1학년들의 4학년들에 대한 합법적인 반란, 그리고 칭송을 가장한 학대'라고 할까? 궁금하신 분들을 위하여, 검색사이트에서 'ring poop'이라고 간단하게 영상을 검색할 것을 추천한다.

졸업 후 나는 반지를 착용하지 않았다. 딱히 미 육사 졸업을 광고하고 싶은 마음이 들지 않았기 때문이다. 감사하게 유학을 다녀왔다는 사실만 내가 간직하고 최대한 능력을 발휘하는 것이 중요하지, 내가 미 육사 졸업생인 사실을 굳이 알리고 다닐 것이 못되었기 때문이었다. 한편, 나는 육사의 졸업지환도 받았고, 나에게 졸업지환은 두 개이다. 공교롭게도 그 두 반지들은 서로 꽤 닮아있다. 왜냐하면 두 반지 모두 보석을 적색 보석으로 달고 있기 때문이다.

졸업 후에 알게 된 사실이 있다. 그것은 바로 링멜트Ring Melt라는, 과거 선배들이 기증한 반지들과 작년 졸업지환에 사용했던 일부를 함께 녹여 당해 년도 반지 제작에 사용하는 작업이다. 'Army.mil'에 따르면, 이런 전통은 2001년부터 이어졌다고 한다.[119] 선후배 간의 끈이 이런 유산으로 이어진다는 것이 가슴 한 켠을 덥힌다.

---

119 Brandon O'Connor, "Ring Melt held at West Point for first time, 55 rings donated," 31 Jan 2019,https://www.army.mil/article /216801/ring_melt_held_at_west_point_for_first_time_55_rings _donated

Blood pinning

네, 저는 육군을 택했습니다. 왜냐하면 육군만이 제가 손이 잘려나가고 발이 잘려나가도 제 의지와 제 능력으로 끝까지 임무를 수행할 수 있기 때문입니다.

"기분이 어때? 아, 사실 어떻게 병과를 받는거야? 너도 우리 브렌치 나잇때 같이 받나? 아니면…?"[120]

브렌치 나잇은 말 그대로 병과의 밤이다. 이 날 4학년 생도들은 모두 아이젠하워 홀로 가서 자리에 앉아 자신이 무슨 병과를 받았는지 확인한다. 미 육군에서는 보병Infantry, 포병Artillery, 기갑Armor, 공병Engineer, 통신Signal Corps을 포함한 17개의 병과가 있다. 그 병과들 중 하나를 배정받기 위해서 생도들은 자신이 희망하는 병과목록을 제출했고, 그 최종 결과를 통보받는 공식 자리가 바로 브렌치 나잇인 것이다.

"아, 응. 나는 한국에서 별도의 절차가 있어. 한국 훈육관님에게 말씀드렸고 내 희망사항을 보고했지. 나 사실 보병 받았어! 후아!"

---

120 How are you feeling, man? Ah, actually, how do you get your branch? Are you getting branched during our Branch Night as well? Or…?

나는 병과를 선택할 때 미 육사의 브렌치 나잇과는 개별적인 절차로 병과를 받았다. 사실상 내 육사 동기들은 이미 4학년 2학기가 끝나고 임관만을 앞두고 있던 차였으므로, 내 병과도 사실상 내 동기들이 이미 병과배정을 받은 몇 달 전에 이미 결정됐었다. 대개 모든 생도들이 보병을 멋진 병과로 알고 있었으므로, 별다른 물음은 없었고, 그럴 줄 알았다는 반응이 주였다. 하지만 간혹 내 선택의 이유를 묻는 경우,

> "난 보병으로 병과를 정했어. 왜냐하면 나는 사람을 이끌고 싶거든. 기갑은 전차이고, 포병은 포잖아. 나는 사람들과 일하고 싶고 그들의 마음을 움직여보고 싶어. 내 생각에는 그 점 때문에 보병이 멋진 것 같아."

라고 말하고는 했다. 나는 타 병과들이 기술과 장비를 그 핵심으로 한다면, 보병이야말로 인간 그 자체를 다루는 병과이기 때문에 내가 꿈꿔왔던 진정한 '리더십'을 연마할 수 있다고 생각했다. 사실 이런 생각은 내가 육군을 택한 이유와도 맞닿아있다. 왜 해군도 공군도 아닌 육군이라고 묻는 사람들이 있었다.

> "네, 저는 육군을 택했습니다. 왜냐하면 육군만이 제가 손이 잘려나가고 발이 잘려나가도 제 의지와 제 능력으로 끝까지 임무를 수행할 수 있기 때문입니다. 쉽게 말하면 배를 타면 바다에 빠져죽고, 비행기 타면 하늘에서 떨어져서 죽겠죠. 하지만 육군은 땅에서 기어서라도 끝까지 제 의지를 관철할 수 있습니다. 저는 그래서 육군입니다. 제가 할 수 있는 최선을 다해서 끝까지 인간의 힘으로 죽고 살 수 있기 때문입니다."

　　한편, 미 육사의 졸업 전 12월에 있는 브렌치 나잇과 비슷한 행사로 2월에는 포스트 나잇Post Night이라는 것이 있다. 브렌치 나잇이

부대를 고르기 위해 고심하는 생도

병과를 받는 것이라면, 포스트 나잇은 부대를 받는 것이다. 포스트 나잇은 보다 더 큰 긴장감을 유발한다. 왜냐하면 당일날까지도 자신이 어떤 부대를 받을지 알 수 없기 때문이다. 그 이유는 바로 포스트 나잇의 독특한 진행방식 때문이다.

포스트 나잇은 생도들이 차례대로 성적순으로 부대를 고른다. 부대뿐만 아니라 복무지까지 포함한 내용으로 말이다. 생도들이 병과를 받게 되면 병과별로 갈 수 있는 부임지가 한정되어있다. 왜냐면 각지에 모든 병과가 다 있는 것은 아니기 때문이다. 따라서 포스트 나잇에는 더 많은 긴장의 기류가 흐르고, 자신이 직접 부대를 받는 그 순간까지 게임은 끝나지 않는다.

미 육사는 생도들이 5년간 현역으로, 그리고 3년간 예비역으로 복무해야 함을, 그리고 이들의 첫 몇 년의 삶은 바로 이 브렌치 나잇

원하는 부대를 고르고 기뻐하는 생도

과 포스트 나잇에 의하여 결정됨을 잘 알고 있다. 그래서 미 육사는 병과와 부임지를 선택할 때 성적순으로 선택권을 준다. 따라서 생도들은 생도생활 간 종합성적을 잘 받기 위해 노력한다.

이와 관련된 다른 제도로서 엣소Active Duty Service Obligation 라는 제도가 있었다. 짧게 말해서, 선택자의 선택권을 더 보장하는 대신에 의무복무기간을 늘리는 제도였는데, 원래 성적상 선택에서 제외된 생도라도 의무복무기간을 늘리면서 대학원에 갈 수 있게 '그랫소Grad school for ADSO', 병과를 선택하게 '브랫소BRADSO, Branch for ADSO', 그리고 복무지를 고르게 '팻소PADSO Post for ADSO'하는 것이었다. 이 제도는 물론 아무나 무한대로 주어지는 기회는 아니었고, 각 상황마다 일정 숫자만 가능하긴 했지만, 군인의 의도도 받아들이고, 열정 있는 군인을 더 오래 복무시킬 수도 있는 제도여서 쌍방에 서로 좋은 제도라고 생각했다.

내가 1학년때, 4학년 생도가 가슴에 피를 흘리는 모습을 본 그 날을 잊지 못한다. 브렌치 나잇이 끝난 날이었다. 갑자기 복도에서 괴성이 들렸다.

"으으으으윽!"

무슨 소리인가 싶어 방문을 열어 보았다. 평소에는 멀쩡하던 한 4학년 선배가 전투복을 입고 술에 얼큰하게 취해서 다른 3학년 생도와 마주보고 있었다. 3학년 생도가 그에게 물었다.

"준비됐어?"

"당연하지!"**121**

그러더니 3학년이 4학년의 가슴팍을 퍽 하고 치는 것이었다.

"축하해! 후아!"

"고맙구만. 앗싸! …으윽."

아, 괴성의 소재를 이제 알았다. 3학년이 내리친 그의 왼편 가슴에는 병과마크가 있었다. 뱃지의 옷핀 마감을 제거하여 핀을 살에다가 박은 것이었다. 이미 몇 번 그렇게 했는지, 그의 보병 병과마크뱃지가 달린 전투복의 주위로 이미 피가 번져있었다. 저 병과가 살에 박히도록 가고 싶었구나, 그리고 그 병과가 몸의 일부가 되도록 자신과 하나가 되라는 의미인가보구나 싶었다. 바로 이것이 블러드 피닝Blood Pinning이었다.

---

121 HE*L YEAH!!

Marathon

디즈니 마라톤

이 기쁨을 나 혼자 누리지 않고, 소중한 중대원들과 함께 하니 즐거웠다.
무엇보다 함께했던 일행들이 함께 따라와줌에,
그리고 그들도 나름의 의미를 찾는 것 같음에 감사했다.

4학년 1학기, 나는 체력개발장교PDO, Physical Development Officer직
책을 맡았다. 내 개인도 운동을 좋아하고, 중대원들이 더 운동을 할
수 있도록 하겠다는 생각으로 순수하게 자원했다. 나는 뜀걸음이 더
잘 인식되어서 생도들이 즐겨 뛸 수 있으면 좋겠다는 생각을 많이
했는데, 내 스스로 뜀걸음을 좋아하지 않았었다가 어떤 계기 이후에
뜀걸음을 좋아하게 된 경험을 되돌아봤다. 그 계기는 바로 마라톤이
었다.

미국으로 오기 전, 한국에서 출국을 준비하던 나는 문득 미국에
서 공부하고 있는 선배로부터 연락을 받았다.

"준혁아, 마라톤 할 생각 있어? 괜찮으면 같이 가는 것은 어
때?"

나는 그냥 함께 할 수 있음에, 그리고 나를 초대해주셨음에 감
사할 뿐이었다. 생전 10km도 안 뛰어본 나에게 42km라니. 그러나
나는 두렵지는 않았다. 어떻게든 되겠지 싶었다. 그게 내가 미국으

로 출국하기 전인 2007년 늦봄쯤이었다.

그리고 시간이 지나 한 학기를 마치고 나서 맞이한 1월 초에, 우리는 다 같이 플로리다행 비행기에 올랐다. 디즈니랜드에도 가보지 못한 내가 디즈니월드에 난생 처음 간 것이다. 그리고 생전 처음 뛰어보는 마라톤. 준비한다고 20km를 딱 한 번 뛰어본 나는 마라톤이 그냥 무작정 막막했다. 하지만, 디즈니월드를 뛴다는 생각에 설렘반 걱정반이었다.

한 이틀 정도였을까, 디즈니월드를 나름대로 만끽하고 나서 경기 당일 우리는 숙소를 나서고 경기장으로 향했다. 덥지도 않고 쌀쌀하지도 않은 약간 선선한듯 한 기온이 반가웠는데, 엄청난 인파가 몰려 있는 중에 우리는 한데 모여 출발신호를 기다렸다. 출발신호가 드디어 나오고 나서 우리는 출발했고, 출발과 동시에 서로는 흩어졌다.

나는 이 첫 마라톤 때 또 다른 인생의 교훈을 얻었다. 뛰기 전에는 몸을 비워라. 중간 12마일쯤 뛰었을 때, 그러니까 20km 지점에서 나는 급하게 화장실을 가고 싶었다. 소변이 아닌 대변이었다. 다행히 용변을 볼 수 있는 곳을 만났고, 일을 해결하고 나서 다시 뛰었다. 내 다리가 내 다리가 아니었다. 멈추기 전까지만 해도 가벼운 편이었는데, 용변을 보고 나니 다리가 확실히 무겁고 몸이 이미 퍼져 있었다. 그래도 포기하지 않고 어려운 중에 완주했고, 그때 기록이 네시간 반이었다.

시간은 더디었지만, 그 의미는 컸다. 나는 그 기록을 감사히 여겼다. 그렇게 미 육사로 복귀하였는데, 우리 대부분은 우스꽝스럽지만 다리를 절었다. 양다리가 너무 아팠다. 특히 나의 경우에, 그런 다리 상태는 일주일을 갔다. 근육을 쓸 때마다, 한 발을 내디딜 때마다 내 다리근육은 전체적으로 알이 배긴 느낌을 주었고, 그래도 나는 그냥 참고 지냈다. 그리고 그 이후부터 나의 달리기에 대한 관점은 바뀌어서 그 이후로 나는 달리기를 좋아한다. 물론, 아주 잘하지는 못하지만. 42킬로미터를 뛰고 나니까, 그 아래숫자는 전혀 어렵다고 생각되지 않은 것이다.

시간은 흘러서 4학년이 되었을 때, 나는 이와 같은 경험을 중대원에게 선사해주고 싶었다. 그랬더니 관심있어하는 친구들이 학년을 가리지 않고 모이게 되었다. 그 일행을 끌고 나는 다시 플로리다로 향했다. 1학년, 2학년, 4학년, 그리고 성별이 합쳐진 집단이었다. 우리는 디즈니월드에서 시간을 보냈고, 숙소에서도 서로를 격려하다가 대회에 나갔다.

대회는 3년 전이나 그때나 큰 변화가 없었다. 두 번째 대회라서 그런지 더 익숙해지긴 했지만, 역시 마라톤은 20마일, 즉 32킬로미터 지점부터 힘이 들기 시작했다. 완주까지 약 10km 남은 지점이다. 하지만, 속도가 줄어들고 몸이 피곤해질 듯 싶었을 때마다 굉장히 적절하게 디즈니 캐릭터들이 나를 반겼다. 디즈니월드의 각각의 놀이공원을 지나갈 때마다 사람들은 환호했고, 관중이 있고 캐릭터들이 있는 모습을 보니 마음이 위안이 되면서 발걸음이 가벼워졌다. 그 기분은 아직도 생생하다.

3년 전에 일어났던, 할아버지와 할머니들이 나를 앞질러가는 경험은 하지 않았다. 그리고 중간에 화장실을 가지도 않았다. 나는 그러나, 내 달리기에 심취해서 일행을 돌보지 않았음에 다소 후회했다. 하지만, 나는 너무 심취해서 그냥 내 마라톤을 뛰고 있었다. 결승지점에 다다르고, 기록이 한 시간이 좋아짐에 자축하고 있을 때, 하나 둘씩 일행들이 들어오는 모습을 보았다.

약간 상기된 얼굴들, 완주의 기쁨을 스스로도 믿을 수 없어하는 표정들, 그리고 힘에 부치니 좀 쉬고싶다는 말들. 설렘속에 정리된 마라톤이 나는 좋았다. 이 기쁨을 나 혼자 누리지 않고, 소중한 중대원들과 함께 하니 즐거웠다. 무엇보다 함께했던 일행들이 함께 따라와줌에, 그리고 그들도 나름의 의미를 찾는 것 같음에 감사했다. 이번 첫 마라톤이 그들에게도 인생의 소중한 경험일지 궁금했지만, 물을 수는 없었다. 엎드려 절받는 것 같으니 말이다.

마라톤을 완주한 후배들이 다리를 저는 모습을 보니, 내 3년 전의 모습이 그들의 모습 위에 겹쳐졌다. 플로리다의 식당에서 함께한 점심식사 때, 공항에서 걸을 때, 그리고 미 육사에 복귀하는 그 순간까지 후배들은 다리를 절었다.

"(절뚝거리며) 오리 파이팅입니다(중대구호)!"[122]

"절뚝거리네. 다리 괜찮아?"

"괜찮습니다. 움직일 때마다 아프지만, 통증이 견딜만 합니다."

"좋았어. 몸조리 잘 하고!"

학과가 시작하고 교실 사이를 이동하면서 중앙광장에서 만난 후배가 다리를 절고 있었다. 벌써 4일은 지났는데. 일주일 동안 다리를 절었던 내 모습을 애써 기억하며, 나는 애써 터져나오려는 폭소를 감추었다.

그들은 아픈 다리도 티내지 않고 이내 어색한 자세이지만, 걸음을 재촉하며 뛰었다. 그들의 의지와 긍정적 마음자세를 보자니, 나도 모르게 내 가슴이 설렜다. 오늘도 그렇게 좋은 하루였다.

---

[122] Go, Ducks, sir!

Company Commander

"… 저는 여러분들 모두 한계를 밀어내고
삶의 흔한 수준을 상회하는 삶을 살길 원해요."

이제 졸업까지는 한 학기. 숨을 헐떡이며 달려온 나의 4년간의 미국 생활도 벌써 마무리단계이다. 4학년 1학기 때 실시한 PDO 직책은 재밌었고, 내 특성도 나름 반영되어 어디 빠지는 데 없이 즐겁고 밀도 있게 임무수행했다. 졸업 전에 중대장생도를 해보겠다는 나의 포부는 아직 유효했고, 지난 공군소령 훈육관님 이후 새로 추임하신 훈육관님TAC Officer과도 유대를 충분히 형성했던 나였다. 그와 교감되는 바가 있는 만큼, 다음 학기에 바쁘더라도 중대장생도를 해야겠다고 나는 결심했다.

어떻게 짜더라도 여유있는 시간표는 나오지 않았고, 그렇게 나의 다음 학기는 물샐틈 없는 일정이 될 것이 자명했다. 하지만 나는 괘념치 않았다. 여유 부리고 즐기면서 생도생활 하라고 미국까지 국가에서 보내준 것이 아니라고 생각했다. 그리고, 내가 조금이라도 소홀해지는 것 같으면 생각났던 생도대장님의 말씀이 내 귓가에 윙윙거렸다.

"저는 생도여러분들이 미온적인 수준으로 사는 것을 기대하지 않습니다. 저는 여러분들 모두 한계를 밀어내고 삶의 흔한 수준을 상회하는 삶을 살길 원해요."[123]

미온적으로 적당하게 지내지 말고, 삶의 '흔한 수준' 이상으로 살 것을 기대한다고 우리들에게 말씀하셨던 2010년도에 나는 깊은 감명을 받았다. 평생 잊을 수 없는 말일 것이다. 그의 굵고 명확한 발음을 따라서 내 귀, 그리고 내 뇌와 가슴속에 새겨진 그의 말은 내 평생의 군인으로서의 삶에 나침반이 될 것이라는 확신이 그 자리에서 바로 들었다.

앞서 간단히 말했던 훈육관님은 나에게 있어 또다른 축복이었다. 그의 원래의 성향이 그랬는지, 아니면 내가 상급생도가 되어서 그랬는지, 혹은 훈육부사관의 성향과 균형을 이루기 위해서 그랬는지 지금와서는 알지 못한다. 하지만 그의 적극성과 파격적으로 친숙하게 생도들에게 다가오는 모습은 나에게 평생 잊혀지지 않는 또 다른 상급자의 모습이었다. 그는 심지어 생도들을 그의 관사로 초청하여 저녁식사를 하거나, 칼퇴근을 해서 가족들과 화목하게 지내는 모습을 어필하기도 하였다. 또한, 부대로 가족을 데려와서 가정적인 그의 모습을 솔선수범하여 보이기도 하였다.

그런데 사실 내가 무엇보다 좋아했던 그의 모습은 법적으로 주어진 공식권위를 스스로 벗어던지고 실질적인 존경심을 얻어 비공식 권위를 세운 그의 파격이었다.

"헤이, 존, 잘 지내나? 지난 주말에 뭐 했었어? 응. 나는 가족을 데리고 근처 공원에 다녀왔지…."

---

123 I do not expect you cadets to live in the level of mediocrity. I want all of you to push your limit and live the life above the common level of life.

점심식사 전 모든 이들이 모여있는 집합대형의 뒤로 슬그머니 와서는 안부를 전하는 것이었다. 권위를 찾으려고 거드름을 피우는 것 없이, 그는 늘 반 장난같기도 하고, 재치넘치는 표현을 사용해서 살인적 일과에 지쳐 푸석거리는 생도들의 표정에 웃을 기회를 주었다. 그는 사실 미 육사를 졸업한 선배는 아니었다. 나는 색안경을 쓰고 보고자 하지 않았지만, 그는 ROTC 출신의 장교여서 그런지, 훈육부사관이 너무 질려서 헛웃음이 나올 정도로 규정을 강조했을 때, 위와 같이 파격적이고 격의 없는 것이었다.

훈육부사관은 'Sergeant T'라고 줄여서 불렸다. 프로레슬링 선수 같이 큰 몸집의 남성이었는데, 머리를 완전삭발하고 다녔고, 걸어다니는 육군규정같은 존재였다. 큰 몸집만큼 목소리도 컸다.

"오리들 (D-1중대 애칭)! 담당구역에 대해서 청소하는 것 잊지 말아주세요! 면도 금지 진단서가 없다면 절대로 면도 미실시하지도 말고요! 여러분들은 항상 위생을 관리해야 합니다!"[124]

우리 D-1중대는 1연대의 델타 중대 였다. 그리고 우리 중대의 마스코트는 오리로, 우리 중대원들은 통상 'Ducks'라고 불렸다. T상사는 그래서 우리를 부를 때 즐겨서 오리들이라고 불렀다. 복장상태, 용모, 위생상태, 제식동작 등, 그의 지적사항이 될 만한 것들은 참 많았다. 하지만 우리는 그가 그렇게 엄격한 만큼, 규정을 준수하면 재밌는 농담도 하고 관록 깊은 미소도 보여주는 것을 알았다. 휴가 가기 전 방 청소상태를 보고 우리를 내쫓으며 방문을 걸어 잠그는 그가 아직도 눈에 선하다.

---

124 DUCKS! DON'T FORGET TO CLEAN UP YOUR AREAS! NEVER DON'T SHAVE, IF YOU ARE NOT ON A SHAVING PROFILE!!! YOU NEED TO MAINTAIN HYGIENE, ALL THE TIME!!!

"오리들! 어서 방들 준비하세요! 어서 방들 걸어잠그고 집에 보내드릴 수 있게 하세요! 여러분들은 망할 청소 때문에 망할 크리스마스를 낭비하고 싶지 않을겁니다! 자 어서!!!"[125]

"딱 맞습니다 T 상사님! 바로 하겠습니다."[126]

그는 'friggnin'이라는 표현을 곧잘 문장속에 섞어 썼다. 물론, 이 표현은 야전의 보병infantry들이 숨쉬듯이 쓰는 'fu*king'의 순화된 버전이다. 보병 부사관생활을 하다가 쌓여온 언어근육이 갑자기 없어지는 것은 아니고, 그 욕을 쓸 수 없으니 습관적으로 나름 순화된 언어를 썼다. 물론 생도들이 fu*k을 실제로 들었더라도 전혀 문제될 것은 없었으나, 훈육부사관의 본분상 모범을 보이는 것이 맞으므로, 그 노력마저 고마웠다.

내가 4학년생활을 하면서 1, 2, 3학년 때와는 다르게 생활했던 가장 눈에 뜨이는 점은 바로, 훈육요원TAC Team들과 더 자주, 깊게 소통한 점이다. 미 육사에서는 경우에 따라서 훈육요원들과 생도들 사이의 소통의 정도와 방법에 있어서 차이가 어느정도 있기는 했는데, 그러나 통상 훈육요원과의 대화를 보다 주도적인 입장에서 끌고 가는 경우라고 한다면 적어도 2학년 일부, 주로 3학년 이상이 되어야 했다.

그 배경은 사실 자명하다. 생도들은 그냥 학생이 아니었고, 생도들도 군인이었으며, 그러한 지위를 확실히 하기 위하여 생도들은 생도 지휘근무체계Cadet Chain of Command라는 조직체계를 갖고 있었

---

125 HEY DUCKS! LET'S GET THEM READY! LET ME LOCK YOU OUT OF YOUR DOORS AND GO HOME!! YOU DON'T WANNA WASTE YOUR FRIGGIN' CHRISTMAS LEAVE ON FRIGGIN' CLEANING! LET'S GO!!!!

126 I will get right on it.

기 때문이다. 맨 위 꼭대기로는 여단장First Captain, Brigade Commander
으로부터 말단에는 이병Private까지 모든 생도들은 계급체계 상의 군
인이었다. 2학년부터 생도들은 초급간부junior NCO로서, 아직은 간부
전이기는 하지만, 그래도 간부에 준하는 지위를, 3학년부터는 본격
적으로 간부의 지위를 가졌던 것이다. 따라서, 중대의 살림을 꾸려
나가기 위해서, 그리고 조직을 운영하는데 있어서 자연스럽게 궁금
증이 생기고, 훈육요원들과 소통하고 배우고자 그들의 문을 두드리
는 경우가 많았다.

"훈육관님, 오늘 어떻게 지내십니까?"

"헤이, 어떤 일인가, 오생도? 여기 앉아. 내 하루는 아직까지 아
주 좋지. 커피맛좀 보던 중이네. 오생도는?"

"여느때처럼 꽤 바쁩니다만 할만 합니다. 저 사실 궁금한 게 있
었습니다….'[127]

나는 중대 건물의 1층 진입로 근처에 위치한 그의 사무실을 지
나치면서 심심하면 들러서 이렇게 안부를 묻고 생각나는 궁금증들
을 해결하고는 했다. 1학년 때는 닥친 일들을 해결하고, 2학년 때는
1학년을 챙기고, 3학년 때는 4학년을 도와서 중대를 꾸렸다면, 이제
4학년 때는 막상 중대를 어떻게 꾸릴지를 구상하고 계획해서 끌어
나가는 단계다. 구상하고 계획하는 것들이 많아질 수록 궁금증이 많
이 생겼고, '무엇'을 해야하는지 보다는, 이제 '어떻게' 그리고 '얼만
큼'해야 하는지가 궁금해졌다.

아마도 이런 일련의 사고방식의 변화가 미 육사가 자연스럽게
리더십을 가르치는 과정이라고 생각했다. 결국 미 육사가 생도들에

---

127 Pretty busy as usual, but manageable, sir. I was just wondering….

게 제공한 가장 중요한 리더십교육은, 4년에 걸쳐 서서히 무르익힐 수 있는 리더십 실험실을 제공하는 것이 아닐까 싶었다. 그리고 그런 환경 속에 나의 4년생활의 정점은 중대장생도로서 그 리더십 실험실의 연구책임을 맡는 것이라고 생각됐다. 그래서 나는 내 리더십을 시험하고 나만의 답을 찾기 위해서 더욱 훈육관님을 찾았던 것 같다.

훈육요원들은 한편 의무적으로 훈육과 관련된 연구를 해야했다. 내가 우리 중대 훈육관님께 여쭤보았을 때에도, 그는 자신이 요즘 어떤 논문을 쓰고 있는데 그래서 어떤 책도 읽고 있다는 이야기를 했다. 훈육관들은 콜럼비아대학과 제휴한 아이젠하워 리더개발프로그램Eisenhower Leader Development Program을 이수하여야 하며, 1년동안 수강 및 연구를 통해 최종으로는 논문을 작성하여 통과하여야 하고, 사회조직심리학 석사를 획득한다.

한편, 2021년 현재 오늘날의 장교훈육요원들의 연차별 구체적 운영형태는 다음과 같다.

1년차: 콜롬비아대학에서 수학하고 석사획득 (내가 재학했을 때 훈육관님은 훈육과 연구를 병행하고 있어서 변화가 있다)

2년차: 여름기간동안 부훈육관으로 기능하고, 학기 시작과 함께 중대 훈육관 임무수행

3년차: 여름기간동안 주훈육관으로 기능하고, 부훈육관의 멘토링. 학기간 훈육관.

4년차: 학기간 훈육관으로 3년차 근무 혹은 생도연대나 생도여단 훈육관의 총괄장교[128]

---

128 https://www.westpoint.edu/academics/academic-departments/behavioral-sciences-and-leadership/masters_executive_education/eisenhower-program

내가 중대장 시절, 내 첫 기억은 중대의 필수임무과업목록 METL^{Mission Essential Task List}(임무필수과업목록)을 브리핑하여 어떤 것에 우선순위를 두어 중대를 운영할 것인지 설명하고 나와 함께 살림을 꾸릴 중대 근무생도들을 소개하는 것이었다. 중대장인 나를 중심으로 중대는 각 참모부가 있었고, 학교의 특성상 존재하는 학력관리라든지, 체력관리라든지, 명예등 학교 목적에 특수한 직책들이 각각 4학년과 3학년들로 구성되었다.

"… 내 중대 목표는 이 중대를 살기에 즐거운 중대로 만드는 것입니다. 내가 달성하고자 하는 구체적인 목표가 있습니다. 첫째로 학과부문에서는 …."

우리는 학기가 시작되고 주 1회씩 운영을 위한 회의를 가졌다. 중대의 주요직위자들이 참석했는데, 이는 즉 주요참모계선상에 있는 모든 생도들과 소대장생도들을 의미했다. 중대의 실내 휴게실^{dayroom}에 모여서 회의를 하고는 했다.

"헤이, 잘들 지내니. 이번주에는 일이 많네. 수퍼 세러데이가 있고 추가 내용이 전달되고 있으니 최대한 신속하게 공유할게. 학점들이 보고되고 있어. 체력측정^{APFT}이 다가오고 있으니 중대자체 모의 측정을 해야해. 이제 이것들을 어떻게 할지 이야기해보자. 잭? 어떻게 생각해?"

"헤이, 오. 전체적으로 중대는 집합에도 잘 응하고 인원파악도 잘 되고 있어…."

회의 분위기는 약간 무거운듯 했으나 우리는 그 속에서 여유를 찾으려 했고, 그리고 행사나 정책들을 행하는 주체는 바로 우리 자신이었다. 물론, 중대장생도가 훈육관과 논의하여 얻어진 사항들을 회의하는 것이니 사실상 중대장생도는 실질적으로 참모들이 건의하는 사항을 승인하거나 자신이 생각하는 내용을 지시할 수 있었다. 그렇게 우리끼리 알콩달콩 중대살림을 꾸려갈 수 있었다.

각 제대, 그리고 각 직책이 수행할 세부과업은 생도규정에 명확하게 제시되어있었고, 모든 근무생도들은 자신만의 업무수행철을 만들어 인수인계철continuity log로서 자료를 모아두어야 했다. 따라서, 학기가 바뀔 때 후속하여 임무를 수행하는 생도는 담당업무를 잘 파악할 수 있었고, 형식이 유지되니 내용의 완성도에 더 노력할 수 있었다.

중대원들에게 나의 계획을 보고하고 나서 전 연대의 중대장생도들은 학기 초에 중령이셨던 연대훈육관RTO, Regimental Tactical Officer님의 사무실로 모였다. 우리는 차례대로 중대의 METL에 대해서 직접 구두보고했다. 나는 8명으로 구성된 중대장의 무리에서 유일한 동양인이었고, 외국인이었다. 긴장을 하지 않았던 나는, 아마도 다소 서툴게 브리핑을 했던 것 같다. 나는 아직도 그녀가 나에게 물었던 질문과, 내가 했던 대답을 잊지 않고 있다.

"그 운동이 뭐라고 불린다고 했는지 다시 말 해줄 수 있나? 오의 운동이라고 말했나?"

"네, 훈육관님. 오의 운동이라고 부릅니다, 그 이유는 제가 직접 운동을 지휘할 것이기 때문입니다. 제가 중대원들을 혼을 빼놓으면서 같이 땀을 흘리려고 합니다."

"오! 그렇구나. 엄청날 것 같구만. 하하하하."

Day 1	Time	Day 2
기상	0500	기상
뉴스 및 독서		뉴스 및 독서
아침식사집합	0650	아침식사집합
학과시작	0730	학과시작
논문조사 및 작성	0835	군사사수업
잡지 읽기	0930	군사체계비교수업
콜로키움수업	1100	잡지 읽기
군사법 복습	D/C Hr	협상수업 숙제
학과종료	1500	학과종료
샌드허스트 연습	1615	샌드허스트 연습
중대장업무 (지도보고)	1930	중대장업무 (지도보고)
군사사 예습	1930	대반란전 예습
중대장업무 (순찰)	2030	중대장업무 (순찰)
미결예습 완료	2045	미결예습 완료
전문분야 독서	2200	전문분야 독서
논문조사 및 작성	− 0030	논문조사 및 작성

중대장생도 시절 나의 2일단위 일과표

Sandhurst Competition
샌드허스트 경연대회 이야기

"천천히 부드럽게 하면 부드럽게 빨라진다! 할 수 있어!
꾸준히 가자. 좋아보여, 좋아보인다!"

"가자! 다들 힘내!"

러닝벨트를 착용하고 비니를 쓰고 위아래 전투복에 운동화를 신은 여덟명 남짓의 무리들이 교정을 러닝코스로 하여 한두 무리쯤 뛰고 있다. 겨울의 매서운 추위도 그들에게는 크게 제한되지 않는다. 그들은 서로 화이팅하면서 뛰거나 그냥 묵묵히 아무일 없는 듯 뛰고 있다.

미 육사 생도들 간에 공통적으로 존경받는 유형은 정통 보병이다. 여기서 나는 공통이라는 말을 했다. 물론 각자 추구하고자 하는 바가 다르고, 졸업 후에 로스쿨이나 메디컬스쿨로 가는 생도들을 부러워하거나 옥스포드로 장학금 받으면서 공부하는 경우도 존경스러워한다. 특징적으로 녹색 베레모를 써서 그린베레라고 불리는 특수전부대원들을 존경하기도 한다. 하지만 공통적으로 인정하고, 사실 기본적으로 가장 친숙한 분야는 보병이고, 그래서 누구나 힘든 병과이고 그 고생을 인정할 만 하기때문에 인정하고 존경하는 것이다.

보병훈련은 아래부터 올라가며, 졸업까지 지속적으로 이뤄진다. 기본적으로 전술을 배울 때 보병전술을 배우기 때문이다. 1학년 때는 개인과 전우조가 함께 의사소통하고 이동하면서 사격하는 것을 배운다. 그러다가 2학년 때는 팀장으로서 분대장이 의도하는 효과를 달성하기 위하여 전우조들과 개인들에게 지시하고 자신이 원하는대로 서너명의 팀원을 쓰는 법을 배운다. 그리고 3학년 때는 분대장으로서 소대장의 의도에 맞게 팀장들을 지휘, 4학년 때는 중대장 의도에 맞게 분대장들을 지휘함으로서 경험을 쌓아야 졸업할 수 있는 것이다. 미 육사의 보병훈련은 이렇게 명확하게 처음부터 끝까지 소부대 지휘에 맞춰져있다.

물론, 타 병과 체험훈련이 2학년 때 있고, 기타 특수한 훈련들을 MIAD를 통해서 실시하기는 하지만, 절대적인 기본이고 정석은 보병이다. 그렇기 때문에 모두 공통적으로 인정하고 그래서 보병의 표어는 전투의 여왕queen of battle이다.

보병의 가치는 훈련 이외의 활동이나 행사를 통해서도 많이 제안된다. 특별활동부서 중에 전투화기부combat weapons team는 각종 화기를 사격하는 훈련을 하며, 보병전술부infantry tactics club는 보병훈련과 전술을 학과기간에도 다루는 부서이다. 하지만, 대미의 전반적인 보병전술을 종합적이고 실전적으로 다루는 행사가 있었으니, 그것이 바로 샌드허스트 경연대회Sandhurst Military Skills Competition이다.

내가 재학중이었을 때는 생도대의 각 중대별 팀만 출전했지만, 요새는 미 육사에서 대표팀을 따로 선발해서 골드, 실버 등의 명칭으로 대표팀을 따로 구성하는 것 같다. 여튼 3학년까지는 다른 클럽 부서 활동을 펼쳤지만, 4학년 때는 졸업 전에 꼭 참가해보고 싶었던 종목이었기 때문에 전혀 고민 없이 경기에 참가했다. 경험이 부족하였고, 체력도 1등까지는 아니었으나, 특유의 유머와 열정, 그리고 화이팅으로 팀의 분위기를 살렸다. 그리고 중대장생도로서 참여해서 나름 더 사기진작에 한 몫을 했다.

샌드허스트는 1967년의 한 계기에 그 근원을 둔다. 그 계기는 영국 샌드허스트 육군사관학교RMAS, Royal Military Academy at Sandhurst 가 미 육사에 예도를 친교의 뜻으로 건네주면서 시작되었다. 우수한 군사능력을 보여주는 생도에게 하사해달라면서 예도를 기증한 것이다. 정식 대회의 형식을 갖춘 것은 75년 부터이다. 그러던 것이 92년에 ROTC팀까지 참여를 시키고, 이듬해 영국, 그리고 97년에는 캐나다까지 포함시킨 것이, 2002년에는 국제팀, 해공사, 해경까지 포함하여 대회를 확대시켰다. 17년이 지난 후에나 학교 밖의 팀을 포함시킨 대회이기 때문에, 나름의 정체성까지 가지는데 꽤 오랜 시간이 흘렀다고 볼 수 있다. 한편, 반대로, ROTC부터 초청한 점은 독특하게 보인다고도 볼 수 있겠다.

이 대회는 사실상 농사와 같다. 대략 4월달 쯤에 실시하기 때문에, 중대 대표팀의 선발부터 훈련까지, 각 중대는 오랫동안 팀 훈련을 실시한다. 팀원간의 단결력, 특성에 따른 팀 기여도, 팀 훈련계획, 각종 노하우 등을 팀원간 교류하면서 평상시에 체력단련과 각종 훈련과제들을 숙달한다. 물론, 그래서 가장 많이 시간을 투자하는 부분은 뜀걸음이다. 대회 내내 뛰어다녀야 하기 때문이고, 팀원의 가장 뒤에 있는 인원을 기준으로 시간이 반영되기 때문이다.

그래서 뭇 생도들은 샌드허스트 대회에 나갈 팀원들이 훈련할 때면 응원도 하고, 존경 및 일부 동정(?!)의 눈빛으로 바라보기도 한다. 아, 힘들겠구나, 하며 말이다. 그리고 속으로는 쾌재를 부르는 사람들도 있을 것이고, 일부는 나는 절대 보병 안 간다는 사람도 있을 것이다.

훈련과제는 다양하다. 군사지도를 읽고 특정지점까지 신속히 도착하기, 스트레스 상황 하의 사격, 팀원이 단체로 물건을 나르고 장애물을 통과하는 등의 과제 수행하기, 험비 밀기, 트랙터 타이어 옮기기, 방벽에 몸을 숨긴 적OPFOR, OPposing FORce극복하기, 하천에 물 닿지 않고 로프를 이용하여 도하하기 등.

그리고 모든 팀에는 여생도가 1명 포함되어야 한다. 우리는 해당 여생도 1명에, 만약 그 여생도가 부상당할 경우에 대비해서 1명의 후보 여생도를 예비로 준비했다. 이때, 여생도는 따로 여생도라고 더 봐주는 것은 없었다. 그녀는 당당한 팀의 일원이었고, 다른 팀 구성원들과 마찬가지로 같은 환경에서 같은 과업을 수행하여야 했다.

우리 팀에는 레인저대대에서 근무했었던 2학년 친구가 팀원으로 있었다. 그 친구는 성실하고 해박한 생도였는데, 겸손하면서도 많은 것을 잘 알려주고 스스로는 굉장히 엄격해서 후배지만 배울 점이 많았다. 특히 그가 레인저 핸드북(레인저 훈련 교육교재)의 내용들을 마치 로보트가 입력된 내용을 줄줄이 외는 것 같이 말할 때는 경이로웠다. 그의 말은 보병의 꽃인 레인저의 말이었으니 그 권위도 상당했다.

그러나 대회는 팀의 기량을 지식으로 측정하지 않고, 지식을 가졌든, 몸이 알아서 행동하든 간에 작전을 수행하는 능력을 보일 것을 요구했다. 이때, 이 능력은 팀원 한 둘만 보여도 되는 속성이 아니었다. 과제는 팀이 합심하여 협동된 공동의 노력으로써 달성하여 효과적이어야 했으며, 동시에 시간을 측정하였으므로 효율적이어야 했다. 평가는 시간과 과제의 완성도를 복합적으로 헤아려서 이루어졌다. 아무리 빠르게 과업을 수행했어도, 완성도가 좋지 않으면 좋은 성적을 받을 수가 없었다.

마음은 그래서 바빴고, 몸과 정신은 힘이 빠져 가려고 했지만, 우리는 스스로 다잡았다. 나는 사실 머릿속이 점점 더 또렷해지고, 없던 힘도 더 나와서 질주를 하려고 했다. 하지만 이 경기는 팀의 경기이기 때문에 팀원들을 격려해서 함께 과제를 수행했다. 아쉽게도 유효한 등수에는 들지 못했지만, 우리 팀원들은 모두 최선을 다했고, 즐겁게 마무리했다.

"천천히 부드럽게 하면 부드럽게 빨라진다! 할 수 있어! 꾸준히 가자. 좋아보여, 좋아보인다!"

우리는 이런 류의 말을 하면서 서로의 아드레날린을 제어하고 덤벙대거나 빠뜨리지 않고 차근차근히 부드럽게 과제를 수행해나가려 했다.

내 장점은 정신적 지주로서의 안정감과 포기를 모르는 투지, 그리고 넘치는 열정이었다. 그러나 나는 팀에서 가장 잘 뛰는 팀원은 아니었다. 워낙 다들 실력이 출중해서, 학년이 높든 낮든 간에 서로 엎치락 뒤치락하면서 으쌰으쌰 서로 격려하며 뛰어다녔다. 우리는 가리지 않고 학교 안에서 갈 수 있는 거의 모든 코스를 돌며 뛰었다. 그중에서 가장 힘든 러닝훈련은 아마도 세이어 홀 다리 밑에서 시작해서 남쪽 선창에 있는 기차역까지 500m 내리막, 그리고 다시 버팔로 솔저 기념비까지 800m에 달하는 거리를 오르는 구간을 시계추처럼 왔다갔다 하면서 뛰는 훈련이었다. 그렇게 왕복 8회 정도 하면 숨이 턱까지 차오르고 코에서는 피냄새가 났다.

"헉헉, 자들 숨좀 쉬자. 그리고 운동좀 더 하자!"

아 이제 끝났을까 싶었지만, 역시 훈련은 끝났을 때까지 끝난 게 아니다. 갑자기 머릿속에서 떠오른 케이던스가 있었다.

1마일, 땀도 안나

2마일, 더 좋지

3마일, 뛰어야지

4마일, 재미로

어서, 가자

갈 수 있어, 눈을 헤치고

뛸 수 있어, 태양으로

훈련해, 빗속에[129]

과연 대회날이 임박하니 자칭 강심장인 나도 긴장감이 생겼다. 그렇지만 출발과 함께 나는 현재에 집중했다. 지금이 전부였다.

비록 우승에는 실패했지만, 대회에 참가하면서 나는 대회 자체보다 준비 과정에서 있었던 우리 팀이 함께 보낸 시간이 더 감사했다. 경연대회는 물론, 많은 인력과 물자가 동원되어 완성도 높게 꾸려진 행사였고, 우리가 평상시에 다루지 못했던 내용이나 분위기가 연출되어 낯선 환경에서 실전을 경험해볼 수 있었다. 하지만, 나는 그 경연대회의 참가보다 오히려 준비과정이 개개인들에게 큰 의미가 있었다고 생각한다. 준비를 위해 투자한 시간, 그리고 그 시간동안 우리가 들인 공과 노력은, 대회에 참가하지 않았다면 누리지 못했을 밀도 있는 훈련들이었다. 마치, 마라톤 대회에 참가하려고 달리기를 연습하는 사람은, 단순히 건강을 위해서 슬슬 달리기를 하는 사람과는 다른 방식으로 평상시 달리기를 대하는 것과 같다고 본다.

한국 육사팀도 2013년부터 이 대회에 참가하기 시작했다. 내가 생도생활을 하는 기간에는 비록 그 팀이 없었지만, 후배들이 당당하

---

129 One mile, no sweat. Two mile, better yet. Three mile, gotta run. Four mile, just for fun. Come on, Let's go. We can go, Through the snow. We can run, To the sun. We train, In the rain.

게 태평양을 건너 미국까지 와서 완전 타지에서 외국어로 상황이 주어지는 가운데 과업들을 수행해나간다는 사실 자체로도 큰 자부심이 생기고 뿌듯하다.

한편, 한국땅 육사교정에서도 이와 같은 경연대회가 매년 개최되고 있다. 아직은 초기단계라 명칭도 바뀌어왔고, 아직은 참가팀도 교내팀으로 한정되어있어서 앞으로의 발전가능성이 무한하다. 육사에서 실시하는 경연대회도, 한국 내의 다양한 팀과 국제팀을 모두 초청하여 학교의 격을 높이고, 선의의 경쟁 하에서 땀흘리며 교린하는 좋은 행사가 되길 희망해본다.

Korean-American Relations Seminar

한국어 수업

내가 시간을 투자한다면 한국어 교육을 제공해서
한글을 더 배우고 싶어하는 친구들에게
봉사할 수 있을 것이라고 생각했다.

한미관계세미나^{KARS, Korean-American Relations Seminar}는(이하 KARS) 그 이름이 의미하듯, 한국과 미국 양국을 고려한 국제관계 전반을 다루는 하나의 학술 및 활동모임이었다. 나는 그 클럽에 4년동안 계속 소속되어 생활을 했다. 그 첫 시작은 다름 아닌, 선배 생도를 따라서 동행한 것이었다. 그 이후로 나는 못해도 월 1회는 꼭 참가했다.

그렇게 참가했던 KARS에서, 나는 구성원의 대부분인 한인생도들과 교류했다. 꽤 많은 한인생도들이 재교생을 이루었다는 사실에 나는 사실 놀랐다. 조금 과장하자면, 백인이 아닌 인종 중에 가장 많은 인종이 흑인이라고 한다면, 그 다음 많은 인종은 한국인이었다. 이 말은, 즉 일본계나 중국계보다도 월등하게 한국계 미국인의 비율이 미 육사에서 차지하는 비중은 훨씬 컸다는 말이다. 나는 이런 경향의 진정한 이유를 알지 못한다. 하지만, 미 육사가 주는 미국인으로서의 후광과 한인부모님들의 육군사관학교라는 존재에 대한 동경이 두가지 요소가 복합적으로 작용한 것이 아닐까 싶다.

월 1~2회쯤 같이 모여서 소식도 주고받았던 KARS 미팅시간에 우리는 한국음식이 차려진 회의장에서 밥을 먹었다. 한국음식의 맛 있음이 소문이 나서, 밥을 먹으러 오는 번외 생도들도 그 숫자가 많 았고, KARS의 위용은 그렇게 뽐내지고 있었다. KARS 회원들도 심 심찮게 중대원들에게

"한국음식 좀 먹을래? 같이가자!"

라고 말하면서 달랑달랑 친구들을 데리고 오는 경우도 많았다. 무엇 보다도, 한국인의 피가 흐르지만, 한국인 티를 내지 않는 친구들도 있었는데, 다소 쑥스러운 몸짓 말짓을 하면서 반은 끌려오듯, 반은 자의로 오듯 하는 친구들의 모습이 기억난다.

KARS는 내가 정신을 차리고 생도생활을 할 때 쯤부터 그 지도장 교가 에드 소령님이었다. 그는 내가 입교 전부터 연락을 주고받았던 스 폰서와 연락이 끊어질 때부터 내 스폰서가 되었는데, 나는 그런 사실 이 일면 아쉽기도 했고, 반갑기도 했다. 에드 소령님은 단단한 체구의 두 눈이 초롱초롱한 백인으로서, 친화력이 대단한 장교였다. 특히, 한 국 근무 간 만난 인생의 반려자와 우리를 맞아주었는데, 놀러 갈 때마 다 맛난 음식과 친근한 대화로 우리의 피로를 풀어주어 참 감사했다.

KARS는 매년 캐스컨KASCON, Korean-American Student Conference이 라고 불리는 한국계미국인 대학생 컨퍼런스나 현장학습도 함께 다 녔다. 언제나 받기만 하는 것 같아서 나는 늘 한국인으로서 미안한 생각도 들었다. 그래서 나는 내가 무엇인가를 할 수 있는 것이 없을 까 생각했다.

그러는 중 나는 내가 한국인이라는 사실, 나에게 주변 생도들이 왕 왕 '형'격으로 대하거나 정신적으로 의지한다는 사실, 그리고 그들이 한국어가 서툴어하는 경우가 있다는 사실을 종합하여 생각해봤다. 그

결과, 내가 시간을 투자한다면 한국어 교육을 제공해서 한글을 더 배우고 싶어하는 친구들에게 봉사할 수 있을 것이라고 생각했다.

하지만 생각과는 다르게 나는 내가 말을 아는 것과 아는 말을 가르치는 것에는 차이가 있다는 경험을 했다. 나름 외국어에 대해서 생각을 많이 해보았음에도, 언어를 가르친다는 것은 쉽지 않은 일이었다. 사실 내가 언어를 자유자재로 사용할 줄 안다고 해서 언어 자체의 과학적 근거나 구성요소, 성분 등을 학문적으로 교육시킬 능력이 있지는 않았다. 그러다보니 궁색해지는 느낌도 있었다.

그에 대한 대안으로 나는 문제 현상을 쪼개어 그 교육에 대한 부담을 나누는 방식을 택했다. 한국어를 배우고자 하는 생도들의 실력차가 크게 난다는 사실을 바탕으로, 초급, 중급, 고급반으로 생도들을 분리했다. 나는 고급반을 담당하여, 단순한 회화 그 이상의 한국어를 목표로 하여서 대학 수능 언어영역, 뉴스, 신문기사의 지문을 읽고 그 내용을 이해하는 데에 초점을 맞춰 진행했다.

우리는 지문을 읽고 이야기를 나누었으며, 어려운 내용은 내가 해설하여주었다. 흥미롭게도 구성원은 물론 대부분 주미한인들 이었지만, 몰몬교인으로서 학교에서 공식적으로 선교휴학을 마치고 녹슬었던 한국어를 유지하려는 백인생도도 1명 있었다. 그는 한국어를 썩 잘했는데, 읽기는 어려워했다.

역시나 한국어 수업을 운영하면서 어려웠던 점은, 누군가가 계속 이런 수업을 해와서 특정한 교육내용이 정착되어 있지 않았고, 내가 생각하고 구상하여 차리고 운영하여야 한다는 점이었다. 물론 특별한 보수가 약속되어 있지도 않았으며, 다만 바라는 점이라면 한국어를 배우는 학생들의 한국어 실력이 늘고 함께 봉사해주는 생도들도 보람을 느끼는 것이었다.

The Long Grey Line

후회일지, 당부일지, 희망일지 그 내용이 무엇인지는 저마다가 다르다.
하지만 무엇인가를 남기는 것이다.

대학생활을 미국에서 하다보니, 나는 그다지 한국의 대학문화
를 알지 못한다. 그리고 설사 한국 대학의 문화를 안다고 하더라도,
나는 사관학교 생도이기 때문에 대학의 문화 또한 알지 못한다. 그
런만큼, 나는 대학에서 졸업을 무엇이라고 부르는지도 알지 못하며,
흔히 졸업식에 동반되는 일련의 행사 또한 알지 못한다.

그러나 미 육사의 졸업식은 조금 더 잘 알게 되었다. 특히 나같
은 경우, 2학기 중대장생도였기 때문에, 졸업식 준비까지 임무에 포
함되었다. 나는 중대장생도가 되기 전에는 졸업식 준비까지 임무에
포함되는지 알지 못했다. 하지만 졸업식을 준비하면서, 아 차라리 1
학기 중대장을 할 걸 싶기는 했다. 왜냐하면 퍼레이드 연습을 하든,
무엇을 하든 기회는 별로 없었고, 겨우 연습하는 것이 졸업식 연습
이 전부였기 때문이었다. 퍼레이드때 이런저런 것도 좀 해보고 사열
도 많이 받아보고 싶었는데, 생각보다 그런 기회를 맞게되지 못해
나름대로는 유감이었다.

그 이유는, 2학기 때에는 퍼레이드 연습이 없었기 때문이다. 싸늘한 미 육사의 겨울은 흔히 하일랜드 폴스 지역의 지반을 구성하는 돌의 색이라고 하여 "돌의 회색Granite Grey"라고 불리고, 살인적으로 단조롭고 그래서 잔인하도록 지루하다고 한다. 원래 회색의 건물로 둘러싸여있는데, 흰 눈까지 내리면 사계절 녹색을 자랑하는 최고급 잔디의 연병장마저도 그 녹음을 포기하게 되기 때문이다. 생도들은 뜀걸음을 할 때를 빼고는 살을 에는 뉴욕주 중북부upstate New York의 매서운 추위를 피하여 실내로 모두 들어가있게 마련이었다. 이런 외부활동의 불문율적인 제한은 퍼레이드까지 연습을 하지 않는 결과로 나타났다. 혹은 내가 기억하는 주된 연습이 없었을지도 모른다. 하지만 적어도 내가 기억하는 연습은 없었다.

내가 퍼레이드를 하고 싶어했던 이유는, 봉사도 했으니, 나름 특권도 누려보고 싶어서였다. 나는 정당하게 지휘관생도로서 착용하는 특수한 장비들을 써보고 싶었고, 중대전원의 앞에 서서 우렁찬 모습, 멋진 동작과 목소리로 중대를 지휘하고팠기 때문이다.

나는 여지껏 1, 2, 3학년 때는 모두 M-14 소총을 사용하여 분열대형에 섰다. 그리고 계속하여 예모에도 짧은 검은색 털막대같은 뿔을 착용했었다. 우리는 그 장구를 '당나귀 성기donkey dick'라고 불렀다. 진짜 숫당나귀의 성기와 비슷한지는 모르겠지만, 짧은 털복숭이 막대기 모양이었다. 3학년은 주임원사생도나 주요 참모생도를 제외하고는 모두 그 짧은 막대기를 예모에 장착했다.

하지만 4학년 때 중대장생도로서, 나는 예도로서 세이버saber를 사용하였고, 예모에도 길고 검고 긴 깃털이 풍성하고 세련되게 달린 예모깃plume을 장착하였다. 나름 멋진 모습을 뽐내며 100여 명의 중대원 앞에 서서 대열을 선도하며 행진할 수 있는 공식적 권한이 주어졌던 것인데… 딱히 졸업식 연습을 제외하고는 단체로 행진을 할 일이 없었다. 순진한 나는 이런 사실을 나중에야 알았다.

졸업식 연습은 1부와 2부행사로 나뉘어 진행되었다. 1부행사는 오전에 있는 퍼레이드행사다. 이때, 우리 졸업생도들은 퍼레이드를 하지는 않고, 관중들이 모여 앉아 있는 사열대의 앞에 중대의 모습을 유지하면서 서서 재교생도들의 퍼레이드를 바라보며 그들로부터 작별의 경례를 받는 것이었다. 그 안에서 나의 역할은 중대장생도로서 중대를 지휘하여 연병장으로 중대를 이동시켜두고, 재학생도들은 연병장에 두고 졸업생도들을 행진시켜 사열대 앞에 서게 하는 것이었다.

2부행사는 졸업식 본식이었다. 졸업생도들은 풋볼경기장에 앉아 대통령의 기념연설을 듣고 나서 학위를 받으러 호명이 되면 한명씩 앞으로 나가야 했다. 이때 우리는 모두 회색예복을 상의로, 흰색 바지를 하의로Full Dress over White 입었다. 원래는 퍼레이드나 가장 격식있는 자리에만 착용하는 회색 예복Full Dress에 졸업생들은 예모 대신에 백색모White Hat를 착용할 수 있었는데, 우리는 졸업의 기쁨때문인지 아니면 복장이 가벼워져선지 피로하지 않았다.

사실 우리가 예외적으로 착용할 수 있었던 백색모는 그 쓰임이 정해져있었다. 그 모자는 졸업식이 끝나고 행해지는 모자던지기Hat Toss 때 세대를 거쳐 물려질 예정이었다. 생도들은 저마다 자신의 모자 안에 돈을 넣어서 모자를 후세를 위해서 던졌다. 물론, 개인마다 달랐지만, 경우에 따라서는 모자의 안에 편지글을 넣기도 했다. 중요한 것은 생도들이 졸업을 하면서 '이제 끝'이라고 하면서 떠나는 것이 아니라, 후배생도 이외의, 훗날이 더 먼 후손들을 위해서 무엇인가를 남긴다는 것이었다. 후회일지, 당부일지, 희망일지 그 내용이 무엇인지는 저마다가 다르다. 하지만 무엇인가를 남기는 것이다.

"2011년 졸업생, 해산!"[130]

여단장생도의 명령에 따라 1,000여 명의 전 졸업생도는 허공에 힘차게 자신의 모자를 날렸다. 언제 다 조율을 했는진 모르지만 이 길고 엄숙했던 졸업식을 잘 버텨온 아이들은 모자가 던져지자마자 졸업식이 이뤄진 풋볼경기장으로 '합법적 난입'을 감행했다. 졸업을 한 나는 그 이후의 상황을 잘 기억하지 못한다. 천개의 찬란한 별들이 하늘에서 반짝이는 것 같이 백색의 모자들은 하늘을 잠시나마 수놓는다. 4년간의 세월이 그 순간을 기점으로 정확히 종료된다. 우리는 공식적으로 해산된 것이다.

하늘로 던져진 가장 따끈따끈한 그 모자들은 누가될 지 모를 아이들의 손에 하나씩 들려지게 되고, 아이들은 설레는 마음으로 모자 속을 확인한다. 돈이 될지, 메모가 될지, 편지가 있을지 어떻게 알까? 단순히 사탕을 하나 더 사먹을 수 있을 돈이 들어있을까, 아니면 글도 아직 잘 모르는 이런 아이들에게 쓰여진 정성스러운 편지가 들어있을까.

속설에 따르면, 아이들은 자라서 후에 그 모자의 주인이 누가 되었는지 찾기도 한단다. 그리고 이런 의식은 2차대전 이후부터 유지해왔던 풍습이라고 한다. 앞서 말한 노트 중에는 다음과 같은 글이 들어있었던 적이 있다고 한다(구체적인 사례들이 떠오르지 않아 인터넷에서 검색해본 자료다).

"미래의 생도에게,

나는 이 글을 비스트라는 기초훈련 때부터 작성했고, 지난 4년

---

130 Class of 2011, DISMISSED!

간 국가에 복무하고 싶은 이유가 점점 커지는 것을 느껴왔어. 나도 너의 나이 때 바로 이 경기장에서 이 모자를 집어들었었단다. 오늘 내가 모자를 네게 던진다. 너도 언젠간 너의 모자를 던지길 바란다."[131]

1부 퍼레이드, 2부 학위수여행사가 끝나면, 이제 생도들은 정식으로 소위가 되어야 한다. 이때, 생도들은 임관식을 실시한다. 그런데 이 임관식은 단체 임관식이 아니다. 이 임관식은 개별 임관식이다. 여단장생도의 명령에 맞추어 해산됨과 동시에 모든 졸업생들은 뿔뿔이 흩어진다.

생도들은 각자의 멘토 앞에 선다. 그리고는 각자의 멘토 앞에서 임관선서를 실시한다. 멘토들은 이 영광스럽고 개인적인 개별임관식에 참석하여 신임소위를 임관시키기 위하여 먼 곳에서부터 오신 분부터, 교내의 훈육요원, 교수, 혹은 교관들까지 다양한 장교들이 각기의 계급장을 드리우며 자그마한 행사를 주관한다. 그때 모든 임관자들은 임관선서를 한다.

"미 육군의 소위로 임명된 나, 홍길동은 신성히 맹세한다. 나는 국내외의 모든 적들로부터 미국의 헌법을 지지하고 방어할 것이다. 나는 진정한 신뢰와 충성을 헌법에 둘 것이다. 나는 이 의무를 자유의지를 갖고 질 것이며, 정신적으로 지체하거나 도피의 목적을 두지 않는다. 그리고 나는 임하려 하는 관직의 의무를 제대로 그리고 신념을 갖고 이행할 것이다. 그러므로 신이여 도

---

131 Dear future cadet, I started this note during Beast (his summer training before Freshman year) and I've found my reasons for wanting to serve our country have only grown stronger over the last 4 years. I collected this hat from this field when I was your age. Today I'm tossing it to you. I hope you will pass it on someday, too. 출처: Two Sparrows Farm, "The Hat Toss," 1 Jun 2020, https://www.twosparrowsgrow.com/ blog/hat-toss

우소서."

이제 모든 신임소위들은 교문을 나설 각자의 차량에 탑승하여 문을 나서기 시작한다. 그토록 꿈꾸던 졸업. 그리고 몇몇 동기들은 두 번 다시는 돌아오지 않을 것이라고 말한다. 그런 그들의 모습이 마냥 철없게만 보였다.

졸업은 학업의 종료를 의미한다. 하지만, 내 마음속에선 졸업이 끝이 아니라고 생각했다. 이제 꿈에서 깰 때가 되었다는 생각이 들었다. 이 꿈같은 미 육사의 생활이 끝나고 내 군생활은 그렇게 다시 새롭게 현실이 된 꿈의 모양을 하고 있었다. 드디어 시작이다!

○ **여유있는 훈육관 vs 눈코뜰새 없이 바쁜 훈육관, 그리고 지휘근무생도들**

훈육관들이 바쁘면 바쁠수록 생도들은 훈육관에게 말을 걸기가 미안하다. 그리고 동시에 훈육관들은 생도들에게 더 신경을 쓸 여력이 없어진다. 얼만큼 훈육관들이 더 바빠야하는가, 그리고 얼만큼 여유가 있을 것인가는 생도들에 대한 훈육의 질을 좌우할 결정적인 조건이라고 본다. 훈육관들이 바쁘지 않기 위해서는 무엇을 어떻게 할 수 있을까? 일례로, 지휘근무생도들에게 위임된 권한은 어디까지여야만 할까?

○ **앉아서 하는 졸업식 vs 서서 하는 졸업식**

미 육사에서는 졸업식의 본식인 2부행사 때 대통령이나 부통령, 혹은 합참의장 등의 내빈이 축사를 하며, 군종장교의 기도나 학교장의 축사 등으로 많은 시간을 요한다. 혹시, 졸업식을 앉아서 실시하면 그 효과는 어떨까?

○ **마지막 학기 종료 직후 졸업, 그리고 학교 이탈 vs 마지막학기 후 학교 대기하다가 졸업식**

미 육사는 졸업식이 있는 그 날부터 BOLC^{Basic Officer Leader Course}이 있는 날까지 휴가다. 졸업 후에는 지체없이 모교를 떠나는 것이다. 그런 처리는 학교의 운영에 어떤 효과를 가져다 줄 수 있을까?

⊙ 전략적 역사교육

물론 유대인들의 재력과 아픔에 대해서 잊지 않으려는 노력이 결실을 맺어 유대인의 자본이 사관학교까지 투자가 되어 ASAP라는 프로그램이 운영되었다. 그리고 그 프로그램은 일회성이 아닌, 매년 투자되는 돈이고, 그만큼의 유대를 이해할 수 있는 군인들을 만들어가고 있다. 나는 이 프로그램이 충분히 우리 군에서도 생각될 수 있을 것 같다. 관련하여 우리도 외부 자본을 유치할 수도 있을까? 어떤 교육을 하고 무엇을 잊지 않으려 해야 하는가? 어떤 단체와 조직이 관심을 가질까? 전략은 꼭 전장에서만 있어야 하는 것일까?

⊙ 훈련의 개방성과 그 의의

미 육사는 각종 경연대회도 대내적이거나 고립적으로 실시하지 않는다. 지역사회를 초정하여 지역축제화시키고, 타 사관학교, 외국, ROTC 등 다양한 장교 양성과정의 생도들을 초청한다. 왜 이렇게 초정하는가? 참가하는 기관들은 무엇이 끌려서 참가하는 것일까? 미 육사가 이들을 초청하면서 얻게 되는 기대효과는 무엇일까?

● 에필로그 ●

The Butterfly Dream, 나비의 꿈

장자의 이야기 중에 장자가 꿈을 꾸었더니 자신이 나비가 되어 날다가 꿈을 깨어보니 자신이 나비인지 사람인지 분간이 안 되더라는 유명한 일화가 있다. 짧게 한자어로는 호접지몽胡蝶之夢이라고 하는 이 이야기는 꿈의 속성을 반영해서인지 그 해석도 다양하다. 그래서 나도 그 수많은 해석의 틈바구니에서 나만의 깨똥철학을 투습시켜 고전의 권위를 빌어 위태로운 나의 에세이를 마무리하려 한다.

4년간의 미 육사시절은 부정할 수 없는 현실이었고, 그렇지만 동시에 그 기간은 임관 이후의 10년의 군생활과 비교했을 때 꿈이었다. 그런 의미에서 지금 그 시절을 돌아보는 나는 그때의 나의 상태를 두고 상념에 잠긴다. 그때 나는 꿈을 꾼 것인지, 현실을 살은 것인지, 사실 그 구분마저도 중요하지 않은 것인지도 모를 혼란에 사로잡히는 것 같다. 나에게 그 시절은 호접지몽이 아닐는지.

혹자는 반문할지도 모른다. 꿈얘기를 하려고 하는 것인가. 그러나 나는 그 꿈같은 현실의 시절을 알리고자 한다. 장자가 자신이 나비가 되었다는 꿈이야기가 2천 3백년을 살아 나에게까지 전해질 수 있던 사실은 한낱 꿈이야기도 고전의 반열에 오를 수 있다는 가능성을 보여주고 있다.

장자가 나비가 되어 날았던 하늘. 물론 우리가 장자 자신의 꿈 속으로 들어갈 수 없었기 때문에 완벽히 같은 경험을 할 수는 없을지도 모른다. 하지만, 만약 내가 어떤 종류의 노력을 기울여서 내가 꾸었던 꿈이 나 혼자만 꾸었던 꿈 이상이 될 수 있다면 얼마나 좋을까 싶다. 그래서 내 목표는 내가 꾸었던 4년의 미 육사의 꿈을 독자 여러분들과 함께 꾸는 것이다. 본질적으로 독자여러분이 내가 될 수 없기 때문에 최대한 내 생각을 나는 풀어썼고, 내가 겪었던 일화들을 풀어냈으며, 내가 가졌던 대화를 그대로 전했다.

말주변이 없는 나는 미 육사에 대한 주변 어르신들과 동료들이 건네는 질문에 늘 되묻고는 한다. 혹여라도 내가 잘못 대답한 한마디가 그 분들의 미 육사 인식에 미칠 영향력을 늘 걱정하기 때문이다. 그리고 최선의 노력을 다하여 나는 그 분들이 가질 수도 있는 편견을 깰 수 있는 고려사항을 늘 덧붙여 대답한다.

나는 이 책이 여러분들에게 나비의 성장과정과 우여곡절, 그리고 비행을 하기까지의 전체 모습을 간접적이나마 보여주기를 소원한다. 혹시 궁금했었던 애벌레시절, 번데기시절, 성충시절만 국한해서 듣고 싶으셨다면 조금만 관심을 확대하여 전체 이야기를 들어주셨으면 한다. 300년을 향해 질주해가는 미 육사의 역사는 단순히 한 부분만 봐서는 이해가 되지 않는 부분들이 다분하기 때문이다. 이미 다 익어서 떨궈진 열매만 골라서 줍고 나무 자체의 습성을 이해하지 못한 채로 과일을 채집한다면, 결코 성공적인 채집이 될 수 없는 것과 마찬가지라고 생각한다.

장자가 꿈에서 날면서 무엇을 느꼈는지, 어떤 생각을 했는지 모른다. 하지만, 꿈에서 날지 못했다면 과연 날 생각이나 해 보았겠는가? 독자들도 나비가 되어 함께 나름의 비행을 해보셨기를 소망한다.

아울러, 이번 졸저에서 소개해 드린 이야기들과 그 이후의 세월에서 겪었던 경험과 깨달음으로 여러분들을 다시 찾아가는 그 날을 손꼽으며 여러분의 밝은 미래와 건승을 기원한다.

●감사의 말●

이 책이 있기까지 많은 분들의 질정과 독려, 그리고 도움이 있었다. 먼저 집필에 대한 동기를 부여하고 내 글에 대해 눈물과 웃음으로 반응하며 힘을 불어넣어준 존경스러운 나의 아내 송수아에게 고맙다. 첫째 아이의 반이 무궁화반인데 막상 다른 꽃들은 보이지만 무궁화가 안 보인다면서 200그루를 흔쾌히 기부하여 육사의 교정에 심은 그 마음씨가 특히 어여쁘고 고맙다. 한편, 내가 새벽과 심야에 아이들을 재우고 집필에 열중일 때, 은밀히 옆으로 와서 내 허벅지에 머리를 묻으며 자기도 책 쓰고 있다고 앙증맞게 말해준 딸 오로라의 응원이 고맙다. 말은 잘 못해도, 새벽 일찍 일어나서 아빠를 찾던 오리라도 나에게 큰 힘이 되어주었다. 출판이 얼마 남지 않은 때, 뒤늦게나마 태중에 자리를 잡은 셋째 또한 반갑고 고맙다.

내가 멋모르고 책을 쓰겠다고 하니, 문외한인 나에게 출판 과정과 저술지도를 해주신 육사 영어과의 장정윤 교수님께 고맙다. 그리고 동료 김나래 교수의 현실적인 시장분석은 내가 어렴풋이 갖고 있던 미 육사에 대한 이야기보따리를 풀어갈 가닥을 잡는데 아주 큰 영감을 주었다. 이한솔 교수님은 집필과 내용을 구성함에 있어서 실질적인 조언을 해주시어 내가 내용을 구성할 때 보다 더 내실을 기할 수 있도록 도와주심에 감사하다.

내가 군사사와 군사학 분야에 대해서 무지했을 때, 나에게 연구에 대한 동기와 생명을 불어넣어주신 육사 군사사학과의 심호섭 교수님께도 깊은 감사의 마음을 표하고 싶다. 뿐만 아니라, 그 이후 온오프라인으로 지속적으로 교류하며 방대한 지식과 열정으로 군사학 식견을 넓히고, 바쁜 일정에도 내 풋내기 원고를 대관세찰하시며 이 책의 완성도를 한껏 높여주신 주은식 장군님께 꼭 감사의 마음을 전하고 싶다.

내가 얼토당토 않는 질문을 해도 늘 진지하게 맞아주시고, 정중하게 지도해 주신 육사 철학과의 조은영 교수님께 감사하다. 또, 군대가 사회에서 어떤 의미를 갖는지 문외한인 나를 너그러이 지도해주신 정치사회학과의 김인수 교수님께 감사하다. 심리경영학과의 고재원 교수님과 영어과의 서동하 교수님, 외국어학과의 이강호 교수님과 함께 생도대의 문화에 대해 깊은 대화를 통해 고민할 수 있었음에 감사하다.

내 군 인생에 있어서 지속적으로 챙겨주시고 인생선배로서 지속적으로 애프터서비스를 해주시는 고동준 장군님께도 감사하다. 파병갔을 때 철없던 나에게 늘 금같은 조언을 해주신 것에 더하여, 그 후에도 지속적으로 인생의 가르침을 주시면서 늘 빛을 보여주셨다.

내가 가기 전에 미 육사를 미리 다녀오신 선배님들, 그중에서도 늘 후배사랑에 아낌없으신 주미국방무관 표세우 장군님께 감사하다. 격무에도 늘 시간을 할애해서 사진도 보내주시고, 안부도 먼저 물어봐주시고 앞길도 인도해 주셔서 큰 힘이 되었다.

군사영어 수업의 제자였고 이제 장교가 되어서 내 미약한 필력에 멋진 그림들로 글에 활력을 불어넣어 준 정혁구 소위에게 깊이 감사하다. 내가 어설피 만든 표지를 명품으로 업그레이드 시켜줬다.

마지막으로, 그러나 가장 근본적으로 우리 가족을 챙겨주신 분들게 감사를 표하고 싶다. 나를 낳아주시고 나에게 전적인 신뢰를 보내주신 부모님과 출판과정 간 응원과 조언을 아끼지 않았던 내 동생 오준환에게 깊은 감사의 마음을 표하고자 한다. 또, 우리 두 딸 먹고 입히고 책까지 읽어주시고 물심양면 황혼육아의 열정을 쏟아부어주신 장모님과 장인어르신께 감사한 마음을 표한다.

웨스트포인트에서 꿈꾸다

초판발행	2022년 3월 10일
지은이	오준혁
펴낸이	안종만 · 안상준
편 집	정은희
그 림	정혁구
기획/마케팅	이후근
표지디자인	정혁구 · BEN STORY
제 작	고철민 · 조영환
펴낸곳	(주) **박영사**
	서울특별시 금천구 가산디지털2로 53, 210호(가산동, 한라시그마밸리)
	등록 1959.3.11. 제300-1959-1호(倫)
전 화	02) 733-6771
fax	02) 736-4818
e-mail	pys@pybook.co.kr
homepage	www.pybook.co.kr
ISBN	979-11-303-1449-5 93390

정 가   19,000원